21 世纪高职高专院校规划教材

计算机组装与维护
项目化教程

主　编　黄建设　吕新荣　赵江涛

副主编　张忠国　叶晓琼

　　　　陈　鹏　李丽姝

北京工业大学出版社

图书在版编目(CIP)数据

计算机组装与维护项目化教程/黄建设,吕新荣,赵江涛主编.—北京:北京工业大学出版社,2010.3

21世纪高职高专院校规划教材

ISBN 978 - 7 - 5639 - 2262 - 8

Ⅰ.①计…　Ⅱ.①黄…②吕…③赵…　Ⅲ.①电子计算机-组装-高等学校:技术学校-教材②电子计算机-维修-高等学校:技术学校-教材　Ⅳ.①TP30

中国版本图书馆 CIP 数据核字(2010)第 031808 号

21 世纪高职高专院校规划教材

计算机组装与维护项目化教程

主　　编:黄建设　吕新荣　赵江涛

责任编辑:刘庆保

封面设计:华盛英才

出版发行:北京工业大学出版社

地　　址:北京市朝阳区平乐园 100 号

邮政编码:100124

电　　话:010 - 67391106　010 - 67392308(传真)

电子信箱:bgdcbsfxb@163.net

承印单位:北京溢漾印刷有限公司

经销单位:全国各地新华书店

开　　本:787 mm×1 092 mm　1/16

印　　张:16.5

字　　数:430 千字

版　　次:2010 年 3 月第 1 版

印　　次:2010 年 3 月第 1 次印刷

标准书号:ISBN 978 - 7 - 5639 - 2262 - 8

定　　价:30.00 元

前　言

随着计算机技术的迅速发展,计算机的应用遍布各行各业,家庭用户数量也急剧增加。广大的计算机用户在使用计算机的过程中,由于维护和操作不当、计算机本身的质量问题或受病毒等外来因素的影响,　　　　　　　　样的问题。为了使计算机在日常使用过程中高效、稳定地工作,首先应该根据　　　　　　　　学会组装计算机,能熟练掌握一些常见的软、硬件工具的使用及　　　　　　。为此,我们特地编写了《计算机组装与维护项目化教程》一书。

随着微型计算机技术的迅猛发展,微型计算机的主要部件不断地更新。与此同时,教学理念也随之发生了很大的变化。为此,本书对内容的选择标准作了根本性改革,立足于实际能力培养,打破以知识传授为主要特征的传统学科课程模式,转变为以工作任务为中心来组织内容,让学生在完成具体项目的过程中来构建相关理论知识,并发展职业能力。经过行业专家深入、细致、系统的分析,本书最终确定了以下工作任务(即 6 个学习项目):计算机的认识与选购、计算机安装、常用应用软件安装与使用、系统测试与优化、计算机维护与维修、常用外设安装与维护。这些学习项目是以计算机公司的工作顺序为线索来设计的。内容突出了对学生职业能力的训练,理论知识的选取紧紧围绕工作任务的需要来进行,同时又充分考虑了高等职业教育对理论知识学习的要求,并融合了相关职业资格证书对知识、技能和态度的要求。

项目一:计算机的认识与选购。着重培养学生认识计算机、计算机各配件的能力、掌握市场的发展变化以及按照用户需求进行配机的能力。

项目二:计算机安装。着重培养学生组装计算机的能力。

项目三:常用应用软件安装与使用。着重培养学生软件安装能力和软件使用能力。

项目四:系统测试与优化。着重培养学生系统测试与优化能力。

项目五:计算机维护与维修。着重培养学生计算机维护能力和计算机维修能力。

项目六:常用外设安装与维护。着重培养学生外设安装能力和常见外设的维护能力。

本书适合作为各大、中专院校计算机专业的教材及各种类型计算机维护与维修培训班的培训资料,同时也是广大微型计算机爱好者和用户从事微型计算机使用与维护的必备参考书,具有很高的使用价值。

鉴于著者水平所限,书中难免有不当或疏漏之处,恳请各位专家、同仁批评指正,以便本书再版时加以修正。

前　言

随着计算机技术的迅速发展,计算机的应用遍布各行各业,家庭用户数量也急剧增加。广大的计算机用户在使用计算机的过程中,由于维护和操作不当、计算机本身的质量问题或受病毒等外来因素的影响,经常会出现各种各样的问题。为了使计算机在日常使用过程中高效、稳定地工作,首先应该根据需求选购一台性价比高的计算机,学会组装计算机,能熟练掌握一些常见的软、硬件工具的使用及计算机的日常维护,并能排除常见的软、硬件故障。为此,我们特地编写了《计算机组装与维护项目化教程》一书。

随着微型计算机技术的迅猛发展,微型计算机的主要部件不断地更新。与此同时,教学理念也随之发生了很大的变化。为此,本书对内容的选择标准作了根本性改革,立足于实际能力培养,打破以知识传授为主要特征的传统学科课程模式,转变为以工作任务为中心来组织内容,让学生在完成具体项目的过程中来构建相关理论知识,并发展职业能力。经过行业专家深入、细致、系统的分析,本书最终确定了以下工作任务(即6个学习项目):计算机的认识与选购、计算机安装、常用应用软件安装与使用、系统测试与优化、计算机维护与维修、常用外设安装与维护。这些学习项目是以计算机公司的工作顺序为线索来设计的。内容突出了对学生职业能力的训练,理论知识的选取紧紧围绕工作任务的需要来进行,同时又充分考虑了高等职业教育对理论知识学习的要求,并融合了相关职业资格证书对知识、技能和态度的要求。

项目一:计算机的认识与选购。着重培养学生认识计算机、计算机各配件的能力、掌握市场的发展变化以及按照用户需求进行配机的能力。

项目二:计算机安装。着重培养学生组装计算机的能力。

项目三:常用应用软件安装与使用。着重培养学生软件安装能力和软件使用能力。

项目四:系统测试与优化。着重培养学生系统测试与优化能力。

项目五:计算机维护与维修。着重培养学生计算机维护能力和计算机维修能力。

项目六:常用外设安装与维护。着重培养学生外设安装能力和常见外设的维护能力。

本书适合作为各大、中专院校计算机专业的教材及各种类型计算机维护与维修培训班的培训资料,同时也是广大微型计算机爱好者和用户从事微型计算机使用与维护的必备参考书,具有很高的使用价值。

鉴于著者水平所限,书中难免有不当或疏漏之处,恳请各位专家、同仁批评指正,以便本书再版时加以修正。

目　　录

项目一 计算机的认识与选购

项目描述

在选购计算机时应该具备哪些知识呢？首先，要认识计算机系统的组成，包括计算机的硬件组成与软件组成；其次，要熟悉计算机配件及其市场行情；再次，要熟悉计算机配件之间的兼容性情况，如果兼容性不好，就会造成计算机系统不稳定；最后，要掌握一些计算机以及计算机配件的选购方法。只有对计算机系统有一个全面的了解，掌握计算机销售与选购方案，才可以制定出符合用户计算机使用用途、符合用户资金状况、符合市场变化的合理可行的配机方案。本项目就是从对计算机系统的认识开始，站在选购计算机的角度，全面地认识计算机。

模块一 认识计算机系统

技能训练目标：能够说出计算机的硬件组成，并形成计算机硬件清单文档；能够正确识别计算机各组成部件，并能够记住计算机各部件的标准名称。

知识教学目标：了解计算机的发展历史；了解计算机分类；理解计算机的系统构成；熟悉计算机硬件组成；熟悉计算机软件组成。

1.1.1 任务布置

①开启一台计算机的主机，观察计算机的运行过程，分析计算机系统的组成。

②观察一台完整的计算机的主机和外部设备，了解计算机各部件的名称、作用及特点。

1.1.2 任务实现

1.1.2.1 相关理论知识

1. 计算机的发展历史

世界上第一台电子数字式计算机 ENIAC 于 1946 年 2 月 15 日在美国宾夕法尼亚大学正式投入运行。自它以后，计算机发展极为迅速，更新换代非常快，人类科技史上还没有哪一个学科的发展速度可以与电子计算机的发展速度相提并论。人们根据计算机的性能和当时的硬件技术状况，将计算机的发展分成几个阶段。

1）第一阶段：电子管计算机（1946～1957 年）

电子管计算机的逻辑元件采用电子管，主存储器采用汞延迟线、磁鼓、磁芯；外存储器采用磁带；没有系统软件，只能使用机器语言和汇编语言编程。其特点是体积大、耗电大、可靠性差、价格昂贵、维修困难。

这一代计算机主要用于科学计算。典型机器有 ENIAC。

2)第二阶段:晶体管计算机(1958~1964年)

晶体管计算机的逻辑元件采用晶体管,与电子管计算机相比,晶体管计算机体积减小,耗电减少,可靠性提高,成本下降,运算速度提高。晶体管计算机的主存储器采用磁心,外存储器已开始使用磁盘。其软件有了很大的发展,有了高级语言及其编译程序,还有了以批处理为主的操作系统。

这一代计算机不仅用于科学计算,还用于数据处理和事务处理,并开始用于工业控制。典型机器有 IBM7090。

3)第三阶段:中、小规模集成电路计算机(1965~1970年)

采用中、小规模集成电路作为各种逻辑部件的计算机,体积更小,质量更轻,耗电更省,寿命更长,成本更低,运算速度有了更大的提高。其主存储器采用半导体存储器,外存使用磁盘,有了结构化的程序设计语言、操作系统和诊断程序。

这一代计算机不仅用于科学计算,还用于企业管理、自动控制、辅助设计和辅助制造等领域。典型机器有 IBM360。

4)第四阶段:大规模、超大规模集成电路计算机(1971年至今)

采用大规模、超大规模集成电路作为基本逻辑部件,使计算机体积、质量、成本均大幅度降低,出现了微型机;作为主存储器的半导体存储器,其集成度越来越高,容量越来越大;外存储器除了广泛使用软、硬磁盘外,还使用光盘等;各种使用方便的输入输出设备相继出现;软件产业高度发达,各种应用软件层出不穷,极大地方便了用户;计算机技术与通信技术相结合,计算机网络把世界紧密地联系在一起;多媒体技术迅速崛起。

这一代计算机应用已经涉及人类生活和国民经济的各个领域。目前我们使用的各类计算机通称为第四代计算机。

2.计算机分类

计算机种类很多,按系统和组装方式对计算机进行分类如下:

1)按系统分类

①服务器:具有大容量的存储设备和丰富的外部设备,运行网络操作系统,要求较高的运行速度,服务器上的资源可供网络用户共享。

②工作站:实际上是一台高档计算机,但它配有大容量主存,大屏幕显示器,特别适合于计算机辅助设计和办公自动化。

2)按照组装方式的不同分类

①品牌机:品牌公司销售的组装好的计算机。品牌机有着品牌公司独特的设计和部件,国际知名品牌有 IBM、惠普(HP)、戴尔(DELL)……国内知名品牌有联想、TCL、方正、清华同方等。

②兼容机:由不同品牌的显示器、键盘、鼠标、音箱、CPU、主板、内存、硬盘、显卡等单件产品组装成的计算机。

品牌机和兼容机都是组装的计算机。

3.计算机的系统组成

1)计算机系统概述

一个完整的计算机系统是由硬件系统和软件系统两大部分组成的,如表1.1.1所示。

表 1.1.1　计算机的系统组成

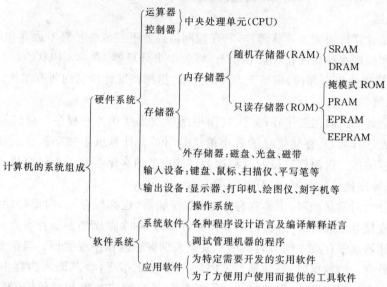

（1）硬件系统

硬件也称"硬设备"，是指计算机的各种看得见、摸得着的物质实体，是计算机系统的物质基础。

（2）软件系统

软件是指应用于计算机技术中的看不见、摸不着的程序和数据，但能感觉到它的存在，是介于用户和硬件系统之间的界面；它的范围非常广泛，普遍认为是指程序系统，是发挥机器硬件功能的关键。

（3）软件系统与硬件系统的关系

硬件是软件建立和依托的基础，软件是计算机系统的灵魂。没有软件的硬件"裸机"用户不能直接使用。没有硬件对软件的物质支持，软件的功能则无从谈起。所以，把计算机系统当作一个整体来看，它既包含硬件，也包括软件，两者不可分割，硬件和软件相互结合才能充分发挥计算机系统的功能。

2）计算机的硬件系统

计算机硬件是计算机系统重要的组成部分，其基本功能是执行计算机程序，并在程序的控制下完成数据输入、数据处理和输出结果等任务。计算机硬件系统主要由控制器、运算器、存储器、输入设备和输出设备五大部分组成。它们的关系如图 1.1.1 所示。

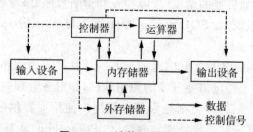

图 1.1.1　计算机硬件系统

（1）控制器

控制器是整个计算机的指挥中心，它逐条取出程序中的指令，分析后按要求发出操作控制信号,协调各部件工作,完成程序指定的任务。

(2)运算器

运算器是计算机的主要计算部件,它在控制器控制下完成各种算术运算和逻辑运算。

运算器和控制器被集成在一块芯片上,称为中央处理器,简称 CPU(Central Processing Unit),是计算机的核心部件,相当于人类的大脑,指挥调度计算机的所有工作。

(3)存储器

存储器是计算机的主要工作部件,其作用是存放数据和各种程序。存储器主要采用半导体器件和磁性材料,其存储信息的最小单位是"位"。计算机中按字节存放数据。某个存储设备所能容纳的二进制信息量的总和称为存储设备的存储容量。存储容量用字节数来表示,常用的三种度量单位有 KB、MB 和 GB。

存储器分为内部存储器(也称内存)和外部存储器(也称外存)。内部存储器是 CPU 能根据地址线直接寻址的存储空间,由半导体器件制成,用来存储当前运行所需要的程序和数据。外部存储器用于存放一些暂时不用而又需长期保存的程序或数据。当需要执行外存的程序或处理外存中的数据时,必须通过 CPU 输入/输出指令,将其调入内存中才能被 CPU 执行处理。内存存取速度快,但容量小,价格较贵;外存响应速度相对较慢,但容量大,价格较便宜。

(4)输入设备

输入设备用于将用户输入的程序、数据和指令转换为计算机能识别的数据形式并保存到计算机存储器中,以便于计算机处理。常用的输入设备有键盘、鼠标、扫描仪、光电笔等。

(5)输出设备

输出设备用于将计算机中的数据和计算机处理的结果,转换成人们可以识别的字符、图形、图像形式输出,常用的输出设备有显示器、打印机、绘图仪、音箱等。

通常把外存、输入设备和输出设备合称为计算机的外部设备。

3)计算机的软件系统

计算机软件系统包括系统软件和应用软件两大类。

(1)系统软件

系统软件是指控制和协调计算机及其外部设备,支持应用软件的开发和运行的软件。其主要的功能是进行调度、监控和维护系统等。系统软件是用户和裸机的接口,主要包括:

①操作系统软件,如 DOS、Windows、Linux、Netware 等。

②各种语言的处理程序,如机器语言、高级语言、编译程序、解释程序。

③各种服务性程序,如机器的调试、故障检查和诊断程序、杀毒程序等。

④各种数据库管理系统,如 SQL Server、Oracle、Informix、Foxpro 等。

(2)应用软件

应用软件是用户为解决各种实际问题而编制的计算机应用程序及其有关资料。应用软件一般有两类:一类是为了特定需要开发的使用软件,如财务管理软件、税务管理软件、工业控制软件、辅助教育软件等;另一类则是为了方便用户使用而提供的一种工具软件,如文字处理软件包(如 WPS、Office)、图像处理软件包(如 Photoshop、动画处理软件 3DS Max)等。

1.1.2.2　相关实践知识

1. 拆机前的注意事项

①严禁带电操作,一定要把 220V 的电源线插头拔掉。

②爱护计算机的各个部件，轻拿轻放，切忌鲁莽操作，尤其是硬盘不能碰撞或者跌落。

③在拆机之前，为了防止静电损坏器件，应释放掉手上的静电，如洗一下手、摸一下接地金属物体、戴防静电手腕带等。

2. 计算机硬件的拆卸步骤

计算机硬件的拆卸没有特定的顺序，只要遵循"先拔线，再取件"的原则即可。另外，取下的部件要有秩序地排放在操作台的空间位置，各类螺钉尤其要归类放好。拆卸步骤如下：

①拔下外设连线。拔下主机箱背面的电源线、键盘连线、鼠标连线、显示器连线、音箱连线、打印机连线、MODEM 连线和网线等。拔除外设连线后，观察并记录下主机箱背面的各种接口，包括它们的名称和接口外形特征。

②打开机箱盖板。

③拔下主板与机箱面板上的连线。

④拔下硬盘和光驱的电源连线和数据连线，以及主板电源连接主板的接线。

⑤从主板上卸下各类板卡，包括显示卡、网卡、声卡等，观察并记录各类板卡的接口类型、名称与外形特征。

⑥从主板上取下内存条，观察并记录内存的接口类型与外形特征。

⑦取下 CPU 散热风扇。

⑧从主板上取下 CPU。观察并记录 CPU 的接口类型与外形特征。

⑨拧开固定在机箱上的螺钉，取下主板。观察并记录主板的结构组成与特征。

⑩取下硬盘与光驱、软驱等。观察并记录它们的接口类型与外形特征。

⑪最后，拧开主机箱背面的电源螺钉，取下小电源。观察并记录电源外形特征。

1.1.2.3　任务实施

活动一　整机识别。开启一台计算机的主机，观察计算机的运行过程，分析计算机系统的组成。

一台完整的台式计算机和外部设备，如图 1.1.2 所示。

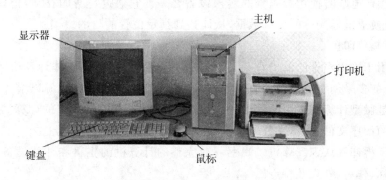

图 1.1.2　计算机与外设外观

（1）主机

主机是整个计算机系统的"总管"，从外观上看，也就是计算机的主机箱，计算机的核心部件都安装在主机箱内。在主机箱内除了有主板和插在主板上的 CPU、内存，还有插在主板扩展槽上的显示卡、声卡、网卡等各种接口卡，以及电源、硬盘、软驱、光驱等硬件设备，如图 1.1.3 所示。通过主机箱，将各个部件连接起来，同时主机箱也对主板、CPU、显示卡、内存、硬盘等计算机的重要设备起保护作用。

图 1.1.3　主机箱内部结构

　　主机以外的设备，如显示器、键盘、鼠标、音箱、打印机等，都是外部设备，通过设备后面的电缆线与主机相连。

　　(2)显示器

　　显示器是输出设备，计算机内的图片、文字、影像等信息，都是通过显示器呈现在用户眼前的，而用户也正是通过显示器显示的信息操作计算机。目前，显示器主要分 CRT 阴级射线管显示器和 LCD 液晶显示器两种。

　　(3)键盘与鼠标

　　键盘是计算机重要的输入设备，用来输入字母、数字、符号和实现控制功能。键盘上面的按键分别代表不同的含义，操作电脑时无论打字还是玩游戏，都可以通过键盘来完成。

　　鼠标是操作电脑时使用最频繁的输入设备之一。它通过自身的移动，把位移信号传递给电脑，再转换成鼠标光标的坐标数据，从而达到指示位置的目的。

　　(4)音箱与打印机

　　音箱是用于输出声音的输出设备，它与声卡相连。音箱是多媒体计算机所必备的外部设备之一，目前多采用有源音箱。有源音箱是指音箱需要单独外接电源以增大输出功率。

　　打印机是微型计算机常用的输出设备，它的主要功能是将计算机的计算结果，用户通过计算机编辑的程序文件、文本文件以及各种图形信息等内容打印在纸上。

　　活动二　拆卸并认识计算机。观察一台完整的计算机的主机和外部设备，了解计算机各部件的名称、作用、外观及特点。

　　牢记拆机注意事项，按照拆机顺序，将计算机各部件仔细地拆下来，并认真观察，认识计算机各部件外形、特点，并记住计算机各部件标准名称。

　　(1)主板

　　在计算机主机内部，最大的一块电路板就是主板。在主机上，最明显的是一排排的插槽，呈黑色、白色和棕色，长短不一，显示卡、内存等设备就是插在这些插槽里从而与主板联系起来的。除此以外，还有各种元件和接口，它们将机箱内的各种设备连接起来。也就是说，主板是计算机中重要的"交通枢纽"，它的质量直接影响着电脑的稳定性。主板示意图如

图 1.1.4 所示。

（2）CPU

CPU 即中央处理器，它是计算机中最核心的部分，负责整个计算机系统的协调、控制和程序运行，它在很大程度上决定了计算机的基本性能。CPU 采用了大规模集成电路技术把上亿个晶体管集成到一块小小的硅片上，所以也叫微处理器。从外观上看，CPU 是一正方形的小块，正面是一个金属盖子，反面有很多针脚或者金属触点。图 1.1.5 所示，是 Intel 的 Pentium CPU，图 1.1.6 所示，是 AMD 的 CPU。

图 1.1.4　主板

图 1.1.5　Intel 的 CPU

图 1.1.6　AMD 的 CPU

（3）内存

内存一般指的是随机存取存储器，简称 RAM，是微型计算机的数据存储中心，主要用来存储程序及等待处理的数据，可与 CPU 直接交换数据。它由大规模半导体集成电路芯片组成，其特点是存储速度快，但容量有限，不能长期保存数据。它的容量大小，会直接影响整机系统的速度和效率。内存的结构十分简单，从外观上看，内存是一块长条形的电路板，插在主板的内存插槽中，一个内存条上安装有多个内存芯片。内存如图 1.1.7 所示。

图 1.1.7　内存条

（4）显示卡

显示卡，也可以叫图形适配器，它是主机与显示器之间连接的"桥梁"，作用是控制计算机的图形输出，负责将 CPU 送来的影像数据处理成显示器能够显示的模拟信号，再送到显示屏，形成用户最终看到的图像。显示卡如图 1.1.8 所示。

图 1.1.8　显示卡

(5)声卡

声卡的作用是声音和音乐的回放、声音特效处理、网络电话、MIDI 的制作、语音识别及合成等。声卡已成为多媒体计算机不可缺少的部分。

声卡分为独立的单声卡和集成在主板上的板载声卡两种。板载声卡一般又分为板载软声卡和板载硬声卡。一般板载软声卡没有主处理芯片,只有一个 CODEC 解码芯片,通过 CPU 的运算来代替声卡主处理芯片的作用。如图 1.1.9 所示,是一块独立声卡。

图 1.1.9　声卡

(6)硬盘

硬盘是最重要的外存储器之一。从外观上看,硬盘是一个黑金属盒。它是计算机内部数据存放的仓库,计算机内所有的图片、文字、音乐、动画等都是以文件的形式存放在硬盘内的。硬盘如图 1.1.10 所示。

图 1.1.10　硬盘

（7）软驱和软盘

软盘也是外存储器之一。与硬盘相比，软盘容量小、存取数据的速度慢。软盘数据要通过软驱读写。随着闪速存储器的大幅降价，目前软盘基本已被闪速存储器代替。如图 1.1.11 所示，是软盘和软驱。

图 1.1.11　软盘和软驱

（8）光驱和光盘

光盘也是常用的外存储器之一，光盘和光盘驱动器（简称光驱）需要配套使用。如图 1.1.12 所示，是光盘和光驱。

图 1.1.12　光驱和光盘

（9）网卡

网卡又称网络适配器，安装在主板扩展槽中。随着网络技术的飞速发展，出现了许多种不同类型的网卡，目前主流的网卡有 10/100Mb/s 自适应网卡、100Mb/s 网卡、10/100/1000Mb/s 自适应网卡等几种。网卡如图 1.1.13 所示。

图 1.1.13　网卡

（10）电源

电源是为整个主机提供电力的设备，如图 1.1.14 所示。电源功率的大小、电流和电压是否稳定直接影响着计算机的使用寿命，电源如果出现问题常造成系统不稳定、无法启动甚至烧毁计算机配件。

图 1.1.14 电源

1.1.3 归纳总结

本模块首先给出了要完成的任务:开启一台计算机的主机,观察计算机的运行过程,分析计算机系统的构成;观察一台完整的计算机的主机和外部设备,了解计算机各部件的名称、作用、外观及特点。然后围绕要完成模块任务,讲解了相关理论知识和实践知识:计算机的发展历史、计算机分类、计算机系统构成以及计算机硬件组成与计算机软件组成、拆机注意事项和拆机顺序,完成任务的具体实践活动。通过这一系列的任务实现,全面了解到计算机的发展历史,了解到计算机分类,理解了计算机的系统构成,熟悉计算机硬件组成,熟悉计算机软件组成。从而使学生能够说出一台计算机的硬件组成,并形成计算机硬件清单文档,能够正确识别计算机各组成部件,并能够记住计算机各部件的标准名称。

1.1.4 思考与训练

1. 填空题

①_____年,美国宾夕法尼亚大学研制成功了世界上第一台电子计算机 ENIAC,标志着电子计算机时代的到来。随着电子技术,特别是微电子技术的发展,依次出现了分别以_____、_____、_____和_____为主要元件的电子计算机。

②计算机系统通常由_____和_____两个大部分组成。

③计算机软件系统分为_____和_____两大类。

④计算机硬件主要有_____、_____、_____、_____、_____和_____等。

⑤计算机的外部设备很多,主要分成三大类,其中,显示器、音箱属于_____,键盘、鼠标、扫描仪属于_____。

⑥计算机硬件和计算机软件既相互依存,又互为补充。可以这样说,_____是计算机系统的躯体,_____是计算机的大脑和灵魂。

⑦中央处理器简称 CPU,它是计算机系统的核心,主要包括_____和_____两个部件。

⑧计算机的维护是指使微型计算机系统的_____和_____处于正常、良好运行状态的活动,包括检查_____、_____、_____、_____等工作。

⑨计算机常用的外存储器有_____、_____、_____。

⑩按设计目的和用途可将计算机分为_____和_____;按综合性能指标可将计算机划分为_____、_____、_____、_____和_____。

2. 选择题

①_____设备属于输入设备。

  A. 键盘   B. 鼠标

  C. 扫描仪   D. 打印机

②微型计算机系统由_____和_____两大部分组成。

  A. 硬件系统　软件系统   B. 显示器　机箱

  C. 输入设备　输出设备   D. 微处理器　电源

③计算机发生的所有响应都是受_____控制的。

  A. CPU   B. 主板

  C. 内存   D. 鼠标

④不属于输入设备的是_____。

  A. 键盘   B. 鼠标

  C. 扫描仪   D. 打印机

⑤下列部件中,属于计算机系统记忆部件的是_____。

  A. CD-ROM   B. 硬盘

  C. 内存   D. 显示器

3. 实训题

①计算机基本都是 ATX 标准结构,并符合 PC'99 规范。各接口和设备接头的颜色相对固定。观察外部设备与主机箱的连接,记下各种接口的形状与颜色,并完成表 1.1.2。

表 1.1.2　ATX 结构表

接口名称		形　状	颜　色	连接设备
PS/2				
串口				
并口				
USB 接口				
视频接口	VGA 接口			
	DVI 接口			
	AV 端子			
	S 端子			
	HDMI 接口			

续表

接口名称		形　状	颜　色	连接设备
音频接口	Line Out			
	Speak Out			
	Line In			
	MIC In			
	其他			
网卡接口				
IEEE1394 接口				
其他接口				

②观察 CPU、内存、主板、硬盘、光驱及各种板卡的形状,初步了解其功能。

③观察机箱内部各部件的连接。

模块二 主板的认识与选购

技能训练目标:能准确把握市场发展和用户需求,选购合适可行的主板。

知识教学目标:熟悉主板的组成,了解主板的分类,熟悉主板芯片组。

1.2.1 任务布置

①认识主板:说出给定主板厂商型号、结构组成和类型。

②主板是计算机核心部件之一,在选购计算机的各配件时往往优先考虑,请根据用户需求,在品种繁多的主板中选购合适可行的主板。

1.2.2 任务实现

1.2.2.1 相关理论知识

主板又叫主机板、系统板或母板,它是安装在机箱里的最大的一块电路板,是计算机最基础的也是最重要的部件之一,有决定整个系统计算能力和速度的电路。主板不但是整个计算机系统平台的载体,还担负着系统中各种信息的交流。好的主板可以让计算机更稳定地发挥系统性能,反之,系统则会变得不稳定。

1. 主板组成

主板的平面是一块 PCB 印刷电路板,一般采用四层板或六层板。相对而言,为节省成本,低档主板多为四层板,分为主信号层、接地层、电源层、次信号层。而六层板则增加了辅助电源层和中信号层,因此六层 PCB 的主板抗电磁干扰能力更强,主板也更稳定。

现在市场上的主板虽然品种繁多,布局不同,但其基本组成是一样的。典型的主板布局如图 1.2.1 所示,在电路板上面,是错落有致的电路布线、棱角分明的各个部件:插槽、芯片、电阻、电容等,CPU 插槽、BIOS 芯片、I/O 控制芯片、键盘接口、面板控制开关接口、各种扩充插槽、直流电源的供电插槽等。有的主板上还集成了音效芯片和显示芯片等。

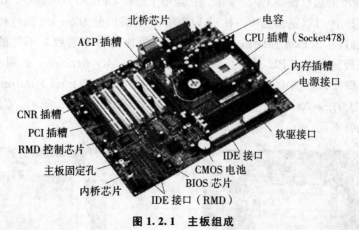

图 1.2.1 主板组成

1)芯片组

芯片组是主板的核心组成部分。设计芯片组的厂家通常被称为 Core Logic,Core 的中文意思是核心或中心,由此可见其重要性。对于主板而言,芯片组决定了这块主板的功能,进而影响到整个计算机系统性能的发挥,芯片组是主板的灵魂。芯片组性能的优劣,决定了主板性能的好坏与级别的高低。

按照在主板上的排列位置的不同,芯片通常分为北桥芯片和南桥芯片,如 Intel 的 845GE 芯片组由 82845GE GMCH 北桥芯片和 ICH4(FW82801DB)南桥芯片组成,如图 1.2.2所示;而 VIA KT400 芯片组则由 KT400 北桥芯片和 VT8235 等南桥芯片组成(也有单芯片的产品,如 SIS630/730 等),如图 1.2.3 所示。北桥芯片起着主导性的作用,也称为主桥。北桥芯片是 CPU 与外部设备之间联系的纽带,负责提供对 CPU 的类型和主频、内存的类型和最大容量、ISA/PCI/AGP 插槽、ECC 纠错等支持,通常在主板上靠近 CPU 插槽的位置,由于此类芯片的发热量较高,所以在此芯片上装有散热片。

南桥芯片主要用来与 I/O 设备及 ISA 设备相连,并负责管理中断及 DMA 通道,让设备工作得更顺畅,其提供对 KBC(键盘控制器)、RTC(实时时钟控制器)、USB(通用串行总线)、Ultra DMA/33(66)EIDE 数据传输方式和 ACPI(高级能源管理)等的支持,在靠近 PCI 槽的位置。

图 1.2.2　ICH4(FW82801DB)南桥芯片

图 1.2.3　KT400 北桥芯片

2)CPU 插座

主板上最醒目的接口便是 CPU 插座。它是用于连接 CPU 的专用插座。CPU 只有正确安装在 CPU 插座上,才可以正常工作。针对不同的 CPU,可以分为 Socket 插座和 Slot 插槽。

①Socket 插座。Socket 插座是一个方形插座,插座上分布着数量不等的针脚孔或金属触点,它是目前最流行的 CPU 接口。常见的有支持 AMD Athion64 系列 CPU 的 Socket AM2(940 个针脚孔),如图 1.2.4 所示。支持 Intel Pentium E、Intel Pentium D、Celeron D、Core2 系列 CPU 的 Socket 775 插座(775 个金属触点),如图 1.2.5 所示。CPU 接口类型不同,插座结构也就不同。

图 1.2.4　Socket AM2 插座

图 1.2.5　Socket 775 插座

②Slot 插槽。安装 Slot 架构的 CPU 主板上要提供相应的 Slot 架构插槽。Slot 1 插槽如图 1.2.6 所示。

图 1.2.6 Slot 1 插槽

3）内存插槽

内存插槽是用来安装内存的地方。按照内存条与内存插槽的连接情况，内存插槽分为 SIMM 和 DIMM 两种。目前 SIMM 已被淘汰。

采用 DIMM 的内存条有 SDRAM、RDRAM、DDR SDRAM、DDR2 SDRAM、DDR3 SDRAM 几种。需要说明的是不同的内存插槽的引脚、电压、性能、功能都是不尽相同的，不同的内存在不同的内存插槽上不能互换使用。对于 168 线的 SDRAM 内存和 184 线的 DDR SDRAM 内存，其主要外观区别在于 SDRAM 内存金手指上有两个缺口，而 DDR SDRAM 内存只有一个。两种内存插槽如图 1.2.7 所示。

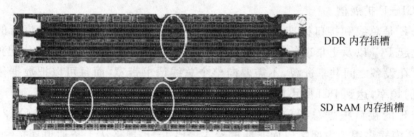

DDR 内存插槽

SD RAM 内存插槽

图 1.2.7 内存插槽

DDR2、DDR3 采用 240Pin 接口，内存插槽只有一个缺口，但两者位置不同，如图 1.2.8 所示。

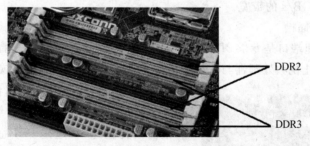

DDR2

DDR3

图 1.2.8 DDR2 和 DDR3 内存插槽

4）总线扩展槽

总线是计算机中传输数据信号的通道。总线扩展槽是用于扩展计算机功能的插槽，用来连接各种功能插卡。用户可以根据自己的需要在扩展槽上插入各种用途的插卡，如显示卡、声卡、网卡等，以扩展微型计算机的各种功能。

主板上常见的总线扩展槽有 ISA 和 PCI、AGP、PCI－E、AMR/CNR 等。ISA 扩展槽现在基本被淘汰了。

(1)PCI 扩展槽

PCI 总线插槽是由 Intel 公司推出的一种局部总线。它定义了 32 位数据总线,且可扩展为 64 位。PCI 插槽为白色,为显卡、声卡、网卡、电视卡等设备提供了连接接口,它的基本工作频率为 33MHz,最大传输速率可达 132MB/s,如图 1.2.9 所示。

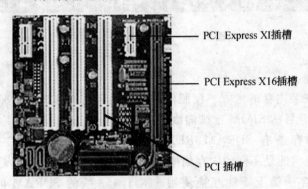

PCI Express XI插槽

PCI Express X16插槽

PCI 插槽

图 1.2.9　PCI 和 PCI ExpressX1、X16 插槽

(2)PCI－E 扩展槽

PCI－E 是总线和接口标准 PCI－Express。PCI－E 采用了目前业内流行的点对点串行连接,比起 PCI 以及更早期的计算机总线的共享架构,能够为每一块设备分配独享通道带宽,不需要在设备之间共享资源,不需要向整个总线请求带宽,而且可以把数据传输提高到一个很高的频率,达到 PCI 所不能提供的高带宽。

PCI－E 的接口根据总线位宽不同而有所差异,包括 X1、X2、X4、X8、X12、X16 以及 X32,而 X2 模式将用于内部接口而非插槽模式。PCI－E 规格从 1 条通道连接到 32 条通道连接,有非常强的伸缩性,可满足不同系统设备的数据传输带宽不同的需求。此外,较短的 PCI－E 卡可以插入较长的 PCI－E 插槽中使用,PCI－E 接口还能够支持热插拔,这也是不小的飞跃。用于取代 AGP 接口的 PCI－E 接口带宽为 X16,能够提供 5GB/s 的带宽,远远超过 AGP 8X 2.1GB/s 的带宽。

(3)AGP 接口插槽

AGP 图形加速端口是专供 3D 加速卡(3D 显卡)使用的接口。它直接与主板的北桥芯片相连,且该接口让视频处理器与系统主内存直接相连,避免经过窄带宽的 PCI 总线而形成系统瓶颈,以增加 3D 图形数据传输速度,而且在显存不足的情况下还可以调用系统主内存,所以它拥有很高的传输速率,这是 PCI 总线无法与其相比拟的。AGP 接口主要可分为 AGP1X/2X/PRO/4X/8X 等类型。AGP 插槽颜色为褐色,只能插显卡,因此在主板上 AGP 接口只有一个,如图 1.2.10 所示。

(4)AMR 插槽和 CNR 插槽

AMR 是从 810 主板才开始有的,它是主板上一个褐色的插槽,比 AGP 插槽短许多,如图 1.2.11 所

图 1.2.10　AGP 总线扩展插槽

示。Intel 公司开发的 AMR(Audio/MODEM Riser,声音和调制解调器界面)是一套基于 AC97(Audio Codec'97,音频系统标准)规范的开放工业标准,采用这种标准,通过附加的解码器可以实现软件音频功能和软件调制解调器功能。

　　CNR 是 AMR 的升级产品,从外观上看,它比 AMR 稍长一些,而且两者的针脚也不相同,所以两者不兼容,如图 1.2.12 所示。

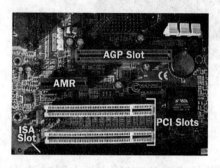

图 1.2.11　AMR 插槽

图 1.2.12　CNR 插槽

　　5)ATA 接口

　　ATA 接口是用来连接硬盘和光驱等设备的,它分为 PATA 接口和 SATA 接口。

　　PATA 接口也叫 IDE 接口(Integrated Device Electronics,集成设备电子部件),主流的 IDE 接口有 ATA33/66/100/133,ATA33 又称 Ultra DMA/33,它是一种由 Intel 公司制定的同步 DMA 协定,传统的 IDE 传输使用数据触发信号的单边来传输数据,而 Ultra DMA 在传输数据时使用数据触发信号的两边,因此它具备 33MB/s 的传输速度。IDE 接口为 40 针双排插座,使用 40 线数据线与 IDE 硬盘驱动器或光盘驱动器相连接,如图 1.2.13 所示。

　　SATA 接口。目前,越来越多的主板和硬盘都开始支持 SATA(Serial ATA)接口,如图 1.2.14 所示。SATA 接口仅用 4 根针脚就能完成所有的工作,分别用于连接电源、连接电线、发送数据和接收数据。SATA1.0 定义的数据传输率为 150MB/s、SATA2.0 定义的数据传输率为 300MB/s、SATA3.0 定义的数据传输率为 600MB/s。

图 1.2.13　IDE 接口

图 1.2.14　SATA 接口

　　6)软驱接口

　　软驱接口共有 34 根针脚,顾名思义它是用来连接软盘驱动器的,它的外形比 IDE 接口要短一些,如图 1.2.15 所示。

图 1.2.15 软驱接口

7)电源插口及主板供电部分

电源插座主要有 AT 电源插座和 ATX 电源插座两种,有的主板上同时具备这两种插座。AT 插座现在已淘汰。而采用 20 口的 ATX 电源插座,采用了防插反设计,不会像 AT 电源一样因为插反而烧坏主板,如图 1.2.16 所示。除此而外,在电源插座附近一般还有主板的供电及稳压电路。

主板的供电及稳压电路也是主板的重要组成部分,它一般由电容,稳压块或三极管场效应管,滤波线圈,稳压控制集成电路块等元器件组成。此外,P4 主板上一般还有一个 4 口专用 12V 电源插座。

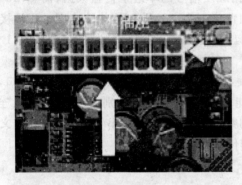

ATX电源插座

4口专用12V电源插座

图 1.2.16 电源插座

8)BIOS

BIOS 基本输入输出系统是一块装入了启动和自检程序的 EPROM 或 EEPROM 集成块。实际上它是被固化在计算机 ROM(只读存储器)芯片上的一组程序,为计算机提供最低级的、最直接的硬件控制与支持。除此而外,在 BIOS 芯片附近一般还有一块电池组件,它为 BIOS 提供了启动时需要的电流。

ROM BIOS 芯片是主板上唯一贴有标签的芯片,一般为双排直插式封装(DIP),上面通常印有“BIOS”字样,另外还有许多 PLCC32 封装的 BIOS。如图 1.2.17 所示,是双排直插式封装(DIP)BIOS 芯片;如图 1.2.18 所示,是 PLCC 封装的主板 BIOS 芯片。

图 1.2.17 DIP 封装 BIOS 芯片

图 1.2.18 PLCC 封装的 BIOS 芯片

　　早期的 BIOS 多为可重写 EPROM 芯片,上面的标签起着保护 BIOS 内容的作用,因为紫外线照射会使 EPROM 内容丢失,所以不能随便撕下。现在的 ROM BIOS 多采用 Flash ROM(快闪可擦可编程只读存储器),通过刷新程序,可以对 Flash ROM 进行重写,方便地实现BIOS升级。

　　较流行的主板 BIOS 主要有 Award BIOS、AMI BIOS、Phoenix BIOS 三种类型。Award BIOS 是由 Award Software 公司开发的 BIOS 产品,在目前的主板中使用最为广泛。Award BIOS 功能较为齐全,支持许多新硬件,目前市面上主机板都采用了这种 BIOS。AMI BIOS 是 AMI 公司出品的 BIOS 系统软件,开发于 20 世纪 80 年代中期,它对各种软、硬件的适应性好,能保证系统性能的稳定,在 90 年代后 AMI BIOS 应用较少。Phoenix BIOS 是 Phoenix 公司产品,Phoenix BIOS 多用于高档的原装品牌机和笔记本电脑上,其画面简洁,便于操作,现在 Phoenix 已和 Award 公司合并,共同推出具备两者标示的 BIOS 产品。

　　9)机箱前置面板接头

　　机箱前置面板接头是主板用来连接机箱上的电源开关、系统复位、硬盘电源指示灯等排线的地方,如图 1.2.19 所示。一般来说,ATX 结构的机箱上有一个总电源的开关接线(Power SW),是两芯的插头,它和 Reset 的接头一样,按下时短路,松开时开路,按一下,计算机的总电源就被接通了,再按一下就关闭。

图 1.2.19 机箱前置面板接头

　　在主板上,插针通常标记为 Power LED,连接时注意绿色线对应于第一针(+)。当它连接好后,计算机一打开,电源灯就亮,表示电源已经打开了。而复位接头(Reset)要接到主板上 Reset 插针上。主板上 Reset 针的作用是:当它们短路时,电脑就重新启动。而 PC 喇叭通常为四芯插头,但实际上只用1、4 两根线,一线通常为红色,它是接在主板 Speaker 插针上。在连接时,注意红线对应 1 的位置。

　　10)外部输入/输出接口

　　ATX 主板的外部接口都是统一集成在主板后半部的。现在的主板一般都符合 PC99 规范,也就是用不同的颜色表示不同的接口,以免搞错。一般键盘和鼠标都是采用 PS/2 圆口,只是键盘接口一般为蓝色,鼠标接口一般为绿色,便于区别。USB 接口为扁平状,可接 MODEM,光驱,扫描仪等 USB 接口的外设。串口可连接 MODEM 和方口鼠标等,并口一般连接打印机。主板外部接口如图 1.2.20 所示。

图 1.2.20 主板外部输入/输出接口

11）板载芯片

通过使用不同的板载芯片，用户可以根据自己的需求选择产品。与独立板卡相比，采用板载芯片可以有效降低成本，提高产品的性价比。

①声卡控制芯片。主板集成的声卡大部分都是 AC'97 声卡，全称是 Audio CODEC'97，这是一个由 Intel、Yamaha 等多家厂商联合研发并制定的一个音频电路系统标准。主板上集成的 AC'97 声卡芯片主要可分为软声卡和硬声卡芯片两种。AC'97 软声卡，只是在主板上集成了数字模拟信号转换芯片（如 ALC201、ALC650、AD1885 等），而真正的声卡被集成到北桥中，这样会加重 CPU 少许的工作负担。AC'97 硬声卡，是在主板上集成了一个声卡芯片（如创新 CT5880，雅马哈的 744，VIA 的 Envy 24PT），如图 1.2.21 所示。这类声卡芯片提供了独立的声音处理，最终输出模拟的声音信号。这种硬件声卡芯片相对比软声卡在成本上贵了一些，但对 CPU 的占用很小。

②网卡控制芯片。现在很多主板都集成了网卡。在主板上常见的整合网卡所选择的芯片主要有 10/100M 的 RealTek 公司的 8100(8139C/8139D 芯片)系列芯片以及威盛网卡芯片等。另外，一些中高端主板还另外板载有 Intel、3COM、Alten 和 Broadcom 的千兆网卡芯片等，如 Intel 的 82547EI、3COM 3C940 等。如图 1.2.22 所示，为主板集成网卡。

图 1.2.21 板载声卡芯片

图 1.2.22 板载网卡芯片

2. 主板的分类

主板的分类方法很多，根据其结构可以分为 AT、Baby－AT、ATX、Micro ATX、LPX、NLX、Flex ATX、EATX、WATX 以及 BTX 等类型。其中，AT 和 Baby－AT 是多年前的老主板结构，现在已经被淘汰；而 LPX、NLX、Flex ATX 则是 ATX 的变种，多见于国外的品牌机；EATX 和 WATX 则多用于服务器/工作站主板；ATX 是市场上最常见的主板结构，扩展槽比较多；Micro ATX 则是 ATX 结构的简化板，就是常说的小板，扩展槽较少；而 BTX 则是 Intel 制定的新一代主板结构。

1）ATX 主板

ATX 是一种由 Intel 公司在 1995 年公布的并得到广大主板厂商响应的计算机主板结构规范，如图 1.2.23 所示。ATX 的布局相当于把 Baby AT 主板转了 90 度，将直着的 Baby AT 主板改成了横着的，这是主机板最大的规格改动。这样做可以让主板和电脑厂商继续利用现在的生产设备，利于用更低成本来设计和生产主板。

图 1.2.23 ATX 主板

目前，ATX 电源广泛应用于计算机中，与 AT 电源相比，它更符合"绿色电脑"的节能标准，它对应的主板是 ATX 主板。

2）Micro－ATX 主板

Micro－ATX 也称 Mini ATX 结构，它是 ATX 结构的简化版。Micro－ATX 规格被推出的最主要目的是为了降低个人计算机系统的总体成本和减少计算机系统对电源的需求量。Micro－ATX 结构的主要特性是：更小的主板尺寸、更小的电源供应器，减小主板与电源供应器的尺寸，直接反应的就是对于计算机系统的成本下降。虽然减小主板的尺寸可以降低成本，但是主板上可以使用的 I/O 扩充槽也相对减少了，Micro－ATX 支持最多到四个扩充槽，这些扩充槽可以是 ISA、PCI 或 AGP 等各种规格的组合，视主板制造厂商而定。Micro－ATX 主板如图 1.2.24 所示。

图 1.2.24 Micro－ATX 主板

3）BTX 主板

2002 年春季，Intel 正式提出 BTX 标准，包括主板规格，也涵盖机箱、散热器及电源等组件，以面对当时处理器频率不断提升而带来的散热问题，寻求更佳的系统散热设计，提供系统高性能的同时保证各部件的良好散热。2004 年，在 NetBurst 架构 Pentium 4 处理器尤其是 Prescott 的散热问题日渐严重的时候，Intel 正式推出 BTX 标准主板。

BTX 主板是英特尔提出的新型主板架构 balanced technology extended 的简称，是 ATX 结构的替代者。革命性的改变是新的 BTX 规格能够在不牺牲性能的前提下做到最小的体积。新架构对接口、总线、设备将有新的要求。BTX 具有如下特点：

①支持 Low—profile,也即窄板设计,系统结构将更加紧凑。

②针对散热和气流的运动,对主板的线路布局进行了优化设计。

③主板的安装将更加简便,机械性能也将经过最优化设计。

BTX 提供了很好的兼容性。目前已经有数种 BTX 的派生版本推出,根据板型宽度的不同分为标准 BTX(325.12mm),microBTX(264.16mm)及 Low—profile 的 picoBTX (203.20mm),针对未来服务器的 Extended BTX。而且,目前流行的新总线和接口,如 PCI Express 和串行 ATA 等,也将在 BTX 架构主板中得到很好的支持。BTX 主板如图 1.2.25 所示。

图 1.2.25　BTX 主板

3. 识别芯片组

生产芯片组的厂家有 Intel(美国英特尔)、VIA(中国台湾威盛)、SiS(中国台湾矽统)、ULi(中国台湾宇力)、ALi(中国台湾扬智)、AMD(美国超微)、Nvidia(美国英伟达)、ATI(加拿大冶天 已被 AMD 收购)、ServerWorks(美国)、IBM(美国)、HP(美国)等为数不多的几家,其中以英特尔和 Nvidia 以及 VIA 的芯片组最为常见。

1)支持 Intel CPU 的芯片组

目前在市场上流行的 Intel 芯片组中,主要有 Intel 芯片组和 Nvidia 芯片组。

(1)Intel 芯片组

市场上流行的 Intel 芯片组产品中,有老款的 945/965 系列芯片组、Bearlake 3 系列新列芯片组、占据主流市场的 Eaglelake 4 系列芯片组。

Intel 芯片组往往分系列,例如 845、865、915、945、975 等,同系列各个型号用字母来区分,命名有一定规则,掌握这些规则,可以在一定程度上快速了解芯片组的定位和特点。

①从 845 系列到 9 系列以前芯片组。PE 是主流版本,无集成显卡,支持当时主流的FSB 和内存,支持 AGP 插槽。

E 并非简化版本,而应该是进化版本,比较特殊的是,带 E 后缀的只有 845E 这一款,其相对于 845D 是增加了 533MHz 的 FSB 支持,而相对于 845G 等则是增加了对 ECC 内存的支持,所以 845E 常用于入门级服务器。

G 是主流的集成显卡的芯片组,而且支持 AGP 插槽,其余参数与 PE 类似。

GV 和 GL 则是集成显卡的简化版芯片组,并不支持 AGP 插槽,其余参数 GV 则与 G 相同,GL 则有所缩水。

GE 相对于 G 则是集成显卡的进化版芯片组,同样支持 AGP 插槽。

P 有两种情况,一种是增强版,例如 875P;另一种则是简化版,例如 865P。

②9 系列酷睿 2 芯片组。P 是主流版本,无集成显卡,支持当时主流的 FSB 和内存,支持 PCI－E X16 插槽。

PL 相对于 P 则是简化版本,在支持的 FSB 和内存上有所缩水,无集成显卡,但同样支持 PCI－E X16。

G 是主流的集成显卡芯片组,而且支持 PCI－E X16 插槽,其余参数与 P 类似。

GV 和 GL 则是集成显卡的简化版芯片组,并不支持 PCI－E X16 插槽,其余参数 GV 则与 G 相同,GL 则有所缩水。

X 和 XE 相对于 P 则是增强版本,无集成显卡,支持 PCI－E X16 插槽。

总的说来,Intel 芯片组的命名方式没有什么严格的规则,但大致上就是上述几种情况。另外,Intel 芯片组的命名方式可能发生变化,取消后缀,而采用前缀方式,例如 P965 和 Q965 等等。

③3 系列芯片组。2006 年 10 月,Intel 向业界宣称,965、975 下一代芯片组的继任者将采用"3"系列的命名方式,而不是 985。"3"系列芯片组是基于 BearLake 架构,分为家用和商用两大系列。带有 Q 开头的如 Q35、Q33 等,它们主要是面向商用;而面向高端的产品则是 X 开头,如 X38;主流产品则是带 P 和 G 开头的,如 P35、G35、G33、G31,G 表示整合主板。

3 系列芯片组包括 G31/X38/G33/G35/P35/Q33/Q35 等,采用 65nm 工艺制程,支持 PCI Express 2.0(两条 x16)、支持 Intel 45nm 处理器、对应 FSB 1333MHz 前端总线和 DDR3 内存、支持内存加速技术,而整合图形处理器的版本会支持 DirectX10 技术和 Clear Video Technology 视频加速技术等。

④4 系列芯片组。2008 年第一季度问世的基于 Eaglelake 架构的 4 系列芯片组,采用全新的 65nm 制造工艺,全线加入了对 PCI－E 2.0 的支持,并且搭配了全新一代 ICH10 系列南桥芯片(除 X48 继续搭配 ICH9 系列南桥芯片外)。P 开头的是针对主流市场如 P45;G 开头的为整合图形核心的芯片组,如 G45、G43 芯片组;Q 开头的是针对企业级服务的高端产品,如 Q45、Q43;X 开头的是针对高端超频玩家的芯片组,如 X48。

(2)Nvidia 芯片组

ATI 被 AMD 收购、VIA 和 SiS 的相继没落,Nvidia 芯片组良好的超频性能和兼容性,使 Nvidia 成为 Intel 平台强有力地支持者。

①nForce 600i 系列芯片组。Nvidia 进入 Intel 平台比较晚。Nvidia nForce 4 SLI Intel Edition 是首款 Nvidia 为 Intel 平台推出的芯片组,但因为种种原因,这款产品并没有得到广大主板厂商的大力推荐,市场表现也相当平淡。随后,Nvidia 于 2006 年 11 月推出了 nForce 600i 系列芯片组。最先出现在消费者面前是旗舰级的 nForce 680i SLI,它面向最狂热的玩家,提供了最强劲的超频性能。支持 1333MHz 的 FSB,可以兼容全部目前和未来的 Core 2 Duo 处理器。而且玩家还可以通过超频来大幅提升 FSB 频率。同时还支持 Nvidia 的 Quicksync 技术,当 FSB 和内存运行在同步模式时,这项技术可以加快 CPU 和内存间的数据交换速度。配备 Nvidia SLI 技术,板载两个全速 PCI－E ×16 插槽和一个 PCI－E ×8 插槽,可以支持三卡 SLI 技术。此外还支持 EPP 规范的 SLI Ready 内存。随后,Nvidia 在 2007 年 4 月发布了次顶级的 680i LT SLI(nForce 680i SLI 的廉价精简版)和 650i Ultra,接着便是针对主流玩家的 650i SLI 和和入门级的 630i Ultra 芯片组。与 nForce 570 SLI、590 SLI 等芯片组不同,nForce 600i 系列芯片组是专门针对酷睿 2 处理器的芯片组。

②nForce 700i 系列芯片组。目前发布的 700i 家族主要有：780i SLI、750i SLI 和 790i SLI 等芯片组。由于 nForce 680i 不支持 PCI－E 2.0 技术，所以 Nvidia 在 nForce 680i 上加入 NF200 芯片，之后改名称为 nForce 780i，其规格上和 nForce 680i 完美没有区别，可以看作是 nForce 680i 的 PCI－E 2.0 版本，而 nForce 750i 系列同样道理，在 nForce 650i 加入 NF200 芯片，改名 nForce 750i，由于 nForce 650i 还有不少的库存，Nvidia 就将 nForce 650i 直接改名称为 nForce 740i。

真正支持 PCI－E 2.0 的只有 nForce 790i SLI，这款芯片组支持 1600MHz FSB。与 780i 不同，它可以原生支持 PCI－Express 2.0，不用外加 NF200 芯片。另外支持 DDR3 内存和 Nvidia ESA 技术。多卡加速运算方面，支持三路 SLI 和增强版 SLI。增强版 SLI 即是在北桥芯片中，有专用的信道供显示核心互相传送数据，内存控制器不用参与其中。另一个特点，是 Broadcast 技术。CPU 发出的信息，各显示核心可以同时接收。之后 Nviadia 推出了 nForce 790i SLI 的简化版 nForce 770i SLI，内存方面，最高支持双通道 DDR3－1333。芯片组只会提供两组 PCI－E x16 插槽，所以不可以支持三路 SLI。

③MCP73 系列芯片组。MCP73 是 2007 年主推的 Intel 平台集成显卡芯片组。作为未来整合市场的主力产品，MCP73 该系列芯片产品包括 MCP73U、MCP73PV、MCP73S、MCP73V 及不支持显示功能的 MCP73D 五个不同型号。

Nvidia GeForce 7150 nForce 630i(MCP73U)、nForce 630i(MCP73D)为高端产品。GeForce 7150 nForce 630i 是 Nvidia MCP73 芯片组中规格最高的一款，支持 1333MHz 处理器总线，支持单通道 DDR2 800MHz 内存。内建 GeForce 7150 图形核心，支持 DirectX 9.0c 和 SM 3.0 规范，配备 DVI、D－Sub 和 HDMI 输出，支持 HDCP。支持 4 个 SATA－300 端口，支持多种 RAID 模式。支持 2 个 PATA 端口，千兆以太网接口，1 个 PCI Express x16 独显插槽，2 个 PCI Express x1 插槽，支持 10 个 USB 2.0 端口。

Nvidia GeForce 7100 nForce 630i(MCP 73PV)是 Nvidia MCP73 芯片组中面向中端主流平台的产品，支持 1333MHz 处理器总线，单通道 DDR2 667MHz 或者能够支持 DDR2 800MHz 内存。内建 GeForce 7025 图形核心，支持 DirectX 9.0 和 SM 3.0，配备了 DVI、D－Sub 接口以及支持 HDCP。其他规格和高端版相仿。

Nvidia GeForce 7050 nForce 610i(MCP 73V)属于低端产品，支持 1066MHz 处理器总线，支持单通道 DDR2 667MHz 内存。集成 GeForce 7025 图形核心，支持 DirectX 9.0 以及 SM 3.0，配备 D－Sub 输出。I/O 端口方面，支持 8 个 USB 2.0 端口，支持 10/100Mb 以太网，支持单一 RAID 模式。配备了 1 个 PCI Express x16 插槽和 2 个 PCI Express x1 插槽。Nvidia Nforce 7050－630i(MCP73S)已停产。

④MCP79 芯片组。在 Intel 平台集成芯片组上 Nvidia 并没有过分投入，MCP73 发布后很长一段时间 Nvidia 并没有在发布 Intel 平台的集成芯片组，直到 2008 年的 10 月，在 Apple 的新发布的 MacBook 上出现 MCP79 的身影，几天之后 Nvidia 正是发布了 MCP79 和 MCP7A 两款针对 Intel 平台的集成芯片组。MCP7A 命名为 nForce 730i，MCP79 为 MCP7A 的移动版本，MCP7A 同样是单芯片的整合式芯片组。支持混合 SLI 技术，亦支持普通 SLI，但只跟两条 PCI－E 8x 模式。整合式显示核心支持 DirectX 10 和 PureVideo HD，型号是 GeForce 9300 或者 GeForce9400。显示输出方面，可以支持 HDMI 和 DisplayPort，集成 DDR2 和 DDR3 内存控制器，支持双通道内存技术。FSB 方面，可以支持 1333MHz。硬盘接口方面，提供六个 SATA II 和 12 个 USB 2.0 端口。

2)支持 AMD CPU 的芯片组

在市场上流行的 AMD 平台的芯片组中,主要有 AMD 的芯片组和 Nvidia 的芯片组。AMD 芯片组的前身是 ATI 芯片组。

(1)AMD 5 系列芯片组。在并购前,ATI 在 AMD 平台芯片组市场占有率不是很高,并购后才稳步提高。市场主流是 7 系列芯片组,新近推出的是 8 系列芯片组。

①AMD 5 系列芯片组。580X 仍然是 ATI 的产品,和 480X 属于同时代不同定位的芯片组,代号 RD580,它和 RD480 分别被改成了 AMD 580X/480X CrossFire。580X 是 ATI 对抗 Nvidia 的顶级芯片组,单芯片(北桥)集成高达 40 条 PCI-E 通道实在难以想象,而其中最关键便是 Xpress Route 通道(路径)技术。该技术可以让两条 PCI Express X16 总线直接通过 RD580(Xpress 3200)北桥芯片与处理器之间直接进行数据互换和传输,省去了中间许多繁琐的步骤,并且不会相互影响,在这种情况下,两条 PCI Express X16 通道将会发挥最大的执行效能,也正是因为这种设计,使得双 PCI Express X16 的性能得到了体现和充分利用。580X 的强大性能令多数人重视 ATI,在双 PCI Express X16 的性能上一举超越 Nvidia 全速双显卡带宽的 nForce590 SLI。但是这款芯片组在主流市场上很少见的到。

570X 芯片组是在之前的 RD580 进行优化设计而来,最大的改变是增进了这款芯片组的超频能力,同时将之前的双 PCI Express X16 设计成了 X16+X8 的模式。AMD 690 系列芯片组可以说是 AMD 联姻 ATI 后的首款成功大作,但 690G 的成功仅仅在于中低端的整合市场,而面对 DIY 独立型主板市场 AMD 一直没有拿出有效的解决方案。此前 AMD 推出了高端的 580X,但价格过高;而低端的 480X 却由于性能不突出,消费者同样不买账。而面对 nForce500 系列芯片组的大卖特卖,AMD 推出一款定位中端市场的 AMD 570X 芯片组。570X 的芯片组填补了 AMD 在主流独立型主板芯片组的空白,它的问世使得 AMD 的产品线上下衔接,趋向于完整。由于其不能支持 AM2+接口处理器、HT 3.0 总线规范以及 PCI-E 2.0 接口,所以已经越来越显得不重要。

②AMD RS690 系列芯片组。在 AMD 与 ATI 正式合并以后,AMD 正式推出了一款整合型芯片组——AMDRS 690 芯片组。RS690 系列芯片组包括 690G、690V 和 690 三款。

690G 整合了 Radeon X1250 显示核心,并支援 HDMI 显示输出和 AVIVO,是 AMD 至今最成功的整合产品。

690V 只整合了 Radeon X1200 显示核心,不支援 HDMI 显示输出和 AVIVO,在 RS690 系列主板中位列中端,不仅可以满足办公用户日常的需求,工作之余玩玩游戏也绰绰有余。

690 没有整合任何显示核心,是 RS690 系列主板中最为低端的一款产品。

③AMD 7 系列芯片组。AMD 7 系列芯片组是 AMD 发布的代号为"Spider"平台中最为重要的组成部分之一,由于"Spider"平台中的 Phenom(羿龙)处理器和 Radeon HD 3800 系列显卡都将通过 7 系列芯片组相连接,很明显 7 系列芯片组是整个 AMD Spider 平台的灵魂。AMD 7 系列芯片组包括 740G 、780V、780G、790FX、790X 、770。

AMD 首批推出的 7 系列整合芯片组共有以下三款。

"AMD 740G":代号 RS740,集成 ATI Radeon 2100 显示核心。

"AMD 780V":代号 RS780C,集成 ATI Radeon 3100 显示核心。

"AMD 780G":代号 RS780,集成 ATI Radeon HD 3200 显示核心。

740G 是现有 RS690 系列的升级版,因此显示核心只支持 DX9,同时停留在 HyperTransport 1.0 总线和 PCI-E 1.1 规格,不过其针脚与 RS780 兼容。该芯片组面向入门级领域和 OEM 市场。RS740 只是个过渡的产品,它替代的是现有的 690V 和标准版 690 芯片组。

780V 和 780G 分别面向性能主流市场和低端市场,支持 K10 Phenom 处理器、Hyper-Transport 3.0 总线和 PCI-E 2.0 规范,集成的显示核心都硬件支持 DX10,不过区别是 780G 还支持 UVD 高清解码(所以型号里有 HD 字样)、Hybrid CrossFire 混合交火,并能使用板载显存芯片,减轻系统内存负担。

而后 AMD 对 7 系列提升了规格并进一步划分,包含了 790FX、790X 和 770 三款分别不同型号的产品,分别针对发烧友、高性能和主流市场。

AMD 790FX 芯片组:基于计算机发烧友、高级游戏玩家和专业超频选手的计算机需求而设计。对于计算机发烧友来说,AMD 790FX 芯片组是 Phenom FX 处理器的最佳搭配,不仅可以为用户带来顶级的性能,还能够为他们提供丰富的扩展能力;对于高级游戏玩家来说,AMD 790FX 芯片组可以在一片主板上同时运行四片显卡,从而能够为他们带来极致的游戏快感,AMD 790FX 芯片组也是目前唯一一款能够支持四片显卡同时运行的芯片组;对于专业超频选手而言,AMD 790FX 芯片组由于采用了当前最为先进的 65nm 制作工艺,芯片本身拥有极为强劲的超频能力,再加上依据 790FX 芯片组的市场定位,主板厂商也势必会以最高规格的用料设计来打造。

AMD 790X 芯片组:针对高性能计算机设计。购买双显卡组建 CrossFireX 系统可以实现多显示输出,再加上 AMD Radeon HD 系列显卡出色的视频解码能力,使得用户能够在更大更清晰的显示屏幕上体验高清视频所带来的视觉享受。

AMD 770 芯片组:基于大众应用的计算机需求所设计。AMD 770 芯片组除了只支持单片显卡之外,在其他方面的规格与最高端的 AMD 790FX 芯片组并无任何差异,同样支持 HT 3.0 总线和 PCI-E 2.0 规范,能够满足普通大众消费者所有的日常使用需求。AMD 770 芯片组除了在性能和规格方面要比竞争对手更为出色之外,还将拥有极具竞争力的价格,低功耗、低发热也是 AMD 770 芯片组最大的优势之一。

④AMD 8 系列芯片组。RS880 是针对 AM3 平台推出新一代 IGP 产品,依旧采用了 55nm 制造工艺。支持 Direct X 10.1 规范,支持 UVD 2.0 高清解码技术。AMD 8 系 IGP (interior gateway protocol,内部网关协定)芯片组首批上市型号包括 RS880 及 RS880C。

(2)Nvidia 芯片组

①C51G/C61 系列芯片组。Nvidia 的 C51G/C61 系列芯片组是目前 AMD 平台最低端的主流整合芯片组,它们之间的性能和规格差别不大,两个系列芯片组最大的不同是 C51G 系列芯片组为双芯片组,C61 系列芯片组为单芯片设计,芯片组的成本降低。

根据 Nvidia 说明,C61 分成 P、S、V 三个型号,分别是 Premium(加强型)、Standard(标准型)和 Value(经济型)的简写,分别针对不同用户的使用需求。不过 C51G/C61 系列芯片组已经逐渐被 MCP68 系列芯片组所取代。

②nForce5。对于普通消费者来说,nForce 5 系列的芯片组家族相当复杂和庞大。但是如果我们按照支持 K10 与否来划分的话,就很容易将产品线分辨清楚了。

支持 AM2+接口 K10 Phenom 处理器的芯片组一共有三款,分别为 nForce 560、nForce 520 以及 nForce 520LE。

相比于 nForce550 芯片组,nForce520 芯片同样提供 20 组 lanes,但仅提供四条 links,也就是说仅能拆分为 16X,1X,1X,1X PCI-E 传输模式,比 nForce550 芯片组少了一组 1X

PCI—E。此外,nForce520 少了一组千兆网卡控制器,仅能提供百兆网络支持。以上便是 nForce520 和 nForce550 芯片的最大区别。

而 nForce 560 芯片规格上介于 550 和 570 Ultra 之间,相对于 550 增加了对 SATA Raid5 的支持,但是在 PCI—E Lanes 由 20lanes 减少到 19lanes,PCI—E Links 由 5links 降低到 4links,因此 nForce560 只能拆分为 1 条 X16 和 3 条 X1 的 PCIE 传输模式,在扩展性上面稍逊于 nForce550,在其他规格上基本没有改变。和 nForce520 相比,nForce560 增加了千兆网卡和 Raid5 的支持,千兆网卡和 Raid5 对于普通用户基本上都比较小接触。另外, nForce 560 比起其他两者多出支持 NVIDIA FirstPacket technology 技术。

Nvidia 不能支持 K10 的芯片组由高到低排列分别为:nForce 590SLI、nForce 570SLI、 nForce 570 LT SLI、nForce 570 Ultra、nForce 550 以及 nForce 500 系列芯片组。

Nvidia 为了丰富自己的产品线,把 nForce4 系列芯片更改名称为 nForce500 系列芯片, 其中较低端的 nForce4 芯片更名为 nForce500 芯片,nForce4 Ultra 芯片更名为 nForce500 Ultra 芯片,nForce4 SLi 更名为 nForce500 SLi 芯片。这样,在 Nvidia 的 AM2 平台中就有了一套完配的产品线覆盖整个高中低端市场。

③MCP68 系列芯片组。MCP68 的研发代号为 C68G,根据市场定位不同 MCP68 共分为三个型号,分为 GeForce 7025 nForce630a (MCP68S)、GeForce 7050 nForce630a (MCP68PV—NT)和 GeForce 7050PV nForce630a (MCP68PV)三个型号抗击 AMD 690G。 其中 MCP68S 定位低端市场,取代 C61V 芯片;中端的 MCP68PV—NT 用来取代 C61S; MCP68PV 定位最高端,取代 C61P 成为 NVIDIA 在 AMD 平台的最强整合芯片。

整合显卡方面 MCP68 继续延用 MCP61 的整合的显卡核心 GeForce6100。MCP68 的改进主要是围绕在高清视频的支持和 DVI/HDMI 等输出信号的支持方面。

④nForce 7 系列芯片组。Nvidia 以往在 AMD 平台的主板芯片组不支持 PCI—E 2.0 以及 HT 3.0,这两个技术缺陷将首次在 nForce 780a SLI、nForce 750a SLI、nForce 730a 等芯片组中得到改变。

在产品划分方面,内建图形输出接口的 MCP78 芯片组有 MCP78U,和 MCP78S 两个型号。 其中 MCP78U 将拥有最高的规格,支持最新的 Hyper—Transport 3.0 总线并提供 PCI Express 2.0 的插槽,内建 DX10 的 GeForce 9200 级别显示核心,支持 PureVideoHD。而 MCP78S 仅拥有最基本的图像性能,与 MCP78U 的图形芯片性能差距估计在 15%~25% 之间。

另外,MCP78 芯片组还将拥有两款不附带整合显卡输出接口的芯片组,分别是 MCP78D 和 MCP78H。MCP78H 与 MCP78D 最大的不同是前者 MCP78H 仅仅是屏蔽显示核心的输出接口,支持混合 SLI 技术,而后者 MCP78D 不仅没有显示输出接口,而且没有显示核心,那自然理所当然不支持混合 SLI 技术。

同时,与 MCP78 一起发布的,还有 NVIDIA 在 AMD 平台的最高端 3—way SLI 芯片组:nForce 780a SLI 以及 nForce 750a SLI 芯片组,它们的芯片组代号分别为 MCP72XE 和 MCP72P,其中,前者 nForce 780a SLI 支持 NVIDIA 最新的 3—Way SLI 技术,后者 nForce 750a SLI 仅提供普通效能级的两路 SLI 技术。

1.2.2.2 相关实践知识——主板的选购

目前市场上主机板的生产厂商和品牌非常多,价格差别甚大,质量也参差不齐,但是所提供的功能却类似,如何选择合适耐用的主板是一个大问题。

1. 主板选购原则

主板在计算机系统中占有很重要的地位,因此主板的选购至关重要。选购主板应考虑的主要指标是速度、稳定性、兼容性、扩展能力和升级能力。

(1)实际需求和应用环境

在选购主板前应先明确实际需求、预算,选择性能价格比最高的主板,并且先确定 CPU,然后确定主板的类型。

此外要看应用环境,因为它对于选择主板尺寸、支持 CPU 性能等级及类型、需要的附加功能都会有一些影响。比如:如果您的工作环境比较紧凑,那么就要考虑 Micro ATX;如果构建多媒体环境,那么选择能够匹配主频高、浮点运算能力强和缓存空间大的 CPU 的主板会使系统更快速、稳定。

(2)品牌

主板是一种将高科技、高工艺融为一体的集成产品,因此作为选购者来说,应首先考虑"品牌"。品牌决定产品的品质,有品牌的产品有一个有实力的厂商做后盾、做支持;有实力主板厂商,为了推出自己品牌的主板,从产品的设计开始、原料筛选、工艺控制、品质测试,到包装运送都要经过十分严格的把关。这样一个有品牌保证的主板,对电脑系统的稳定运行提供了牢固的保障。

目前市场上比较知名的主板品牌有微星(MSI)、华硕(ASUS)、技嘉(GIGABYTE)、升技(ABIT)、磐正(EPOX)、富士康(FOXCONN)、精英(ECS)、英特尔(INTEL)、梅捷(SOYO)等。

(3)服务

有时用户也不清楚所购买的主板是否有良好的售后服务。有些品牌的主板甚至连公司网址都没有标明,购买后,连最起码的 BIOS 的更新服务都没有。因此,虽说这些主板的价格很低,但一旦出了问题,用户往往只好自认倒霉。所以,无论选择何种档次的主板,在购买前都要认真考虑厂商的售后服务。如厂商能否提供完善的质保服务,包括产品售出时的质保卡,承诺产品的保换时间的长短,产品的本地化工作如何(包括提供详细的中文说明书),配件提供是否完整等。

2. 主板选购注意的问题

(1)注意与 CPU 的匹配性

先确定 CPU 的档次,然后再根据 CPU 的性能选择配套的主板芯片组,然后选择合适芯片组的主板。

(2)注意芯片组

采用相同的芯片组的主板一般来说功能、性能都差不多,所以,选择主板重要的就是选择芯片组。目前,Intel 芯片组在性能、兼容性和稳定性方面较为领先,价格也略贵一些。

(3)注意主板布局

主板的布局主要从主板上各部件的位置安排与线路的走线来体现。布局合理的主板主要有如下特点:CPU 插槽周围空间比较宽敞,既便于拆卸 CPU 又利于 CPU 的散热;内存的插槽和显卡插槽不能发生"冲突"也就是说在安装比较长的显卡之后,保证内存插拔不受阻碍;显卡插槽与 PCI 插槽之间距离比较远,以避免某些显卡巨大的散热器占用一个 PCI 槽位。

(4)注意散热

主板上除了 CPU 外还有各种各样的器件,工作时要散发大量的热量,为保证计算机的稳定运行,主板必须具有良好的散热性能。除了安装高质量的 CPU 风扇和北桥散热片外,还要注意 CPU 插座和附近的电容距离不能太近。

(5)注意兼容性

对兼容性的考察有其特殊性,因为它很可能并不是主板的品质问题。例如有时主板不能使用某个功能卡或者外设,可能是卡或者外设的本身设计就有缺陷。不过从另一个方面看,兼容性问题基本上是简单的有和没有,一般通过更换其他硬件也可以解决。对于自己动手装计算机的用户(DIY)来说,兼容性是必须考虑的因素。

(6)注意升级和扩充

购买主板的时候需要考虑电脑和主板将来升级扩展的能力,尤其扩充内存和增加扩展卡最为常见,还有升级 CPU,一般主板插槽越多,扩展能力就越好,不过价格也更贵。

(7)注意主板器件质量

主板器件质量主要包括主板是否厚实,布线是否合理,器件是否有生锈现象,芯片生产日期是否过长,做工是否精细等。

1.2.2.3 任务实施

活动一 仔细观察一款主流的主板,并将主板厂商型号、结构组成和类型等相关信息填入表 1.2.1 中。

表 1.2.1 主板参数表

生产厂商	
主板型号	
主板类型	
BIOS 厂牌	
CPU 插座/插槽型号	
芯片组型号	
DRAM 插槽类型	
DRAM 插槽数目	
扩展槽类型和数目	
接口类型及数目	

活动二 很多人使用计算机一般用于上网,聊天,玩普通的 QQ 游戏或者是看电影,请选择满足该要求的性价比高的一款主板。

活动步骤:充分了解市场上主流主板,然后查阅相关资料,最主要是查阅主板芯片组资料,最后确定符合上述要求的合适的主板。

1.2.3 归纳总结

本模块首先给出了要完成的任务。认识主板,说出给定主板厂商型号、结构组成和类型,主板是计算机核心部件之一,在选购计算机的各配件时往往优先考虑,请根据用户需求,在品种繁多的主板中选购合适的主板。然后围绕要完成模块任务,讲解相关理论知识和实践知识:主板的组成,主板的分类、主板芯片组、主板的选购,最后就是完成任务的具体实践活动。通过这一系列的任务实现,让学生比较全面的理解主板的组成;理解主板芯片组的作用与地位,了解主流主板情况,熟悉主板的选购方法。

1.2.4 思考与训练

1. 填空题

①主板除了按结构分类外,还可以按功能分为 _____ 主板、_____ 主板和 _____ 主板等几种类型。

②主板的主要性能指标有 _____ 、_____ 、_____ 、_____ 和 _____ 。

③主板外部接口是用来连接 _____ 、_____ 、_____ 、_____ 等外部设备的。

④主板的芯片组按照在主板上的排列位置的不同,通常分为 _____ 芯片和 _____ 芯片。

⑤北桥芯片提供对 _____ 、_____ 、_____ 和 _____ 等的支持。

⑥目前市场上的 BIOS 芯片主要用 _____ 和 _____ 两种。

⑦主板的扩展插槽主要有 _____ 、_____ 、_____ 、_____ 和 _____ 。

⑧选购主板时,首先需要从其 _____ 和 _____ 两方面考虑。

⑨主板上集成的声卡一般都符合 _____ 规范。

⑩内存插槽是主板上提供的用来安装内存条的插座,它决定了主板所支持的 _____ 和 _____ 。常见的插槽有 _____ 、_____ 、_____ 等三种。

⑪软驱接口用于连接 _____ 与 _____ 。一般位于 _____ 接口旁,标记为 _____ 或 _____ 。从外观上看,软驱接口要比 IDE 接口 _____ ,实质上它是一个 _____ 针的插座,每块主板一般只留有一个软驱插座。

⑫电源插座就是为连接电源而提供的插座。它是一个双排 20 针的 _____ 色长方形插座,有防反插的设计。

⑬主板上的 BIOS 芯片为计算机提供了最基础的功能支持,包括 _____ 、_____ 等。BIOS 的一大特点就是可以用特定的方法来 _____ 和 _____ 。

⑭主板的安全主要体现三个方面: _____ 、_____ 、_____ 。主板要正常运行,必须要有稳定的 _____ ,电压不稳会损坏主板上的元器件。

⑮CPU 是计算机的大脑,主板好比计算机的躯干,而主板上的控制芯片组就是主板的 _____ 与 _____ ,它几乎决定了主板的整体功能,进而影响到整个计算机系统 _____ 的发挥。

⑯北桥芯片的速度要远快于南桥芯片组,而且在主板上起着主导作用,所以通常也把北桥芯片组称为 _____ ,并把北桥芯片组的型号作为 _____ 。

⑰USB2.0 的传输速度是 _____ ,最多支持 _____ 个设备。

2. 选择题

①芯片组的主要生产厂家有 _____ 。

A. Intel 公司　　　　　　　　　　B. VIA 公司

C. SiS 公司　　　　　　　　　　 D. ALi 公司

②在 Socket A 架构主板上可以看到的插槽有_____。

A. Socket 462 插槽　　　　　　　B. SIMM 内存插槽

C. PCI 插槽　　　　　　　　　　 D. AMR 插槽

E. ISA 插槽　　　　　　　　　　 F. AGP 插槽

③在选购主板时,应注意的事项有_____。

A. 稳定性　　　　　　　　　　　 B. 兼容性

C. 速度　　　　　　　　　　　　 D. 扩展功能

E. 升级能力

④主板的核心和灵魂是_____。

A. CPU 插座　　　　　　　　　　B. 扩展槽

C. 控制芯片　　　　　　　　　　 D. BIOS 和 CMOS 芯片

3. 判断题

①北桥芯片的速度要远快于南桥芯片组。　　　　　　　　　　　　　（　　）

②BIOS 芯片是一块可读写的 RAM 芯片,由主板上的电池供电,关机后其中的信息也不会丢失。　　　　　　　　　　　　　　　　　　　　　　　　　　　　　　（　　）

③主板性能的好坏与级别的高低主要由 CPU 来决定。　　　　　　　（　　）

④在选购主板的时候,一定要注意与 CPU 对应,否则是无法使用的。　（　　）

⑤AT 主板,又叫袖珍尺寸的主板。　　　　　　　　　　　　　　　　（　　）

⑥内存与主板连接是通过其上端的"金手指"来实现的。　　　　　　（　　）

⑦主板按外形结构可以分为 ATX 主板和 AT 主板,当有的主流主板是 AT 主板。（　　）

⑧ISA 插槽是基于 ISA 总线(工业标准结构总线)的扩展插槽,一般为白色。　（　　）

4. 实训题

①试调查目前市场上有哪些品牌主板?

②试推荐发烧级、高端、中端、低端主板各一种,说明推荐理由。

③目前市场上主板有哪些芯片组,它们与不同厂商的 CPU 如何搭配?

模块三　CPU 的认识与选购

技能训练目标：能根据用户需求，选购合适可行的 CPU。

知识教学目标：了解 CPU 的发展，熟悉 CPU 的性能指标，理解 CPU 的接口方式，了解最新 CPU 型号，熟悉 CPU 的编号意义。

1.3.1 任务布置

①认识 CPU：说出给定 CPU 的厂商型号、性能指标和接口类型。

②CPU 是整个计算机的指挥中心，CPU 的性能也就基本上决定了整台计算机的性能。在选购计算机的各配件时往往最先考虑，请根据用户需求，选购合适可行的 CPU。

1.3.2 任务实现

1.3.2.1 相关理论知识

CPU 是计算机系统的核心部件，是整个计算机系统的指挥中心，主要功能是执行系统的指令、进行逻辑运算、传输和控制输入/输出操作指令等。CPU 的性能在很大程度上决定了计算机运行的速度和效率。

1. CPU 的发展

从 1971 年世界上第一款 CPU 诞生至今，Intel CPU 从 4004、8086、80286、80386、80486、Pentium、Pentium II 逐步发展到 Pentium III、Pentium 4、64 位处理器、多核处理器。按照其处理信息的字长，CPU 可分位 4 位、8 位、16 位、32 位以及 64 位处理器。生产 CPU 的两大著名厂商是 Intel 和 AMD 公司，Intel 公司，在 CPU 方面一直处于绝对优势地位，这里就以 Intel 为主线，介绍 CPU 的发展历史。

1）4 位、8 位处理器

1971 年，Intel 公司推出了世界上第一片微处理器 4004。它能同时处理 4 位数据，如图 1.3.1 所示。

1972 年，Intel 公司研制出了世界上第二代微处理器 8008，它能同时处理 8 位数据，如图 1.3.2 所示。1974 年陆续又研制出了 8080、8085 处理器，都属于 8 位处理器。Intel 8085 如图 1.3.3 所示。

图 1.3.1　Intel 4004　　　　图 1.3.2　Intel 8008　　　　图 1.3.3　Intel 8085

2)16 位处理器

1978 年,Intel 公司首次生产出 16 位的微处理器,并命名为 8086,如图 1.3.4 所示。

1979 年,Intel 公司推出了 8088 芯片,它仍属于 16 位微处理器。8088 内部数据总线都是 16 位,外部数据总线是 8 位。1981 年 8088 芯片首次用于 IBM 的 PC 机(个人电脑)中,开创了全新的微机时代。也正是从 8088 开始,PC 机的概念开始在全世界范围内发展起来。

1982 年,Intel 推出了划时代的最新产品 80286 芯片,虽然它仍旧是 16 位结构,但时钟频率由最初的 6MHz 逐步提高到 20MHz。如图 1.3.5 所示。

3)32 位处理器

1985 年 Intel 推出了 80386 芯片,它是 80x86 系列中的第一种 32 位微处理器,其内部和外部数据总线都是 32 位,地址总线也是 32 位,可寻址高达 4GB 内存。除了标准的 80386 芯片,也就是以前经常说的 80386DX 外,出于不同的市场和应用考虑,Intel 又陆续推出了一些其他类型的 80386 芯片:80386SX、80386SL、80386DL 等,如图 1.3.6 所示。

图 1.3.4　**Intel 8086**

图 1.3.5　**Intel 80286**

图 1.3.6　**Intel 80386**

1989 年,80486 芯片由 Intel 推出,频率从 25MHz 逐步提高到 33MHz、50MHz。80486 是将 80386 和数字协处理器 80387 以及一个 8KB 的高速缓存集成在一个芯片内,并且在 80x86 系列中首次采用了 RISC(精简指令集)技术,可以在一个时钟周期内执行一条指令。1990 年推出了 80486SX,它是 486 类型中的一种低价格机型,其与 80486dx 的区别在于它没有数字协处理器。80486 DX2 用了时钟倍频技术,也就是说芯片内部的运行速度是外部总线运行速度的 2 倍,即芯片内部以 2 倍于系统时钟的速度运行,但仍以原有时钟速度与外界通信。80486 DX2 的内部时钟频率主要有 40MHz、50MHz、66MHz 等。80486 DX4 也是采用了时钟倍频技术的芯片,它允许其内部单元以 2 倍或 3 倍于外部总线的速度运行。为了支持这种提高了的内部工作频率,它的片内高速缓存扩大到 16KB。80486 DX4 的时钟频率为 100MHz,如图 1.3.7 所示。

图 1.3.7　**Intel 80486**

Intel 在 1993 年推出了 32 位 80586 微处理器,命名为奔腾(Pentium),代号为 P54C。奔腾家族里面的频率有 60/66/75//90/100/120/133/150/166/200,CPU 的内部频率则是从 60MHz 到 66MHz 不等。从奔腾 75 开始,CPU 的插座正式从以前的 socket4 转换到同时支持 socket 5 和 7。

1996 年底推出了多能奔腾 MMX,厂家代号 P55C。这款处理器采用 MMX 技术去增强性能。MMX 技术是 Intel 最新发明的一项多媒体增强指令集技术,它的英文全称可以翻译"多媒体扩展指令集"。后来的 SSE,3D NOW! 等指令集也是从 MMX 发展演变过来的,如图 1.3.8 所示。

1997 年 5 月,Intel 公司为了获得更加大的内部总线带宽,首次推出了 SOLT1 接口奔腾 II,如图 1.3.9 所示。

图 1.3.8 Intel 奔腾 MMX

图 1.3.9   Intel 奔腾 II(SLOT 接口)

图 1.3.10   Intel Celeron

1998 年 Intel 全新推出了面向低端市场,性能价格比相当高的 CPU——Celeron(赛扬处理器)。为了降低成本,从 Celeron 300a 开始,Celeron 又重投 socket 插座的怀抱,但它不是采用奔腾 MMX 的 socket7,而是采用了 socket370 插座方式,通过 370 个针脚与主板相连,如图 1.3.10 所示。

1999 年初,Intel 发布了第三代的奔腾处理器——奔腾 III,更新了名为 SSE 的多媒体指令集,这个指令集在 MMX 的基础上添加了 70 条新指令,以增强三维和浮点应用,并且可以兼容以前的所有 MMX 程序。如图 1.3.11 所示,分别是 socket370 和 SLOT1 接口的奔腾 III。

图 1.3.11 Intel 奔腾 III

2000 年 11 月,Intel 发布了旗下第四代的 Pentium 处理器——Pentium 4。第一个 Pentium 4 核心为 willamette,采用全新的 socket 423 插座,集成 256kb 的二级缓存,支持更为强大的 SSE2 指令集,多达 20 级的超标量流水线,搭配 850/845 系列芯片组,如图 1.3.12 所示。随后 Intel 陆续推出了 1.4GHz~2.0GHz 的 willamette P4 处理器,而后期的 P4 处理器均转到了针角更多的 socket 478 插座。在低端 CPU 方面,Intel 发布了第三代的 celeron 核心,代号为 tualatin,如图 1.3.13 所示。

图 1.3.12   Intel P4(socket 423 接口)

图 1.3.13   Intel P4(socket 478 接口)

2004 年 6 月,Intel 推出了 LGA775 架构的 Pentium 4、Celeron D 及 Pentium 4 EE 处理器。从这个时候开始,Intel 的 Celeron 系列处理器使用 3XX 来命名,Pentium 4 以 5XX 来命名,Pentium 4 Extreme Edition 以 7XX 来命名。

4)64 位处理器

2003 年,AMD 公司生产的新一代 64 位微处理器——Athlon 64。2004 年 2 月,Intel 公司也发布推出了支持 64 位运算的 Xeon 处理器,第一次走在了 AMD 后面。

2005 年 2 月,Intel 发布了桌面 64 位处理器,以 6XX 命名。Pentium 4 5XX 系列中也引入了 64 位技术,命名为 Pentium 4 5X1,以后缀 1 来代表。在 Celeron D 中,使用 LGA775 封装。

2005 年 4 月,Intel 发布了双核心处理器。新的桌面双核心处理器为 Pentium D(不支持超线程技术)和 Pentium Extreme Edition(支持超线程技术),采用 LGA775 封装。

2006 年 7 月,Intel 发布了新一代的全新的微架构桌面处理器——Core 2 Duo(酷睿 2),并正式宣布结束 Pentium 时代。Core 2 Duo(酷睿 2)处理器,有双核、四核之分,是现在市场主流处理器,将在下面详细介绍。

2. CPU 的主要性能指标

在选购计算机的 CPU 时,一定要考虑下列参数,才能综合评价一块 CPU 的性能。

1)主频、外频和倍频

主频也就是 CPU 的时钟频率,简单地说也就是 CPU 的工作频率,单位是 MHz。一般说来,一个时钟周期完成的指令数是固定的,所以主频越高,CPU 的速度也就越快了。不过由于各种 CPU 的内部结构也不尽相同,所以并不能完全用主频来概括 CPU 的性能。外频就是系统总线的工作频率,即 CPU 与计算机其他部件(主要是主板)之间同步进行的速度。外频实际上也是整个计算机系统的基准频率;而倍频则是指 CPU 外频与主频相差的倍数。用公式表示就是:主频＝外频×倍频。型号为"Intel Core 2 Duo E8200 2.66GHz"的 CPU 中的"2.66GHz"说的就是主频。

2)前端总线(FSB)频率

前端总线(FSB)频率(即总线频率)是指 CPU 和主板北桥之间每秒交换数据的次数,它反应了 FSB 传输数据的速率,单位为 MHz。

在 Intel 公司 Pentium II/III 和 AMD 公司早期 Athlon 平台上,FSB 频率和外频相同,在现在的 CPU 中 Intel 公司采用了 Quad—Pumped(Quad Data Rate)技术,使 CPU 与北桥在一个系统周期内交换 4 次数据,即 FSB 频率是外频的 4 倍。AMD 公司采用 HyperTransport 总线技术,其 FSB 频率为外频的 2 倍。

前端总线频率是选购 CPU 时必须考察的一个指标,它关系到整台计算机的运行频率,而且还要根据这个指标选购与 CPU 相配的主板和内存。

有些 CPU 使用数据带宽来衡量 FSB 数据传输速率,单位为 Gb/s。数据带宽计算公式为:

$$数据带宽＝总线频率×数据位宽$$

3)CPU 的位和字长

在数字电路和计算机技术中采用二进制,代码只有"0"和"1",其中无论是"0"或是"1"在 CPU 中都是一"位"。

CPU 在单位时间内(同一时间)能一次处理的二进制数的位数叫字长。所以能处理字长为 8 位数据的 CPU 通常就叫 8 位的 CPU。同理 32 位的 CPU 就能在单位时间内处理字长为 32 位的二进制数据。由于常用的英文字符用 8 位二进制就可以表示,所以将 8 位称为一个字节。字长的长度是不固定的，对于不同的 CPU、字长的长度也不一样。8 位的 CPU 一次只能处理一个字节，而 32 位的 CPU 一次就能处理 4 个字节，同理字长为 64 位的 CPU 一次可以处理 8 个字节。

4）缓存（Cache）

缓存大小也是 CPU 的重要指标之一，而且缓存的结构和大小对 CPU 速度的影响非常大，CPU 内缓存的运行频率极高，一般是和处理器同频运作，工作效率远远大于系统内存和硬盘。实际工作时，CPU 往往需要重复读取同样的数据块，而缓存容量的增大，可以大幅度提升 CPU 内部读取数据的命中率，而不用再到内存或者硬盘上寻找，以此提高系统性能。但是由于 CPU 芯片面积和成本，缓存都很小。

L1 Cache（一级缓存）是 CPU 第一层高速缓存，分为数据缓存和指令缓存，用来暂存 CPU 运算时的部分指令和数据。内置的 L1 高速缓存的容量和结构对 CPU 的性能影响较大，不过高速缓冲存储器均由静态 RAM 组成，结构较复杂，在 CPU 管芯面积不能太大的情况下，L1 级高速缓存的容量不可能做得太大。一般 CPU 的 L1 缓存的容量通常在 32～256KB。

L2 Cache（二级缓存）是 CPU 的第二层高速缓存，主要存放计算机运行时操作系统的指令、程序数据和地址指针等，分内部和外部两种芯片。内部的芯片二级缓存运行速度与主频相同，而外部的二级缓存则只有主频的一半。L2 高速缓存容量也会影响 CPU 的性能，原则是越大越好，CPU 二级高速缓存容量多为 1MB（低端）和 12MB（高端）。

5）CPU 扩展指令集

CPU 依靠指令来计算和控制系统，每款 CPU 在设计时就规定了一系列与其硬件电路相配合的指令系统。指令的强弱也是 CPU 的重要指标，指令集是提高微处理器效率的最有效工具之一。从现阶段的主流体系结构讲，指令集可分为复杂指令集和精简指令集两部分，而从具体运用看，如 Intel 的 MMX（Multi Media Extended，多媒体扩展指令集）、SSE（streaming－single instruction multiple data－extensions，单指令多数据流扩展）、SSE2、SEE3、SEE4 和 AMD 的 3DNow! 等都是 CPU 的扩展指令集，分别增强了 CPU 的多媒体、因特网数据流、视频信息和三维（3D）数据等的处理能力。

6）CPU 内核和 I/O 工作电压

从 586CPU 开始，CPU 的工作电压分为内核电压和 I/O 电压两种，通常 CPU 的核心电压小于等于 I/O 电压。其中内核电压的大小是根据 CPU 的生产工艺而定，一般制作工艺越小，内核工作电压越低；早期 I/O 工作电压一般都为 5V，目前主流 CPU 的工作电压一般都低于 1.5V。低电压能解决耗电过大和发热过高的问题。

7）制造工艺

制造工艺的微米是指 IC 内电路与电路之间的距离。制造工艺的趋势是向密集度愈高的方向发展。密度愈高的 IC 电路设计，意味着在同样大小面积的 IC 中，可以拥有密度更高、功能更复杂的电路设计。目前 CPU 已经采用了 65nm 和 45nm 的制造工艺，降低了功耗同时提高了性能。

8）多核

多核 CPU 就是基于单个半导体的一个 CPU 上拥有多个相同功能的处理器核心，即将多个物理处理器核心整合入一个内核中。

现在 CPU 的发展方向已经转移到多核和性能功耗比上。与单纯提升 CPU 频率相比，采用多核设计，CPU 的性能功耗比将得到有效提高。

3. 认识 CPU 接口

CPU 需要通过某个接口与主板连接才能进行工作。CPU 经过这么多年的发展，采用的接口方式有引脚式、卡式、触点式、针脚式等。而目前 CPU 的接口都是针脚式接口，对应到主板上就有相应的插槽类型。CPU 接口类型不同，在插孔数、体积、形状都有变化，所以不能互相接插。目前主流接口型号有 Socket 478、LGA 775、LGA 1366、LGA 1156、Socket 754、Socket AM2/AM2＋、Socket AM3。

（1）Socket 478

最初的 Socket 478 接口是早期 Pentium 4 系列处理器所采用的接口类型，针脚数为 478 针。Socket 478 的 Pentium 4 处理器面积很小，其针脚排列极为紧密。英特尔公司的 Pentium 4 系列和赛扬系列都采用此接口，目前这种 CPU 已经逐步退出市场。

但是，Intel 于 2006 年初推出了一种全新的 Socket 478 接口，这种接口是 Intel 公司采用 Core 架构的处理器 Core Duo 和 Core Solo 的专用接口，与早期桌面版 Pentium 4 系列的 Socket 478 接口相比，虽然针脚数同为 478 根，但是其针脚定义以及电压等重要参数完全不相同，所以二者之间并不能互相兼容。

（2）Socket 775（LGA775）

Socket 775 又称为 Socket T，是目前应用于 Intel LGA775 封装的 CPU 所对应的接口，目前采用此种接口的有 LGA775 封装的单核心的 Pentium 4、Pentium 4 EE、Celeron D 以及双核心的 Pentium D 和 Pentium EE 等 CPU。与以前的 Socket 478 接口 CPU 不同，Socket 775 接口 CPU 的底部没有传统的针脚，而代之以 775 个触点，即并非针脚式而是触点式，通过与对应的 Socket 775 插槽内的 775 根触针接触来传输信号。Socket 775 接口不仅能够有效提升处理器的信号强度、提升处理器频率，同时也可以提高处理器生产的良品率、降低生产成本。随着 Socket 478 的逐渐淡出，Socket 775 已经成为 Intel 桌面 CPU 的标准接口。

（3）Socket 1366（LGA1366）

2008 年 11 月 18 日，Intel 高举着 Bloomfield 四核心处理器，正式发布了划时代的新处理器——酷睿 i7，将 Intel 平台的处理器接口由 LGA 775 带向了 LGA 1366 时代。基于 45nm 制程及原生四核心设计，内建 8～12MB L2 Cache，并将会支持超线程技术。

（4）Socket 1156（LGA1156）

LGA1156，又称 Socket H1，是 Nehalem 架构 Lynnfield 四核心处理器，是 Core i5 系列 CPU 的接口类型。

（5）Socket 754

Socket 754 是 2003 年 9 月 AMD64 位桌面平台最初发布时的标准插槽，具有 754 个 CPU 针脚插孔，支持 200MHz 外频和 800MHz 的 HyperTransport 总线频率，但不支持双通道内存技术。随着 AMD 从 2006 年开始全面转向支持 DDR2 内存，Socket 754 插槽逐渐被具有 940 根 CPU 针脚插孔、支持双通道 DDR2 内存的 Socket AM2 插槽所取代从而使 AMD 的桌面处理器接口走向统一，而与此同时移动平台的 Socket 754 插槽也逐渐被具有 638 根 CPU 针脚插孔、支持双通道 DDR2 内存的 Socket S1 插槽所取代，在 2007 年底完成自己的历史使命从而被淘汰。

（6）CPU 接口：Socket 939

Socket 939 是 AMD 公司 2004 年 6 月推出的 64 位桌面平台接口标准，具有 939 根 CPU 针脚，支持双通道 DDR 内存。随着 AMD 从 2006 年开始全面转向支持 DDR2 内存，

Socket 939 被 Socket AM2 所取代,在 2007 年初完成自己的历史使命从而被淘汰,从推出到被淘汰其寿命还不到 3 年。

(7)CPU 接口:Socket AM2/AM2＋

Socket AM2 是 2006 年 AMD 发布的 64 位桌面 CPU 接口规格(接口为 940 针),支持双通道 DDR2 内存。

AM2＋(接口也为 940 针)是 AM2 和 AM3 之间一个过渡性的接口。由于 AM2 和 AM2＋的针脚一样类型相同,能够无缝过渡,所以 AM2＋基本上和 AM2 完全兼容。

(8)Socket AM3

AMD 推出的 65nm K10 构架的全系列产品 45nm 工艺、DDR3 内存支持的 Socket AM3 接口的 CPU。45nm K10 系列加入了支持 DDR3 的集成内存控制器,接口也从 Socket AM2＋改为 Socket AM3,不过仍向下兼容 Socket AM2 和 Socket AM2＋主板,只需升级 BIOS 即可使用。

4. 主流 CPU 编号识别

1)Intel CPU 编号识别

(1)Intel 775、1366 等接口类型的 CPU 编号识别

CPU 都可以从其外壳上看到信息,以 Intel 酷睿 2 双核 E7400 为例来介绍 CPU 的含义。该 CPU 的编号为:

$$INTEL^{MC} \text{'}05\ E7400$$
$$INTEL^R\ CORE^{TM}2\ DUO$$
$$SLB9Y\ MALAY$$
$$2.8GHZ/3M/1866/06$$
$$Q845A386\ 0404$$

第一行字母 INTEL^{MC}'05 E7400,是指 Intel 家族芯片,其中"E"代表处理器 TDP(热设计功耗)的范围,主要针对桌面处理器,除此之外,还有 T、L 和 U 等几种类型,"T"开头多见于移动平台,"L"和"U"分别代表低电压版本和超低电压版本,能耗更低。后面的四位数字越大通常代表 CPU 的规格越高。

第二行的 Intel^R Core^{TM} 2 Duo 表示这颗 CPU 的系列,就是我们常说的酷睿,同样如果是其他 CPU 还有可能是 CELERON D、Pentium4,Pentium D 等。

第三行的 SLB9Y 叫 S－Spec 编码,是 Intel 为了方便用户查询其 CPU 产品所制定的一组编码,此编码通常包含了 CPU 的主频、二级缓存、前端总线、制造工艺、核心步进、工作电压、耐温极限、CPU ID 等重要的参数。并且 CPU 和 S－Spec 编码是一一对应的关系。对于大多数人而言 S－Spec 的含义无法直接看出的,也没有必要深入地研究各字符所代表的参数规格,但它是选择 Intel 处理器的最有用工具,通过此编码到 Intel 的官方网站上查询 http://processorfinder.intel.com/Default.aspx,就可以直接查到这个型号 CPU 的一切相关信息,包括他的制造工艺、核心步进、极限温度、最大功耗等。

再后面的 MALAY,就是该 CPU 的产地马来西亚,不同的型号产地还有 COSTA RICA(哥斯达黎加)、CHINA(中国)等。

第四行就是 CPU 最简单的信息了,2.8GHz 表示 CPU 的主频,3M 是处理器的二级缓存,1866 是总线频率。最后的 06 是生产日期。这里需要注意的是不同型号的 CPU 这一行表示的意思也是完全不同的,只要记住,这一行的意思从头开始是:主频/二级缓存/外频就可以了。

如果是 Pentium 4 586 处理器,那么这里就应该是 2.66GHz/1M/533 了,但是在一些双核

的 CPU 上还会看到 2.66GHz/2x1M/533 的字样,其他的都一样,就是二级缓存这里的 2x1M 由于是双核心,所以每个核心拥有 1M 的二级缓存,同样还会发现 2x2M,甚至以后的 4x2M。

最后一行数码表示的是该处理器的系列号,它代表的是生产编号等信息。

（2）Intel Socket 478 接口类型的 CPU 编号识别

在之前的 478 针处理器上,对相同主频的 Pentium 4 处理器还会看见 A/B/C/E 的后缀,比如 Pentium 4 2.8A、Pentium 4 2.8B、2.8C、2.8E 等。不少人会对其中的"2.4A/B/C/E"感到迷惑。其实,这些后缀是 Intel 针对相同主频,但拥有不同核心的处理器而设定的,其中 2.8GHz 很容易理解,代表的就是 CPU 的主频是 2.8GHz。

"A"通常代表 Northwood 核心且具有 400MHz 前端总线,最开始采用 A 后缀主要是为了区别早期同频的 Willamette 核心的 Pentium 4。Northwood 对应的是 512K 二级缓存 400MHz 的前端总线,而 Willamette 则是 256K 的二级缓存 400MHz 的前端总线。"B"则代表 533MHz FSB 的 Northwood 核心 Pentium 4 处理器,对应的是 512K 二级缓存,533MHz 的前端总线。"C"代表的是采用 Northwood 核心的前端总线为 800MHz 的 Pentium 4 处理器,对应 512K 二级缓存 800MHz 前端总线。"E"则是基于 Socket 478 架构的 Prescott 核心 Pentium 4 处理器,具备 1MB 二级缓存,对应的是 1M 二级缓存 800MHz 前端总线。

对于普通用户而言,相同频率不同后缀的 Pentium 4 性能可以简单地排列为"E＞C＞B＞A"的顺序,但也存在例外,比如 Prescott 核心处理器有两款也采用"A"标识,分别是 2.4A 和 2.8A,它们不支持超线程且都是 1MB 二级缓存 533MHz 前端总线规格,而不是 Northwood 核心,所以这个方法只能作为简单的参考。

2）AMD CPU 编号识别

（1）AMD 外壳编码规则

AMD AM2 接口的 CPU 编码字符共分为四行,如图 1.3.14 所示。

AMD Athlon™ 64 X2

ADA5000IAA5CU

LDB4F 0626GPMW

Q963341G60151

图 1.3.14　AMD Athlon64 X2 5000＋ AM2(AM2 接口)

第一行表示 AMD 商标、处理器类型,AMD Athlon™ 64 X2 是 AMD 速龙双核 CPU。

第二行为核心规格定义,从这行可以得到 CPU 的基本参数,如缓存、电压等。共分为8段。

第一段表示CPU属于哪个系列，AD/SD/OS，分别代表Athlon 64/Sempron/Opteron。

第二段是用一个字母表示TDP（热设计功耗）。

第一、二段组合编码具体意义如表1.3.1所示。

表1.3.1　第一、二段组合编码意义

前缀	CPU类型
ADA	89、110W双核速龙64
	62、67、89W速龙64
ADV	89W双核速龙64
ADD	35W速龙64
	35W双核速龙64
ADH	45W速龙64
ADO	65W双核速龙64
ADX	125W速龙64
SDA	52W闪龙
SDD	35W闪龙

第三段（左起第4～7位）之后的4位数字表示CPU的PR值，比如3600＋、3800＋、4000＋等等。

第四段一位字母，代表CPU的针脚数量和封装形式，其表示的意义如表1.3.2所示。另外"I/J/K"分别代表主流AM2/AM2＋/AM3接口。

表1.3.2　第四段码意思

代码	针脚数量	封装形式
A	Socket 754	普通封装
B	Socket 754	金属外壳
C	Socket 940	金属外壳
D	Socket 939	金属外壳
E	Socket 940	金属外壳

第五段1位字符表示CPU的工作电压。其表示的意义如表1.3.3所示。

表1.3.3　第五段码意思

代码	工作电压
A	1.35～1.40V
C	1.55V
E	1.50V
I	1.40V
K	1.35V
M	1.30V
O	1.25V
Q	1.20V
S	1.15V

第六段1位字符表示CPU的耐温极限。其表示的意义如表1.3.4所示。

表 1.3.4　第六段码意思

代码	耐温极限
A	不确定温度
I	最高 63℃
K	最高 65℃
M	最高 67℃
O	最高 69℃
P	最高 70℃
X	最高 95℃
Y	最高 100℃

第七段 1 位字符表示 CPU 的二级缓存。其表示的意义如表 1.3.5 所示。

表 1.3.5　第七段码意思

代码	二级缓存容量
2	128KB
3	256KB
4	512KB
5	1MB
6	2MB

需要注意的是,如果是双核产品,那么需要除以 2,比如 AMD Athlon64 X2 5000＋AM2,此处的编码为"5",表示有 1MB 二级缓存,每个核心容量缓存容量为 526KB。

第八段 2 位字符表示 CPU 的核心工艺,如表 1.3.6 所示。

表 1.3.6　第八段码意思

CPU 系列	代码	核心
Athlon 64	AP	Clawhammer
	AS、AX、AR、AW	Newcastle
	BI	Wincheste
	BP、BO	Troy
	BN、CG、BW、BX、CF	Venice
	CD	SanDiego
	CN、CW	Orleans
	DE	Brisbane
Athlon 64×2	BV、CD	Manchester
	CS	Toledo
	CU、CZ	Windsor
	DD	Brisbane
闪龙	AX	Paris
	BA、BX	Palermo
	CN、CW	Manila
	BI	Wincheste
	BW	Venice

(2)AMD 新编码规则

2007 年底,AMD 调整了桌面处理器的品牌和编号规则,启用新的处理器命名规范,其中 Phenom(羿龙)仅限于三核心和四核心产品,Athlon(速龙)为双核心产品,含有单核心产品,而 Sempron(闪龙)只有单核心版本产品。新四核心和三核心是的命名规则是:Phenom＋4 个数字,双核心则是 Athlon＋4 个数字,单核心则是 Athlon/Sempron＋LE＋4 个数字。

AMD 最高端的双路四核心 K10 Agena FX 命名为 Phenom FX 系列,四核心 Agena 则由 Phenom X4 GP－7000 改为 Phenom 9000 系列,三核心 Toliman 处理器命名为 Phenom 7000 系列。双核心 Kuma 处理器原计划叫做 Phenom X2 GS－6000,但现在改为 Athlon 6000,Lima 核心 Athlon LS－2000 改为 Athlon LE－1000,Sparta 核心 Sempron LE－1000 没有变化。

5. 常见 CPU 简介

CPU 市场主要是 Intel 和 AMD 两家公司的产品,Intel 是 CPU 领域的龙头老大,而 AMD 则在后面穷追不舍。总的来说 Intel 的 CPU 采用了更先进的技术,而 AMD 的 CPU 性价比更高。

1)Intel CPU

现在市场上 Intel CPU 主要有三大家族:英特尔酷睿处理器家族、英特尔奔腾处理器家族、英特尔赛扬处理器家族。

(1)英特尔酷睿处理器

英特尔酷睿处理器家族产品拥有卓越的性能和突破性的能效表现。英特尔酷睿处理器家族是英特尔最新推出的处理器,均采用注入了金属铪集成电路技术的 45 纳米制程技术,能进一步提高性能。

该家族 CPU 包括英特尔酷睿 i7 处理器至尊版、英特尔酷睿 i7 处理器、英特尔酷睿 2 至尊处理器、英特尔酷睿 2 四核处理器、英特尔酷睿 2 双核处理器。

①英特尔酷睿双核处理器家族的 Core 2 Quad Q8200

Intel Core 2 Quad Q8200 处理器外采用 LGA 775 接口,主频为 2.33GHz,共享达 2MB＊2 的二级缓存,前端总线频率为 1333MHz,采用了 45nm 制程的 Kentsfield 核心,主频为 2.33GHz,外频 333MHz,倍频为 7。四个核心共享 2048KB×2 的二级缓存,TDP 功耗值为 95W。支持 MMX、SSE、SSE2、SSE3、SSSE3、SSE4.1、EM64T 指令集。与 Q9300 不同的是,该款处理器不支持 Intel 的 VT 和 TXT 技术。

点评:Core 2 Quad Q8200/散片是 Intel 首款破千元的主流四核 CPU,甚至比双核 E8400 更便宜,而未来趋势的多任务、多线程性能却更出色。价性价比很高,对于需要多任务、多线程的用户而言,无疑是超值之选。

②英特尔酷睿双核处理器家族的 Core 2 Quad Q9400

Intel Core 2 Quad Q9400 是一款定位中高端的四核 CPU,采用 LGA 775 接口,主频为 2.66GHz,共享达 3MB＊2 的二级缓存,前端总线频率为 1333MHz,采用 45nm 工艺制造,核心属于 Yorkfield,接口为 LGA775,主频为 2.66GHz,外频为 333MHz,倍频为 8,前端总线为 1333MHz,L2 缓存容量高达 3MB＊2,TDP 为 95W。CPU 支持的指令集有 x86,x86－64,MMX,SSE,SSE2,SSE3,SSE4.1。

点评:Core 2 Quad Q9400 的定位是中高端,规格上比 Q8000 系列多了二级缓存和 TXT、VT 等技术,频率为 2.66G,性能较为出色,目前散片售价比高端的 Q9550 便宜,价格合理。

③英特尔酷睿 i7 处理器家族的 Core i7 920

Intel Core i7 920 是一款基于 Nehalem 架构的 CPU,采用 LGA 1366 接口,集众多先进技术于一身,如集成内存控制器、三通道技术支持、全新 QPI 总线、超线程技术的回归、Turbo Mode 内核加速等。规格方面,Intel Core i7 920 采用原生 4 核 Nehalem 架构,主频

2.66G,外频133MHz,倍频20X,采用了全新的LGA1366接口,共享8M三级缓存。

点评:Intel新一代CPU Core i7是当前最强的桌面级CPU,集超线程技术、三通道内存控制器、内核加速等众多先进技术于一身,使得其拥有非常强大的性能,尤其是多任务、多线程方面。作为Core i7中最有性价比的i7 920,步进已升级为D0,功耗得到更有效控制,超频潜力也更为强大,无疑是发烧级用户的首选。

(2)英特尔奔腾处理器

下面以Intel Pentium E 2140为例介绍英特尔奔腾处理器。

Intel奔腾E2140处理器在低端双核市场级具竞争力,基于Conroe核心,主频为1.60GHz,采用LGA775的接口,前端总线为800MHz,共享1MB二级缓存,外频200MHz,倍频8,采用65纳米的工艺制程,功耗为65W,支持MMX/SSE/SSE2/SSE3/Sup-SSE3/EM64T指令集。

点评:酷睿构架的奔腾E2140虽然在核心部分较高端酷睿2处理器有所精简,不过性能表现不错,更重要的是价格低廉。

(3)英特尔赛扬处理器

对于双核赛扬的规格,Intel继续沿用自己的策略——降低主频、降低总线频率以及降低二级缓存容量。在功能特性上,相比更高一档的奔腾双核有一定的缩水,对于打算组建低价计算机平台的用户,Intel双核赛扬无疑是一个不错的选择。

下面以双核赛扬Intel Celeron E1600为例介绍项特尔赛扬处理器。

双核赛扬E1600系列的主频为2.4GHz,依然采用65nm工艺制作,功耗为65W,接口依然是现在主流的LAG 775接口,两颗核心共享512K的二级缓存,FSB(前端总线)为800MHz,步进为M0,支持MMX、SSE、SSE2、SSE3、SSSE3指令集。

点评:虽然E1600同E2220架构和主频相同,由于二级缓存容量的差距造成了一定的性能差距。但对于一般用户使用来看基本上没有明显差距。如果使用计算机偏重于办公,那么选择E1600更划算。但是,由于二级缓存的差距,在视频压缩和图像处理方面表现稍差,因此如果要玩游戏或者进行3D图形设计,E1600就不太合适了。

2)AMD CPU

虽然AMD在规模、产能等方面比起Intel有很多的劣势,但是AMD的处理器并不差,性价比还十分突出。现在市场上AMD CPU主要有三大家族:AMD Phenom(羿龙)处理器、AMD Athlon(速龙)处理器、AMD Sempron(闪龙)处理器。

(1)AMD Phenom(羿龙)处理器

AMD Phenom(羿龙)处理器包括:AMD Phenom(羿龙)II处理器、AMD Phenom(羿龙)X3三核处理器、AMD Phenom(羿龙)X4四核处理器。

①Phenom II X4 810

AMD PhenomII X4 810采用先进的45nm SOI技术,以Socket AM3接口封装,拥有7.61亿个晶体管,核心面积为258平方毫米。AMD PhenomII X4 810基于改进的Stars核心,采用4核心设计,每颗核心频率高达2.6GHz,外频为200MHz,倍频13x。相比最强的Phenom II X4 900系列,它只屏蔽了2MB的三级缓存,将三级缓存容量从6MB降为4MB,TDP热功耗设计为95W。此外,它还支持SSE、SSE2、SSE3、SSE4A多媒体指令集和X86-64运算指令集。它同时内置DDR2和DDR3内存控制器,可支持的两种内存。支持HyperTransport 3.0总线,高达4000MT/s 16位链接,提供最高16GB/s的输入输出带宽,规格高于 AM2＋的 Phenom II。

点评：Phenom II X4 810 是 AMD 面向千元市场推出的 4 核 CPU，其竞争对手是 Intel 的 Q8200/Q8300。由于 X4 810 相比高端的 X4 900 系列只是三级缓存削减为 4MB，因此仍拥有较强的性能，几乎全面领先 Intel 的 Q8200。而采用 AM3 接口、支持未来主流 DDR3 内存也是其卖点。

②Phenom II X4 940

AMD PhenomII X4 940 采用先进的 45nm SOI 技术，以 Socket AM2＋接口封装，拥有 7.61 亿个晶体管，核心面积为 258 平方毫米，基于改进的 Stars 核心，采用 4 核心设计，每颗核心都拥有独立的一级和二级缓存，容量分别是 128KB 和 512KB，处理器还内置了 6MB 的三级缓存，被所有核心共享使用。CPU 支持 SSE、SSE2、SSE3、SSE4A 多媒体指令集和 X86－64 运算指令集。主频是 3.0GHz，采用 Socket AM2＋接口，拥有 940 个针脚。内置 DDR2 内存控制器，提供 17.1GB/s 内存带宽。支持 HyperTransport 3.0 总线，高达 3600MT/s 16 位链接，提供最高 14.4GB/s 的输入输出带宽。该 CPU 自带原装风扇。

点评：虽然 Phenom II X4 940 已成为 AMD 的前旗舰产品，不支持 DDR3 内存却比较遗憾，但由于 X4 940 拥有 3G 频率、6MB 三级缓存、强大超频潜力等特点，即使搭配主流 DDR2 内存，平台性能仍相当强大，同等价位中没对手能与之匹敌，因此仍值得选购，尤其是对于升级用户而言。

③Phenom II X4 955

AMD PhenomII X4 955 采用最新的 Socket AM3 接口封装，并采用先进的 45nm SOI 制作工艺，拥有 7.61 亿个晶体管，核心面积为 258 平方毫米，基于改进的 Stars 核心，采用原生 4 核心设计，每颗核心频率高达 3.2GHz，外频为 200MHz，倍频为 16x，每颗核心都拥有独立的一级和二级缓存，容量分别是 128KB 和 512KB，处理器还内置了 6MB 的三级缓存，被所有核心共享使用。CPU 支持 SSE、SSE2、SSE3、SSE4A 多媒体指令集和 X86－64 运算指令集。内置 DDR2 和 DDR3 内存控制器，可支持的两种内存。支持 HyperTransport 3.0 总线，高达 4000MT/s 16 位链接，提供最高 16GB/s 的输入输出带宽。

点评：Phenom II X4 955 是 AMD 当前的旗舰 CPU，频率达 3.2G，并支持 DDR3 内存，性能相当强悍，对于旗舰级产品来说价格并不昂贵，搭配 790 主板、DDR3 内存和 HD 4890 显卡组成强大的羿龙平台，性价比要高于 Intel 的高端平台，因此 X4 955 也就成为高端 ADM 用户的首选。

(2)AMD Athlon(速龙)处理器

下面以 AMD 65nm Athlon64 5000＋ X2 为例介绍 AMD Athlon 处理器。

AM2 Athlon64 5000＋基于 65 纳米制造工艺，核心研发代号为 Brisbane，Socket AM2 接口，具备了两颗时钟频率为 2.6GHz 的处理器核心，外频为 200MHz，倍频为 13x，一级缓存为 128KB，二级缓存为每个核 512KB(共 1M)，运行在 1000MHz HT Link 总线上，支持 SSE、SSE2、SSE3 多媒体指令集和 X86－64 运算指令集。

点评：65nm Athlon64 5000＋ X2 在 2007 年属于旗舰型 CPU，但在 2009 年只能算中低端产品，价格便宜，主频高，有 3 级缓存，速度尚可。但是，二级缓存一共才 1MB，而一级缓存只有 128KB，对于要求不高的用户是绝对首选，性能比 Intel E4400 要好。

(3)AMD Sempron(闪龙)处理器

下面以 AMD 闪龙 3000＋ AM2 介绍 AMD Sempron 处理器。

AMD 闪龙 3000＋ AM2 属于低端产品。CPU 内核为 Manila,主频为 1600MHz,L2 缓存为 256KB,制作工艺为 90 nm,总线频率为 800MHz,插槽类型为 Socket AM2。性价比极高,办公和普通家用足够,功耗也非常小。

1.3.2.2 相关实践知识——CPU 的选购

1.CPU 选购原则

1)认清需求,看清定位,结合自己的应用情况和财力综合考虑,做出合理的选择

CPU 没有必要一味地追求高频高能,选择什么样的 CPU 首先考虑自己的计算机用途。如果是简单的上网、欣赏音乐,玩玩小游戏这些普通应用,那么,低端的赛扬就足够了。因为在低端应用中,高端的酷睿并不会有优于赛扬的表现。如果消费者在这个时候购买昂贵的酷睿,虽然在心理可以得到一定的满足,但是实际使用起来,并不会比赛扬有任何优势,那么,为了购买酷睿所付出的巨大金钱投入实际上就白白浪费掉了。

同理,AMD 和 Intel 如何选择也是一样的道理,如果资金不多,又要追求不俗的性能,就没有必要一味地追求酷睿而牺牲其他配件的档次,高性价比的 Athlon 才是最合适的选择。酷睿只适合那些预算非常充足的高端用户。

2)货比三家

货比三家是在对产品和市场不熟悉的情况下,最行之有效的方法,而且还能进一步比较价格高低。另外当某一商家做了新的推荐之后,还可以借口"再转一下"去验证一下正确性,如果推荐的新产品确实超值,这时就可以购买了。

2.CPU 选购注意的问题

1)散装 CPU 与盒装 CPU 的比较

从技术角度而言,散装和盒装 CPU 并没有本质的区别,至少在质量上和性能上不存在优劣的问题,更不可能有假冒的 CPU(没有厂商能假冒如此高科技的产品),但可能出现打磨过后以低频充当高频的 CPU。对于 CPU 厂商而言,其产品按照供应方式可以分为两类:一类供应给品牌机厂商,另一类供应给零售市场。面向零售市场的产品大部分为盒装产品。从理论上说,盒装和散装产品在性能、稳定性以及可超频潜力方面不存在任何差距,唯一的差别是质保。

一般而言,盒装 CPU 的保修期要长一些(通常为三年),而且附带有一只质量较好的散热风扇,因此往往受到广大消费者的喜爱。然而这并不意味着散装 CPU 就没有质保,只要选择信誉较好的代理商,一般都能得到为期一年的常规保修时间。事实上,CPU 并不存在保修的概念,此时的保修等于是保换,因此不必担心散装的质保水准会有任何问题。

(1)Intel CPU

正品的盒装 Intel CPU 一般采用 AVC 或者 Sanyo 的散热器,而零售市场的不少散热器也拥有很不错的品质,无论是噪音控制还是散热效果都不会逊色。只要 CPU 做好散热工作,那么稳定运行肯定毫无问题,而且以目前的制作工艺,一般 CPU 是很少损坏的,多出来的两年质保时间并没有太大的诱惑力。

部分追求安心的用户可能还是更加倾向于盒装 CPU,那么就应当在选购时多加注意。真正的盒装 CPU 由 Intel 负责三年的质保,而所谓的一年质保的盒装产品全是由散装产品仿冒的。略为有些遗憾的是,目前 Intel 的盒装 CPU 并没有像 AMD 那样采取十分有效的防假措施,用户只能通过自己的仔细观察去辨别。正规盒装产品外包装的上下两个塑料壳是通过穿孔热封的方式粘合起来的,打开时非常麻烦,而假货省略了这个步骤,直接用胶布、

胶水或者用订书机来固定。此外,拨打 800 电话然后对照风扇上的序列号也是检验方法之一,不过这也并非是万无一失的。

(2)AMD CPU

AMD 的盒装 CPU 大多采用 AVC 风扇,而且提供三年质保。但是对于超频用户而言,一般并不推荐购买盒装产品。退一步来讲,即便是盒装 CPU,如果在超频过程中导致 CPU 损坏,而且核心有烧毁痕迹,那么此时依旧得不到保修。在一般情况下,CPU 的损坏不外乎核心过热,或者物理损伤,真正的内部故障非常罕见,因此综合性价比来看,散装产品无疑更胜一筹。此外,盒装 CPU 所搭配的散热器一般是适合在不超频的状态下工作,而且以后很难更换风扇。如果用户需要超频的话,那么选购盒装产品或许并不是明智之举。

当然,选择盒装产品能够让人更加安心,不是每一个用户都会频繁地更换设备,此时盒装产品所提供的长时间质保以及稳定的散热器确实很具吸引力。

2)鉴别 CPU

无论是 Intel 还是 AMD 的 CPU,盒装产品的渠道都令人十分担忧。以 Intel CPU 为例,市场上很大部分盒装产品都是假冒的。所谓的假冒盒装不外乎是两种情况:散装 CPU 和原装散热器封装在一起,或者直接使用伪劣的假冒散热器与 CPU 黏合。相对而言,后一种情况更为明显,因为现在市场上的盒装产品几乎见不到真正的原装散热器,其渠道的确令人生疑。假冒的散热器对 CPU 寿命有较大影响。AMD 处理器同样存在这样的问题。

相对而言,目前 AMD 的真品盒装更加容易识别,它在塑料外包装以及内部风扇上都贴有条形码,外包装的侧面还有一防伪激光标志。此外,由于大多数购买 AMD CPU 的用户并不十分在意盒装与否,因此相对 Intel 盒装产品,其对经销商的诱惑力较小。

下面以 Intel 为例,讲述鉴别真假 CPU 一些经验。

(1)看包装正面

真盒处理器包装正面的 Intel LOGO 采用了与包装盒不同的材质,并且触摸之后有明显的凸出感。包装盒整体的手感比较光滑细腻,没有粗糙感,并且大多数情况下在醒目的位置会贴有代理商的标志。在中国内地英特尔共有四家授权的总代理,分别是联强国际、英迈国际、世平国际和神州数码,每家的标志都不相同,但是价格和售后服务则几乎一致,用户在购买的时候不必过分强调产品为哪家代理的问题。

假盒处理器包装正面的 LOGO 并没有凸出,而且颜色相对黯淡,反光部分明显为印刷上去的效果。另外假盒包装所采用的纸质要粗糙很多,触摸之后有颗粒感,而且假盒几乎不会贴有代理商的标志。

(2)看产品标签

盒装处理器都会在侧面印上处理器规格参数的产品标签,真盒处理器的标签,字体清晰,没有丝毫模糊的感觉;右上角的钥匙标志可以在随观察角度的不同而改变颜色,由"蓝"到"紫"进行颜色的变化;在左侧的激光防伪区,与产品标签为一体印刷,中间没有断开。如图 1.3.15 所示。

假盒方面,新老两种包装的产品标签并没有明显的不同,相比真盒,其字体明显要粗一些,而且模糊不清;右侧的钥匙标志部分,目前假盒和真盒的区别不大,很难通过这点来判断;而在左侧的防伪区部分,若单纯看防伪标志本身,也很难分出真假,但是如果注意看,可以明显看出假盒的为手工拼接而成,如图 1.3.16、图 1.3.17 所示。

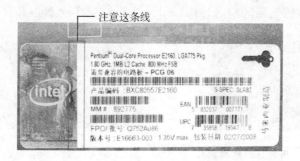

图 1.3.15　真盒处理器的产品标签

图 1.3.16　老款灰色"假盒"的产品标签

图 1.3.17　新款蓝色"假盒"的产品标签

（3）看包装封口

真盒和假盒在包装封口上也有明显的不同，如图 1.3.18 和图 1.3.19 所示为真盒与假盒的封口。

图 1.3.18　真盒处理器的封口

图 1.3.19　假盒处理器的封口

通过对比可以看出，后面两款假盒处理器的封口标签比较光滑，而真盒的封口标签表面则明显粗糙一些，而且带有颗粒感；在字体方面，假盒要比较纤细，真盒则粗了很多，而且颜色也要更鲜艳一些。

上面的对比并没有破坏产品的外包装，目的是仅通过包装的外观来教会大家如何鉴别真假盒装处理器。而若打开包装的话，还可以通过其密封胶条来判断真假，真盒的密封胶条在撕开的过程中不会断裂，而假盒的则由于用普通胶水粘粘的原因，几乎会"一撕就断"。

（4）看压制圆点

真盒处理器的包装是由机器来完成的，而假盒则为手工，这一点的区别在包装侧面的压制圆点上可以明显地感觉到区别,如图1.3.20和图1.3.21所示为真盒与假盒的压制圆点。

图1.3.20 真盒处理器的圆点

图1.3.21 假盒处理器的圆点

真盒处理器的圆点可以看出机器压制的痕迹,除了四个连接点,其余部分处于断开状态,可以方便用户打开包装。假盒处理器方面,每个圆点都处于半断开状态,做工明显感觉粗糙很多。

3)CPU风扇的选购要点

(1)风扇功率

风扇功率是影响风扇散热效果的一个很重要的条件,功率越大通常风扇的风力也越强劲,散热的效果也越好。而风扇的功率与风扇的转速又是直接联系在一起的,也就是说风扇的转速越高,风扇也就越强劲有力。目前一般计算机市场上出售的风扇都是直流12V的,功率则大小不等,这其中的功率大小就需要根据CPU发热量来选择了,理论上是选择功率略大一些的更好一些,因为这种风扇的转速要高一些。但不能片面地强调高功率,需要同计算机本身的功率相匹配,如果功率过大,不但不能起到很好的冷却效果,反而可能会加重计算机的工作负荷,从而会产生恶性循环,最终缩短了CPU风扇的寿命。因此,在选择CPU风扇功率大小的时候,应该遵循够用为原则。

(2)风扇口径

该性能参数对风扇的出风量也有直接的影响,它表示在允许的范围之内风扇的口径越大,那么风扇的出风量也就越大,风力效果的作用面也就越大。通常在主机箱内预留位置是安装8cm×8cm的轴流风扇,如果不在标准位置安装则没有这个限制,那么这时可以选择稍微大一点尺寸的风扇。选择的风扇口径一定要与自己计算机中的机箱结构相协调,保证风扇不影响计算机其他设备的正常工作,以及保证计算机机箱中有足够的自由空间来方便拆卸其他配件。

(3)风扇转速

风扇的转速与风扇的功率是密不可分的,转速的大小直接影响到风扇功率的大小。通常认为,在一定的范围内,风扇的转速越高,它向CPU传送的进风量就越大,CPU获得的冷却效果就会越好。但是一旦风扇的转速超过它的额定值,长时间超负荷工作时,本身也会产生热量,时间越长产生的热量也就越大,此时风扇不但不能起到很好的冷却效果,反而会"火上浇油";另外,风扇在高速运转过程中,可能会产生很强的噪音,时间长了可能会缩短风扇寿命;还有,较高的运转速度需要较大的功率来提供"动力源",而高动力源又是从主板和电源中的高功率中获得的,主板和电源在超负荷功率下就会引起系统的不稳定。因此,在选择风扇的转速时,应该根据CPU的发热量决定,最好选择转速在3500~5200转之间的风扇。

(4)风扇材质

由于CPU的热量是通过传导到散热片,再经风扇带来的冷空气吹拂而把散热片的热量带走的,而风扇所能传导的热量快慢是由组成风扇的导热片的材质决定的,因此风扇的材料质量对热量的传导性能具有决定性的作用,为此在选择风扇时一定要注意风扇导热片的热传导性是否良好。目前导热性能比较好的材料中,效果最好的当然是黄金或白金,之所以AOPEN 的 AX6BC 系列主板会在北桥芯片散热片上镀上黄金,一方面是显示尊贵的地位,另一方面则是有利于散热。仅次于金子的导热金属就是铜了,铜是一种导热性能优良的金属,如果用铜来生产散热片,那散热效果会非常理想,但铜质地较结实,加工难度较大,质量较重,而且成本也较高,所以目前很难见到使用铜来生产的散热片。再次于铜的便是铁和铝,这两种是很大众化的金属,但两者比较一下,便会发现铁有易锈、质地坚硬、不易加工、质量重等弱点,而铝却没有这些缺点,所以铝便成为生产散热片最好的材料了。

(5)风扇排风量

风扇排风量可以说是一个比较综合的指标,因此排风量是衡量风扇性能的最直接因素。如果一个风扇可以达到 5000 转/分,但其扇叶如果是扁平的话,那就不会形成任何气流,所以散热风扇的排风量,扇叶的角度是决定性因素。测试一个风扇排风量的方法很容易,只要将手放在散热片附近感受一下吹出风的强度即可,通常质量好的风扇,即使在离它很远的位置,也仍然可以感到风流,这就是散热效果上佳的表现。

1.3.2.3 任务实施

活动一 仔细观察一款主流的 CPU,并将 CPU 厂商型号、接口类型等相关信息填入表1.3.7中。

表 1.3.7 CPU 参数表

厂商	
CPU 型号、系列	
CPU 接口类型、引脚数	
核心数量、类型	
主频	
FSB	
倍频	
外频	
二级缓存	

活动二 选择一款适合自己的 CPU,并请稍微考虑下性价比。

活动要求与步骤:先充分了解目前市场主流 CPU,然后上网查阅各 CPU 相关资料,最后确定一款旗舰型高性能的、性价比高的 CPU。

1.3.3 归纳总结

本模块首先给出了要完成的任务:认识 CPU,说出给定 CPU 的厂商型号、性能指标和接口类型。CPU 是整个计算机的指挥中心,CPU 的性能也就基本上决定了整台计算机的性能。在选购计算机的各配件时往往最先考虑,根据用户需求,选购合适可行的 CPU。然后围绕要完成模块任务,讲解了相关理论知识和实践知识,CPU 的发展、CPU 的性能指标、CPU 的接口方式、最新 CPU 型号、CPU 的编号意义、CPU 的选购,最后就是完成任务的具体实践活动,通过这一系列的任务实现,让学生全面了解 CPU 的发展,熟悉 CPU 的性能指标,理解 CPU 的接口方式,了解最新 CPU 型号,熟悉 CPU 的编号意义,熟悉 CPU 的选购方法,从而使学生能够认识 CPU,说出 CPU 厂商型号、接口类型等、核心数量、主频、外频等;能够根据用户需求选购合适可行的 CPU。

1.3.4 思考与训练

1. 填空题

①CPU 是 central processing unit(中央处理器)的缩写,它是计算机中最重要的部件,主要由_____和_____组成,主要用来进行分析、判断、运算并控制计算机各个部件协调工作。

②CPU 的性能指标主要有_____、_____、_____、_____、_____等几项。

③CPU 采用的扩展指令集有 Intel 公司的_____、_____和 AMD 公司的_____等几种。

④编号为 AMD-A0850APT3B 的 CPU 的主频是_____MHz,封装方式为_____,工作电压为_____V,二级缓存容量是_____KB,前端总线频率是_____MHz。

⑤按照 CPU 处理信息的字长,可以把它分为_____、_____、_____以及_____微处理器。

⑥3Dnow! 指令集是_____公司提出的,并被广泛应用于_____处理器上。

⑦Socket 接口的 CPU 有数百个针脚,因针脚数目不同而称为_____、_____、_____、_____等。

⑧CPU 的主频 = _____ × _____。

⑨CPU 的功能主要有三种:一是_____;二是_____;三是_____。

⑩目前 CPU 的接口主要有_____和_____两大类。

⑪缓存也称_____,英文名称为 Cache。一般我们将高速缓存分为_____和_____两类。

⑫CPU 的内核工作电压越低,说明 CPU 的制造工艺越_____,这样 CPU 电功率就_____。

⑬CPU 的物理结构可以分为_____、_____、_____及_____五部分。

2. 选择题

①当前的 CPU 市场上,知名的 CPU 生产厂商是_____。

    A. Intel,华硕   B. Intel,AMD

    C. VIA,联想   D. SIS,AMD

②CPU 的封装形式上可以分为_____和_____两种。

    A. Slot 架构   B. Socket 架构

    C. Socket_7 架构   D. Slot_7 架构

③CPU 的主频由外频与倍频决定,在外频一定的情况下,通过提高_____来提高 CPU 的运行速度,称之为超频。

    A. 外频   B. 倍频

    C. 主频   D. 缓存

④在以下存储设备中,_____存取速度最快。

    A. 硬盘   B. 虚拟内存

    C. 内存   D. CPU 缓存

⑤_____又称 Socket_T,是 Intel 公司推出的一种 CPU 接口方式。

    A. Socket754   B. Socket755

C. Socket603　　　　　　　　D. Socket423

⑥CPU 封装方式始于_____时代,当时的 CPU 采用的是 DIP 封装方式。

A. 4004　　　　　　　　B. 8008

C. 8086　　　　　　　　D. 8088　　　　　　　E. 8038

⑦CPU 的接口种类很多,现在大多数 CPU 的接口为_____接口。

A. 针脚式　　　　　　　　B. 引脚式

C. 卡式　　　　　　　　D. 触点式

3. 判断题

①Intel 公司从 586 开始的 CPU 被称为奔腾。　　　　　　　　　　（　　）

②Intel 公司生产的奔腾 4 CPU 采用的是栅格阵列式封装(LGA－775)技术。　（　　）

③主频、外频和倍频的关系是:主频 ＝ 外频 × 倍频。　　　　　　　（　　）

④字长是人们衡量一台计算机 CPU 档次高低的主要依据,字长越大,CPU 档次就越高。

（　　）

⑤超线程(Hypre－Threading)技术是在一个 CPU 内同时执行多个程序而共同分享一个 CPU 的资源,像一个 CPU 在同一时间执行两个线程。　　　　　　（　　）

4. 实训题

①试调查目前市场上有哪些类型 CPU?

②推荐市场流行的低端、中端、高端、旗舰端 CPU 各一款。

模块四 内存储器的认识与选购

技能训练目标:能准确把握市场发展和用户需求,选购合适可行的内存储器。

知识教学目标:熟悉内存分类,内存的性能指标,熟悉内存的编号意义,熟悉内存的选购方法。

1.4.1 任务布置

①认识内存:说出给定内存的厂商型号、性能指标和接口类型;

②内存是计算机核心部件之一,内存的质量决定了计算机能否充分发挥其工作性能、能否稳定的工作。请根据用户需求,选购合适可行的内存。

1.4.2 任务实现

1.4.2.1 相关理论知识

内存在计算机系统中具有非常重要的作用。它是 CPU 与硬盘之间数据交换的桥梁,是数据传输过程中的一个寄存纽带。内存的主要功能是存放数据、执行指令及结果,并根据需要写入或读出数据。

1. 内存分类

内存的分类方式较多,按内存条的接口形式,可以分为单列直插内存条(SIMM)和双列直插内存条(DIMM)。SIMM 内存条一般为 30 线、72 线两种。DIMM 内存条主要有 168 线、184 线、240 线两种。

内存泛指计算机系统中存放数据和指令的半导体存储单元,包括 RAM(随机存储器)、ROM(只读存储器)、Cache(高度缓冲存储器)等。人们通常说的内存指的是 RAM。RAM 按照其工作原理可以分为 FPM DRAM、DEO DRAM、SDRAM、DDR、DDR2、DDR3。

①FPM RAM(快速页面模式随机存取存储器):这是较早的计算机系统普遍使用的内存,它每三个时钟脉冲周期传送一次数据。FPM 一般是 30 线。

②EDO RAM(扩展数据输出随机存取存储器):EDO 内存取消了主板与内存两个存储周期之间的时间间隔,每两个时钟脉冲周期输出一次数据,大大地缩短了存取时间,存储速度提高 30%。EDO 一般是 72 线。

③SDRAM(同步动态随机存取存储器):SDRAM 将 CPU 与 RAM 通过一个相同的时钟锁在一起,使 CPU 和 RAM 能够共享一个时钟周期,以相同的速度同步工作,每一个时钟脉冲的上升沿便开始传递数据,速度比 EDO 内存提高 50%,SDRAM 为 168 线。

④DDR(双倍速率同步动态随机存储器):严格地说 DDR 应该叫 DDR SDRAM,它在一个时钟周期内传输两次数据,能够在时钟的上升期和下降期各传输一次数据,因此称为双倍速率同步动态随机存储器。DDR 内存可以在与 SDRAM 相同的总线频率下达到更高的数据传输率。

DDR 运用了更先进的同步电路,使指定地址、数据的输入和输出主要步骤既独立执行,又保持与 CPU 完全同步;DDR 使用了 DLL(延时锁定回路)技术,当数据有效时,存储控制器可使用这个数据滤波信号来精确定位数据,每 16 次输出一次,并重新同步读取来自不同存储器模块的数据。DDR 本质上不需要提高时钟频率就能加倍提高 SDRAM 的速度,它允许在时钟脉冲的上升沿和下降沿读出数据,因而其速度是标准 SDRA 的两倍。

DDR 为 184 针脚,比 SDRAM 多出了 16 个针脚,主要包含了新的控制、时钟、电源和接地等信号。DDR 内存采用的是支持 2.5V 电压的 SSTL2 标准,而不是 SDRAM 使用的 3.3V 电压的 LVTTL 标准。

⑤DDR2:由 JEDEC(电子设备工程联合委员会)进行开发的新生代内存技术标准,它与上一代 DDR 内存技术标准最大的不同就是,虽然同是采用了在时钟的上升/下降沿同时进行数据传输的基本方式,但 DDR2 内存却拥有两倍于上一代 DDR 内存预读取能力(即:4bit 数据预读取)。换句话说,DDR2 内存每个时钟能够以 4 倍外部总线的速度读/写数据,并且能够以内部控制总线 4 倍的速度运行。此外,由于 DDR2 标准规定所有 DDR2 内存均采用 FBGA 封装形式,而不同于广泛应用的 TSOP/TSOP-II 封装形式,FBGA 封装可以提供更为良好的电气性能与散热性,为 DDR2 内存的稳定工作与未来频率的发展提供了坚实的基础。

⑥DDR3:8bit 预取设计,而 DDR2 为 4bit 预取设计,这样 DRAM 内核的频率只有接口频率的 1/8,DDR3-800 的核心工作频率只有 100MHz。240 线,工作电压为 1.5V。

2.内存的性能指标

(1)内存速度

内存速度一般用存取一次数据所需的时间(单位一般都为 ns)来作为性能指标,时间越短,速度就越快。只有当内存与主板速度、CPU 速度相匹配时,才能发挥计算机的最大效率,否则会影响 CPU 高速性能的充分发挥。FPM 内存速度只能达到 70~80ns,EDO 内存速度可达到 60ns,而 SDRAM 内存速度最高已达 7ns。

存储器的速度指标通常以某种形式印在芯片上。一般在芯片型号的后面印有-60、-70、-10、-7 等字样,表示存取速度为 60ns、70ns、10ns、7ns。

(2)容量

内存是相对于外存而言的。而 Windows 系统、打字软件、游戏软件等,一般都是安装在硬盘等外存上的,必须把它们调入内存中才能使用,如输入一段文字或玩一个游戏,其实都是在内存中进行的。通常把要永远保存的、大量的数据存储在外存上,而把一些临时或少量的数据和程序放在内存上。内存容量是多多益善,但要受到主板支持最大容量的限制,而就目前主流计算机而言,这个限制仍然存在。单条内存的容量通常为 128MB、256MB、512MB、1GB、2GB、4GB 等,早期还有 64MB、32MB、16MB 等产品。

(3)内存的奇偶校验

为检验内存在存取过程中是否准确无误,每 8 位容量配备 1 位作为奇偶校验位,配合主板的奇偶校验电路对存取数据进行校验,这就需要在内存条上额外加装一块芯片。而在实际使用中,有无奇偶校验位对系统性能并没有影响,所以,目前大多数内存条上已不再加装校验芯片。

(4)内存电压

FPM 内存和 EDO 内存均使用 5V 电压,SDRAM 使用 3.3V 电压,DDR 使用 2.5V 电压,DDR2 使用 1.8V 电压,DDR3 使用 1.5V 电压。在使用时注意主板上的跳线不能设置错。

(5)数据宽度和带宽

内存的数据宽度是指内存同时传输数据的位数,以 bit 为单位;内存的带宽是指内存的数据传输速率。

（6）内存的线数

内存的线数是指内存条与主板接触时接触点的个数，这些接触点被称为金手指，有72线、168线和184线等。72线、168线和184线内存条数据宽度分别为8位、32位和64位。

（7）内存CAS延迟时间

CAS(column address strobe，列地址选通脉冲)等待时间指从读命令有效（在时钟上升沿发出）开始，到输出端可以提供数据为止的这一段时间，一般是2个或3个时钟周期，它决定了内存的性能，在同等工作频率下，CAS等待时间为2的芯片比CAS等待时间为3的芯片速度更快、性能更好。

3. 认识主流内存颗粒编号

人们平时所说的"内存条"和内存芯片实际上不是一回事，"内存条"才是我们常说的内存，它的制造工艺要求并不复杂，厂商只需将现成的内存芯片装到PCB板上，即所谓的"贴片"或SMT，然后对内存条进行测试，合格者就可以上市销售了；内存芯片是"内存条"的核心，它的生产技术要求就要高得多，全世界生产内存芯片的厂商有三星、LG、现代、NEC、西门子等几家公司。

在没有软件的情况下，一般可以通过识别内存颗粒编号，看出内存芯片的参数。下面介绍一两款有代表性的内存颗粒编号。

（1）三星（Samsung）DDR2芯片编号识别

三星DDR2内存芯片外观如图1.4.1所示。

图1.4.1　三星DDR2内存芯片外观

三星电子有关DDR2内存芯片的编号规则如图1.4.2所示。

三星的编号还有第16、17、18三位，这三位编号并不常见，一般用于OEM与特殊的领域，因而在此就不介绍了。

由图1.4.1可以看出这是一枚容量为512Mbits、位宽为8bit、4个逻辑Bank、SSTL/1.8V接口、采用FBGA封装的DDR2−400芯片，并且是第三代产品。

（2）现代（Hynix）DDR2芯片编号识别

现代DDR2内存芯片外观如图1.4.3所示。

图中的HY5PS12821 F−C4就是现代DDR2内存颗粒的编号，现在将其分为9部分，含义如下：

①HY:现代内存。

②5P:DDR2。

$$\underline{K\,4\,X\,X\,X\,X\,X\,X\,X\,X - X\,X\,X\,X\,X\,X}$$

1 2 3 4 5 6 7 8 9 10 11 12 13 14 15 16 17 18

1. Memory (K)

2. DRAM : 4

3. Small Classification (内存类型)
T : DDR2 SDRAM

4~5. Density (容量)
51 : 512M
56 : 256M
1G : 1G
2G : 2G
4G : 4G

6~7. Bit Organization(芯片结构：位宽)
04 : x4
06 : x4 Stack
07 : x8 Stack
08 : x8
16 : x16

8. # of Internal Banks　(内部BLANK量)
3 : 4Bank
4 : 8Bank

9. Interface, VDD, VDDQ (接口与电压)
Q : SSTL, 1.8V, 1.8V

10. Generation　(产品版本号：字母越后越新)
M : 1st Generation
A : 2nd Generation
B : 3rd Generation
C : 4th Generation
D : 5th Generation
E : 6th Generation
F : 7th Generation
G : 8th Generation
H : 9th Generation

11. "—"

12. Package (封装类型)
G : FBGA
S : FBGA (Small)
Z : FBGA-LF
Y : FBGA-LF (Small)

13. Temp, Power (温度与耗能)
C : Commercial, Normal
L : Commercial, Low

14~15. Speed (Wafer/Chip Biz/BGD: 00)
CC : DDR2-400 (200Mhz@CL=3, tRCD=3, tRP=3)
D5 : DDR2-533 (266Mhz@CL=4, tRCD=4, tRP=4)
D6 : DDR2-667 (333Mhz@CL=4, tRCD=4, tRP=4)
E6 : DDR2-667 (333Mhz@CL=5, tRCD=5, tRP=5)
F7 : DDR2-800 (400Mhz@CL=6, tRCD=6, tRP=6)
E7 : DDR2-800 (400Mhz@CL=5, tRCD=5, tRP=5)

16. Packing "Packing Type Reference"

17~18. Customer "Customer List Reference"

图 1.4.2　三星 DDR2 内存芯片的编号规则

图 1.4.3　现代 DDR2 内存芯片外观

③S：工作电压 1.8V。

④12：512MB 容量，如果是 28 则为 128MB，56 则为 256MB，1G 则为 1GB，2G 则为 2GB。

⑤8：位宽×8，如果是 4 则位宽为×4，16 则为×16，32 则为×32。

⑥2：逻辑 Bank 数量为 4Banks，如果是 1 则为 2Banks，3 则为 8Banks。

⑦1：接口类型为 SSTL—18，如果是 2 则为 SSTL—2。

⑧F：封装类型为 FBGA Single Die，如果是 S 则为 FBGA Stack，M 则为 FBGA DDP。

⑨C4：速度为 DDR2、5333、4—4—4，如果是 S6 则为 DDR2、800、6—6—6，S5 则为 DDR2、800、5—5—5，Y6 为 DDR2、677、6—6—6，Y5 为 DDR2、677、5—5—5，Y4 为 DDR2、

677、4—4—4，C5 为 DDR2、533、5—5—5、C3 为 DDR2、533、3—3—3。

1.4.2.2 相关实践知识——内存的选购

1. 内存品牌介绍

目前市场上常见的内存品牌主要有：金士顿（Kingston）、威刚、现代（Hynix）、三星（Samsung）、宇瞻（Apacer）、胜创（Kingmax）、黑金刚、金邦、金泰克、英飞凌、金士刚、创见、博帝等。这些内存采用的工艺略有不同，因此在性能上多少有些差异。对品牌内存进行选购时应从其质量和性价比多方面进行比较，下面举出几个市场上比较流行的内存品牌，供大家参考。

（1）现代（Hynix）

在市场中见到的"现代"内存，其实并不是现代原厂的品牌产品，而是一些厂商使用了现代的芯片，经过加工而成的内存条。现代内存条整体来说多数产品的兼容性以及电气性能都不错，同时稳定性也比较好，目前在市场中占据了将近半数的份额。但是，也有一些"小作坊"加工的现代内存，存在许多问题，大家在选购时，还要格外注意，尽可能去一些知名的销售商处购买，以免给自己带来不必要的麻烦。

（2）胜创（Kingmax）

Kingmax 内存以其优秀的超频性能在发烧友中享有很好的口碑，Kingmax 内存的芯片采用了其专利的 TinyBGA 技术封装，在同样的体积下，它的存储容量是同类内存条的 2～3 倍，它可以提高内存的稳定性，减少电信号干扰。由于这种封装形式的内存颗粒体积较普通的内存颗粒要小 1/2，所以，所产生的热量也相比普遍内存要小得多，由此所带来的好处也是显而意见的。在较低的温度下，内存可以比较稳定地工作。这种内存工艺独特，所以基本没有假货。Kingmax 内存在市场上也颇受超频爱好者的欢迎。

（3）金邦（Geil）

金邦也是市场上畅销货，它以"量身定做"而闻名，它采用了 BLP 的封装技术，芯片使用了 0.20 微米的制造工艺，并采用了金黄色的线路板，再加上内存芯片上有汉字"金"字，俗称"金条"。它的特点是 6 层板，CL＝2 的工作模式等。

2. 内存选购要点

（1）按需购买

选购内存应当量力而行。根据自己的实际情况进行购买。

（2）认准内存类型

DDR2 是市场上的主流产品，占据了绝大部分市场，不过大家要小心别买错了，内存注意要和主板相匹配。

（3）注意"打磨"

有些"作坊"把低档内存芯片上的标示打磨掉，新再写上一个新标示，从而把低档产品当高档产品卖给用户，这种情况就叫"打磨（Remark）"。由于要打磨或腐蚀芯片的表面，一般都会在芯片的外观上表现出来。正品的芯片表面一般都很有质感，要么有光泽或荧光感要么就是亚光的。如果觉得芯片的表面色泽不纯甚至比较粗糙、发毛，那么这颗芯片的表面一定是受到了磨损。

（4）仔细察看电路板

电路板的做工要求板面光洁，色泽均匀；元件焊接要求整齐划一，绝对不允许错位；焊点要均匀有光泽；金手指要光亮，不能有发白或发黑的现象；板上应该印刷有厂商的标识。常见的劣质内存经常是芯片标识模糊或混乱,电路板毛糙,金手指色泽晦暗,电容歪歪扭扭如手焊一般,焊点不干净、不利落。

(5)售后服务

目前人们最常看到的情形是用橡皮筋将内存扎成一捆进行销售,用户得不到完善的售后服务,也不利于内存品牌形象的维护。目前部分有远见的厂商已经开始完善售后服务渠道,如 Winward,自身拥有完善的销售渠道,切实保障了消费者的权益。选择良好的经销商,一旦购买的产品在质保期内出现质量问题,只需及时去更换即可。

1.4.2.3 任务实施

活动一 仔细观察一款主流的内存,并将内存厂商型号、接口类型等相关信息填入表1.4.1中。

表 1.4.1 内存参数表

厂商	
内存型号、系列	
内存接口类型、线数	
容量	
工作电压	
位宽	
速度	
封装类型	
内部 BANK 数量	

活动二 某生的计算机用来进行图形专业设计,初步选择好了主板和 CPU:精英 P35T－A 和 Inetl Core 2 Duo E4500,请帮他推荐一款合适可行的内存(包括容量)适合他的要求。并请考虑下性价比。

活动要求与步骤:先充分了解市场主流品牌内存,然后上网查阅精英 P35T－A、Intel Core 2 Duo E4500 以及内存相关资料,最后确定合适容量的性价比高的品牌内存。

1.4.3 归纳总结

本模块首先给出了要完成的任务。认识内存:说出给定内存的厂商型号、性能指标和接口类型;内存是计算机核心部件之一,内存的质量决定了计算机能否充分发挥其工作性能、能否稳定的工作。怎样根据用户需求,选购合适可行的内存。然后围绕要完成模块任务,讲解了相关理论知识和实践知识。内存分类;内存的性能指标,内存的编号意义,内存的选购方法,最后就是完成任务的具体实践活动。通过这一系列的任务实现,让学生比较全面地了解内存分类,熟悉内存的性能指标,熟悉内存的编号意义,熟悉内存的选购方法。

1.4.4 思考与训练

1. 填空

①内存又称为 _____、_____。

②计算机的内存是由 _____、_____ 和 _____ 三个部分构成。

③内存针脚数和须与主板上内存插槽口的针数相匹配,一般槽口有 _____ 针、_____

针_____针 3 种。

④_____是计算机系统的记忆部件,是构成计算机硬件系统的必不可少的一个部件。通常,根据存储器的位置和所起的作用不同,可以将存储器分为两大类:_____和_____。

⑤内存的主要性能指标有_____、_____、_____、_____和_____。

⑥内存在广义上的概念上泛指计算机系统中存放数据与指令的半导体存储单元,它主要表现为三种形式:_____、_____和_____。

⑦台式机主板上对应的插槽主要有三种类型接口:_____(早期的 30 线、72 线的内存使用)、_____(168 线、184 线的内存使用)、_____(RDRAM 内存条使用)。

⑧SDRAM 的管脚_____线,最高读写速度是_____ns,传输带宽达到_____。DDR SDRAM 的管脚_____线,传输带宽达到_____。RDRAM 的传输带宽达到_____。

⑨RAM 一般又可分为两大类型:_____和_____。

⑩内存的数据带宽的计算公式是:数据带宽 = _____ × _____。

⑪内存的工作频率表示的是内存的传输数据的频率,一般使用_____为计量单位。

⑫奇偶校验方法只能从一定程度上检测出内存错误,但_____,而且不能_____。

2. 选择题

①目前使用的内存主要是_____。

    A. SDRAM   B. DDR SDRAM

    C. DDR II SDRAM   D. Super SDRAM

②将主存储器分为主存储器、高速缓冲存储器和 BIOS 存储器,这是按_____标准来划分。

    A. 工作原理   B. 封装形式

    C. 功能   D. 结构

③现在市场上流行的内存条是_____的。

    A. 30 线   B. 72 线

    C. 128 线   D. 168 线

④计算机上的内存包括随机存储器和_____,内存条通常指的是_____。

    A. ROM   B. DRAM   C. SDRAM

⑤一条标有 PC2700 的 DDR 内存,其属于下列的_____规范。

    A. DDR200MHz(100 × 2)   B. DDR266MHz(133 × 2)

    C. DDR333MHz(166 × 2)   D. DDR400MHz(200 × 2)

⑥通常衡量内存速度的单位是_____。

    A. 纳秒   B. 秒

    C. 十分之一秒   D. 百分之一秒

3. 判断题

①计算机上很少使用 RDRAM 内存,它主要用在专业的图形加速适配卡或电视游戏机的视频内存中。   ( )

②PC133 标准规范是 Intel 公司提出的一套针对 SDRAM 的新规范。   ( )

③选购内存时,内存的容量、速度、插槽等都是要考虑的因素。   ( )

④ROM 是一种随机存储器,它可以分为静态存储器和动态存储器两种。   ( )

⑤DRAM（Dynamic RAM）即动态 RAM，集成度高，价格低，只可读不可写。（　）

⑥工作电压是指内存正常工作所需要的电压值，不同类型的内存电压相同。（　）

⑦不同规格的 DDR 内存使用的传输标准也不尽相同。（　）

⑧内存储器也就是主存储器。（　）

⑨SDRAM 内存的传输速率比 EDO DRAM 慢。（　）

⑩内存条通过金手指与主板相连，正反两面都有金手指，这两面的金手指可以传输不同的信号，也可传输相同的信号。（　）

4. 实训题

①试调查目前市场上有哪些类型内存？

②分别推荐低端、中端、高端、旗舰端主机内存容量。

模块五　外存储器的认识与选购

技能训练目标：能准确把握市场发展和用户需求，选购合适可行的硬盘、U 盘等。

知识教学目标：熟悉硬盘的结构，熟悉硬盘的性能指标，熟悉主流硬盘的编码识别，熟悉硬盘的选购方法，熟悉光驱的性能指标，熟悉光驱的选购方法，熟悉 U 盘的选购方法。

1.5.1 任务布置

①认识硬盘：说出给定硬盘的厂商型号、性能指标和接口类型。

②硬盘是计算机的主要存储设备，硬盘的质量直接决定了计算机工作的稳定性及计算机中数据的安全性。

③光驱是计算机存储系统的必要补充，尤其是在安装操作系统和应用软件，以及将硬盘中的数据备份到光盘中时就需要借助于光驱。

1.5.2 任务实现

1.5.2.1 相关理论知识

外存通常是磁性介质或光盘，像硬盘，软盘，移动硬盘，U 盘，磁带等，能长期保存信息，并且不依赖于电来保存信息。下面介绍几种常用外存。

1. 硬盘

硬盘（HDD）是计算机主要的存储媒介之一，由一个或者多个铝制或者玻璃制的碟片组成。这些碟片外覆盖有铁磁性材料。绝大多数硬盘都是固定硬盘，被永久性地密封固定在硬盘驱动器中。

1）硬盘接口

硬盘接口主要有 ATA、IDE、SATA、SATA2、SCSI。

①ATA：常见的 ATA 接口是 PATA 接口，即人们常说的 IDE（电子集成驱动器）接口，是用传统的 40—pin 并口数据线连接主板与硬盘的，外部接口速度最大为 133MB/s，因为并口线的抗干扰性太差，且排线占空间，不利计算机散热，将逐渐被 SATA 所取代。

②SATA：使用 SATA（serial ATA）口的硬盘又叫串口硬盘，是未来计算机硬盘的趋势。2001 年，由 Intel、APT、Dell、IBM、希捷、迈拓这几大厂商组成的 Serial ATA 委员会正式确立了 Serial ATA 1.0 规范，2002 年，虽然串行 ATA 的相关设备还未正式上市，但 Serial ATA 委员会已抢先确立了 Serial ATA 2.0 规范。Serial ATA 采用串行连接方式，串行 ATA 总线使用嵌入式时钟信号，具备了更强的纠错能力，与以往相比其最大的区别在于能对传输指令（不仅仅是数据）进行检查，如果发现错误会自动矫正，这在很大程度上提高了数据传输的可靠性。串行接口还具有结构简单、支持热插拔的优点。

③SATA2：希捷在 SATA 的基础上加入 NCQ 本地命令阵列技术，并提高了磁盘速率。

④SCSI：小型机系统接口，历经多代的发展，从早期的 SCSI—II，到 Ultra320 SCSI 以及 Fiber—Channel（光纤通道），接头类型也有多种。SCSI 硬盘广为工作站级个人计算机以及服务器所使用，因为它的转速快，可达 15000rpm，且数据传输时占用 CPU 运算资源较低，但是单价也比同样容量的 ATA 及 SATA 硬盘昂贵。

2)硬盘的结构

(1)硬盘的外部结构

一般硬盘正面贴有产品标签,主要包括厂家信息和产品信息,如商标、型号、序列号、生产日期、容量、参数和主从设置方法等。这些信息是正确使用硬盘的基本依据,下面将逐步介绍它们的含义。

硬盘主要由盘体、控制电路板和接口部件等组成,如图 1.5.1 所示。盘体是一个密封的腔体。硬盘的内部结构通常是指盘体的内部结构。控制电路板上主要有硬盘 BIOS、硬盘缓存(即 CACHE)和主控制芯片等单元,如图 1.5.2 所示。硬盘接口包括电源插座,数据接口和主、从跳线,如图 1.5.3 所示。

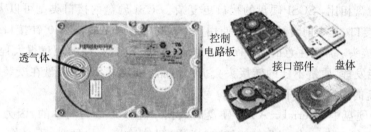

图 1.5.1 硬盘的外观

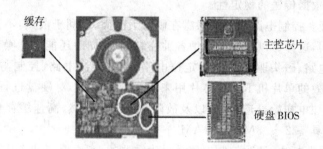

图 1.5.2 控制电路板

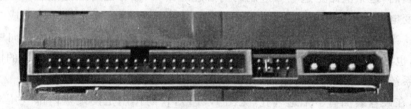

图 1.5.3 硬盘接口

①电源接口。电源接口用于连接主机的电源,为硬盘工作提供足够的动力。一般而言,硬盘采用最为常见的 4 针 D 形电源接口。不过需要注意的是,Serial—ATA 硬盘不再使用 4 针的 D 形电源接口,而是使用易于插拔的接口代替。这种接口有 15 个插针,但其宽度与以前的电源接口相当。硬盘控制器厂商如 Silicon 、Promise 等以及主板厂商都在其产品包装中提供了必备的电源转接线,此时依旧可以使用 4 针 D 形电源接口。从未来的发展趋势来看,今后能够直接扩展出 Serial—ATA 硬盘电源接口线的 ATX 电源将会越来

普及。

②数据接口。数据接口是硬盘中很重要的一部分,它用于连接主板上的南桥芯片或者其他独立的磁盘控制器芯片。以最常见的 IDE 硬盘为例,其前部有一排 40 针接口,需要通过扁平的 IDE 数据线连接主板或者 RAID/ATA 卡上的 IDE 接口。以往的老式硬盘采用普通 40pin 数据线,然而为了提高硬盘的传输性能,各大硬盘厂商联合推出了 Ultra DMA 传输模式,也就是常说的 ATA66/100/133 硬盘传输模式。因为这种模式下数据信号的传输量增大,所以就得保障信号传输的准确性。为了提高 IDE 数据线的电气性能,我们原来使用的 40pin 的 IDE 数据线数量增加到 80pin,其中 40pin 用于信号的传输,另外 40pin 则是地线,用来有效地屏蔽杂波信号。

与 IDE 硬盘相比,SCSI 硬盘的接口更复杂。SCSI 硬盘的接口类型可以大致分为 68 针接口和 80 针接口,其中前者可以直接使用 SCSI 控制卡来连接,而 80 针接口的产品则必须使用 LVD 转接头。需要注意的是,LVD 转接头和 SCSI 数据线的质量很大程度上决定 SCSI 硬盘的性能发挥,质量不佳的转接头会折损性能。此外,SCSI 硬盘在安装时不需要设计类似 IDE 硬盘的主从概念,而是通过 ID 号来区别。

在所有的硬盘中,Serial-ATA 硬盘的数据线连接是最为简单的,因为它采用了点对点连接方式,即每个 Serial-ATA 线缆(或通道)只能连接一块硬盘,不必像 IDE 硬盘那样设置主、从跳线了。值得称道的是,Serial-ATA 数据线占据的空间很小,这非常有利于散热,同时可以提高数据传送的稳定性。

③控制电路板。控制电路板一般裸露在硬盘下表面,以利于散热,不过也有少数品牌的硬盘将其完全封闭,这样可以更好地保护各种控制芯片,同时还能降低噪音。硬盘的控制电路板由主轴调速电路、磁头驱动与伺服定位电路、读写控制电路、控制与接口电路等构成。此外,还有一块高效的单片机 ROM 芯片用来固化软件,用于对硬盘进行初始化,执行加电和启动主轴电机,加电初始寻道、定位以及故障检测等。当然,高速缓存也是控制电路板上不可或缺的,一般具备 2 ~ 8MB SDRAM。

在硬盘控制电路板中,读写控制电路是最为重要的,它主要有两个作用。首先是负责将二进制码转换成模拟信号。当数据信息需要写入时,由中心处理系统传向磁头的是代表数据的二进制码,这个电路是这些二进制码的必经之路,其任务是将经过这里的二进制码转换为能够改变电流大小的模拟信号,并传向磁头。其次是负责将模拟信号转换成二进制码并放大信号。当读取数据时磁头从盘片获得的是由磁场而产生的电流,电流在向中心处理系统传输时,也必须经过前置放大电路,此时这个电路的工作是将代表模拟信号的电流转变为中心处理系统能够识别的二进制码,并将微弱的信号放大。

此外,在硬盘表面有一个透气孔(见图 1.5.1),它的作用是使硬盘内部气压与外部大气压保持一致。由于盘体是密封的,所以,这个透气孔不直接和内部相通,而是经由一个高效过滤器和盘体相通,用以保证盘体内部的洁净无尘,使用中注意不要将它盖住。

(2)硬盘的内部结构

尽管在外部结构方面,各种硬盘之间有着一定的差别,但是其内部结构还是完全相同的,毕竟硬盘的工作方式不会改变。硬盘内部结构主要包括浮动磁头组件、磁头驱动机构、盘体、磁盘主轴驱动机构、前置读写控制电子线路等主要部件,如图 1.5.4 所示。

不过需要提醒大家的是,千万不要随意打开硬盘的外壳,这将会使整个硬盘报废,因为硬盘的内部盘面不能沾染上一点灰尘。一般硬盘内部结构维修需要在要求极为严格的洁净

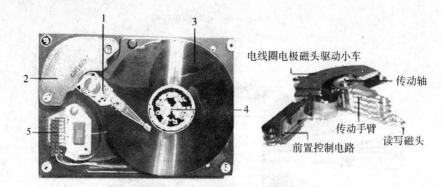

图 1.5.4　硬盘内部结构

1—浮动磁头组件；2—磁头驱动机构；3—盘片；4—盘片主轴驱动机构

间中进行。

①浮动磁头组件：是硬盘中最精密的部件之一，由读磁头、传动手臂和传动轴三部分组成。磁头是硬盘技术中最重要、最关键的一环，它类似于"笔尖"。硬盘磁头采用非接触式头、盘结构，它的磁头是悬在盘片上方的，加电后可在高速旋转的盘片表面移动，与盘片的间隙（飞高）只有 0.08～0.3 微米。硬盘磁头其实是集成工艺制造的多个磁头的组合，每张盘片的上、下方都各有一个磁头。磁头不能接触高速旋转的硬盘盘片，否则会破坏盘片表面的磁性介质而导致硬盘数据丢失和磁头损坏，因此硬盘工作时不要搬运主机。

②磁头驱动机构：硬盘磁头驱动机构由音圈电机和磁头驱动小车组成，能对磁头进行正确的驱动和定位，并在很短时间内精确定位于系统指令指定的磁道，保证数据读写的可靠性。

③盘片：盘片是硬盘存储数据的载体，一般采用金属薄膜磁盘，记录密度高。硬盘盘片通常由一张或多张盘片叠放组成。

④盘片主轴驱动机构：盘片主轴驱动机构由轴承和马达等组成。硬盘工作时，通过马达的转动将盘片上用户需要的数据所在的扇区转动到磁头下方供磁头读取。马达转速越快，用户存取数据的时间就越短，从这个意义上讲，马达的转速在很大程度上决定了硬盘最终的速度。人们常说的 5400 转、7200 转就是指硬盘马达的转速。轴承是用来把多个盘片串起来固定的装置。

⑤前置读写控制电子线路：用来控制磁头感应的信号、主轴电机调速、磁头驱动和定位等操作的。

（3）硬盘的逻辑结构

硬盘上的数据是如何组织与管理的呢？硬盘首先在逻辑上被划分为磁道、柱面以及扇区，其结构关系如图 1.5.5 所示。

①磁面：每个盘片都有上、下两个磁面，从上向下从"0"开始编号，0 面、1 面、2 面、3 面等。

②磁道：硬盘在格式化时盘片会被划成许多同心圆，这些同心圆轨迹就叫磁道。磁道从外向内从 0 开始顺次编号，0 道、1 道、2 道等。

③柱面：所有盘面上的同一编号的磁道构成一个圆柱，称之为柱面，每个柱面上从外向内以"0"开始编号，0 柱面、1 柱面、2 柱面等。

④扇区：硬盘的盘片在存储数据时又被逻辑划分为许多扇形的区域，每个区域叫作一个扇区。

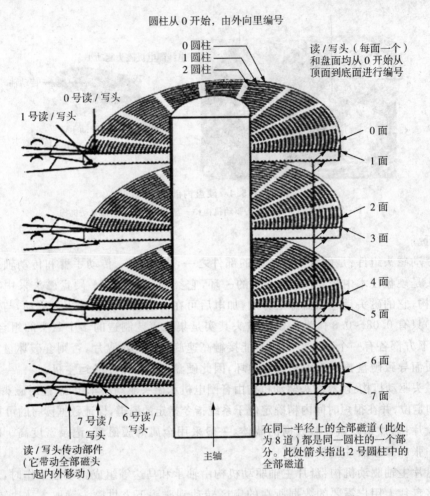

圆柱从 0 开始，由外向里编号

0 圆柱
1 圆柱
2 圆柱

读 / 写头（每面一个）
和盘面均从 0 开始从
顶面到底面进行编号

0 号读 / 写头
1 号读 / 写头

0 面
1 面
2 面
3 面
4 面
5 面
6 面
7 面

7 号读 /
写头
6 号读 /
写头

读 / 写头传动部件
（它带动全部磁头
一起内外移动）

主轴

在同一半径上的全部磁道（此处
为 8 道）都是同一圆柱的一个部
分。此处箭头指出 2 号圆柱中的
全部磁道

图 1.5.5 磁头、柱面和扇区

3）硬盘的性能指标

（1）容量

作为计算机系统的数据存储器，容量是硬盘最主要的参数。硬盘容量的计算公式为：

$$硬盘容量＝柱面数×扇区数×每扇区字节数×磁头数$$

硬盘的容量以兆字节（MB）或千兆字节（GB）为单位，1GB＝1024MB。但硬盘厂商在标称硬盘容量时通常取 1GB＝1000MB，因此在 BIOS 中或在格式化硬盘时看到的容量会比厂家的标称值要小。

硬盘的容量指标还包括硬盘的单碟容量。所谓单碟容量是指硬盘单片盘片的容量，单碟容量越大，单位成本越低，平均访问时间也越短。

对于用户而言，硬盘的容量就像内存一样，永远只会嫌少不会嫌多。Windows 操作系统带给我们的除了更为简便的操作外，还带来了文件大小与数量的日益膨胀，一些应用程序动辄就要吃掉上百兆的硬盘空间，而且还有不断增大的趋势。因此，在购买硬盘时适当的超前是明智的。目前 160GB 以上的大容量硬盘已开始逐渐普及。

一般情况下硬盘容量越大，单位字节的价格就越便宜，但是超出主流容量的硬盘例外。2008 年 12 月初，1TB（1000GB）的希捷硬盘中关村报价是 700 元人民币，500GB 的硬盘大约是 320 元人民币。

（2）转速

转速是硬盘内电机主轴的旋转速度，也就是硬盘盘片在一分钟内所能完成的最大转数。转速的快慢是硬盘档次的重要参数之一，它是决定硬盘内部传输率的关键因素之一，在很大程度上直接影响到硬盘的速度。硬盘的转速越快，硬盘寻找文件的速度也就越快，相对的硬盘的传输速度也就得到了提高。硬盘转速以每分钟多少转来表示，单位表示为 r/m。转速值越大，内部传输率就越快，访问时间就越短，硬盘的整体性能也就越好。

硬盘的主轴马达带动盘片高速旋转，产生浮力使磁头飘浮在盘片上方。要将所要存取资料的扇区带到磁头下方，转速越快，则等待时间也就越短。因此转速在很大程度上决定了硬盘的速度。

（3）平均访问时间

平均访问时间是指磁头从起始位置到达目标磁道位置，并且从目标磁道上找到要读写的数据扇区所需的时间。

平均访问时间体现了硬盘的读写速度，它包括了硬盘的寻道时间和等待时间，即

平均访问时间＝平均寻道时间＋平均等待时间。

硬盘的平均寻道时间是指硬盘的磁头移动到盘面指定磁道所需的时间。这个时间当然越小越好，目前硬盘的平均寻道时间通常在 8～12ms 之间，而 SCSI 硬盘则应小于或等于 8ms。

硬盘的等待时间，又叫潜伏期，是指磁头已处于要访问的磁道，等待所要访问的扇区旋转至磁头下方的时间。平均等待时间为盘片旋转一周所需的时间的一半，一般应在 4ms 以下。

（4）传输速率

传输速率是指硬盘读写数据的速度，单位为兆字节每秒（MB/s）。硬盘数据传输率又包括了内部数据传输率和外部数据传输率。

内部传输率也称为持续传输率，它反映了硬盘缓冲区未用时的性能。内部传输率主要依赖于硬盘的旋转速度。

外部传输率也称为突发数据传输率或接口传输率，它标称的是系统总线与硬盘缓冲区之间的数据传输率，外部数据传输率与硬盘接口类型和硬盘缓存的大小有关。

目前 Fast ATA 接口硬的最大外部传输率为 16.6MB/s，而 Ultra ATA 接口的硬盘则达到 33.3MB/s。

串口硬盘是一种完全不同于并行 ATA 的新型硬盘接口类型，由于采用串行方式传输数据而知名。相对于并行 ATA 来说，就具有非常多的优势。首先，Serial ATA 以连续串行的方式传送数据，一次只会传送 1 位数据。这样能减少 SATA 接口的针脚数目，使连接电缆数目变少，效率也会更高。实际上，Serial ATA 仅用四支针脚就能完成所有的工作，分别用于连接电缆、连接地线、发送数据和接收数据，同时这样的架构还能降低系统能耗和减小系统复杂性。其次，Serial ATA 的起点更高、发展潜力更大，Serial ATA 1.0 定义的数据传输率可达 150MB/s，这比最快的并行 ATA（即 ATA/133）所能达到 133MB/s 的最高数据传输率还高，而在 Serial ATA 2.0 的数据传输率达到 300MB/s，最终 SATA 将实现 600MB/s 的最高数据传输率。

（5）缓存

与主板上的高速缓存（RAM cache）一样，硬盘缓存的目的是为了解决系统前后级读写

速度不匹配的问题,以提高硬盘的读写速度。目前,大多数 SATA 硬盘的缓存为 8MB,而 Seagate 的"酷鱼"系列则使用了 32MB 缓存。

4)硬盘数据保护技术

硬盘驱动器是计算机系统中最主要的存储设备,它的容量从早期的 5MB 到现在的几 GB 甚至几千 GB,从普通的电磁感应磁头到现在的 MR 磁阻磁头或 GMR 巨阻磁头,先进技术的注入为硬盘的迅速发展提供了最佳的动力。同时,硬盘作为计算机用户的数据和信息的载体,必然要求数据保存的可靠性和持久性。人们都知道计算机中数据可靠的重要性,在多数情况下,用户对它的关心甚至超过了速度,原因很简单,如果保存的数据经常丢失,那速度再快也没有什么意义。这可不像硬件设备坏了就换一块那么简单,很多时候,用户数据丢失后就没有办法再弥补回来,重大的损失也就在所难免了。由此看来,增强对用户数据的保护具有非常重要的意义。

(1)S. M. A. R. T. 技术

S. M. A. R. T.(自监测、分析和报告技术)出现在 ATA－3 标准中被正式确立,而所有硬盘厂商也都提供对它的支持。S. M. A. R. T. 技术可以监测磁头、磁盘、马达、电路等,由硬盘的监测电路和主机上的监测软件对被监测对象的运行情况与历史记录和预设的安全值进行分析、比较,当出现安全值范围以外的情况时,能够自动向用户发出警告。而更先进的技术还可以自动降低硬盘的运行速度,把重要数据文件转存到其他安全扇区或其他存储设备上,通过 S. M. A. R. T. 技术可以对硬盘潜在故障进行有效预测,提高数据的安全性。必须注意的是,由于使用硬件监测技术,S. M. A. R. T 技术必须通过主板的 BIOS 设定,相应功能才能实现。

(2)热拔插 SCSI 技术

热拔插 SCSI 技术深受市场的欢迎。在开启或关闭电源时,硬盘在活跃的 SCSI 总线上不会造成电源瞬变或数据失误的情况,因此热拔插功能特别适用于阵列应用程式,在拆机安装硬盘时,阵列仍可照常运行而不会中断。IBM、Compaq、HP 等品牌服务器都采用了 80 针热拔插硬盘,并配有专用的硬盘架和电源。

(3)磁盘阵列技术

它起源于集中式大、中、小型计算机网络系统中,专门为主计算机存储系统数据。随着计算机网络、Internet 和 Intranet 的普及,磁盘阵列已向人们走来。为确保网络系统可靠地保存数据,使系统正常运行,磁盘阵列已成为高可靠性网络系统解决方案中不可缺少的存储设备。磁盘阵列由磁盘阵列控制器及若干性能近似的、按一定要求排列的硬盘组成。该类设备具有高速度、大容量、安全可靠等特点,通过冗余纠错技术保证设备可靠。RAID 是由几组磁盘驱动器组成,并由一个控制器统一管理,通过在磁盘之间使用镜像数据或数据分割及奇偶校验来实现容错要求,是一种具有较高容错能力的智能化磁盘集合,具有较高的安全性和可靠性。RAID 在现代网络系统中作为海量存储器,广泛用于磁盘服务器中。用磁盘阵列作为存储设备,可以将单个硬盘的 30 万小时的平均无故障工作时间(MTBF)提高到 80 万小时。磁盘阵列一般通过 SCSI 接口与主机相连接,目前最快的接口的通道传输速率达到 80Mb/s。磁盘阵列通常需要配备冗余设备。磁盘阵列都提供了电源和风扇作为冗余设备,以保证磁盘阵列机箱内的散热和系统的可靠性。为使存储数据更加完整可靠,有些磁盘阵列还配置了电池。在阵列双电源同时掉电时,对磁盘阵列缓存进行保护,以实现数据的完整性。

（4）SPS 和 DPS 技术

SPS（震动保护系统）是由昆腾公司开发，应用在火球七代 EX 系列以后产品。它针对用户在安装或其他非操作状态下，硬盘可能发生震动、撞击所设计的防震保护技术。在普通状态下，硬盘发生碰撞时，很容易造成磁头飞高又迅速落下，磁盘表面可能因此受到几百 G 的压力而使盘片受损或出现微粒，从而造成硬盘发生错误或数据丢失。SPS 的设计原则就是在撞击到来时，保持磁头不受震动，磁头和磁头臂停泊在盘片上，冲击能量被硬盘其他部分吸收，这样能有效地提高硬盘的抗震性能，使硬盘在运输、使用及安装的过程中最大限度地免受震动的损坏。

DPS（数据保护系统）是昆腾火球八代系列硬盘，除支持 Ultra DMA/66 传输界面，SPS 防震系统外，首次内建的数据保护技术。它采用简单有效的方法，提供桌面 PC 存储系统的可靠性和数据的完整性。DPS 可快速自动检测硬盘的每一个扇区，并在硬盘的前 300M 空间定位存放操作系统或其他应用系统的重要部分。当系统发生问题时，DPS 可以在 90 秒内自动检测并恢复系统数据，即使系统无法自举，也可以用包含 DPS 的系统软盘启动系统，再通过 DPS 自动检测并分析故障原因，尽可能保证数据不被丢失。如果错误发生在非主分区，采用 DPS 扩展检测方式仍可继续检测硬盘的所有数据。另外 DPS 可以向前兼容火球系列和大脚系列产品，即昆腾产品用户都可以使用 DPS 数据保护系统。

（5）ShockBlock 和 MaxSafe 技术

ShockBlock 是迈拓公司在其金钻二代硬盘上使用的防震技术，它的设计思想和昆腾的 SPS 相似，采用先进的设计制造工艺，在意外碰撞发生时，尽可能避免磁头和磁盘表面发生撞击，减少因此而引起的磁盘表面损坏。从设计上来看，ShockBlock 系统多数情况下可以承受持续震动和最高 1000G 的撞击力，将风险降低到最低限度。

MaxSafe 同样也是金钻二代拥有的独特数据保护技术，它可以自动检测、诊断和修正硬盘发生的问题，提供更高的数据完整性和可靠度。MaxSafe 还支持 high－fly write detection（飞高写入检测）功能，在数据写入时，它自动检测并保证磁头飞高距离为百万分之一英寸，保证写入的连续性和正确性。

（6）Seashield 和 DST 技术

Seashield 是希捷公司推出的新防震保护技术。Seashield 提供了由减震弹性材料制成保护软罩，配合磁头臂及盘片间的加强防震设计，为硬盘提供了高达 300G 的非操作防震能力。另一方面它也提供了印刷电路底板静电放电硬罩及其他防损害措施，保证硬盘的可靠性。

DST（驱动器自我测试）功能是希捷新增的数据保护技术，它内建在硬盘的固件中，提供数据的自我检测和诊断功能，在用户卸下硬盘时先进行测试诊断，避免数据无谓的丢失。DST 的功能实际只是提供一个完全的数据概念，它的核心还是 S. M. A. R. T 和 ECC 功能的体现。

（7）DFT 技术

DFT（驱动器健康检测）技术是 IBM 公司为其 PC 硬盘开发的数据保护技术，它通过使用 DFT 程序访问 IBM 硬盘里的 DFT 微代码对硬盘进行检测，可以让用户方便快捷地检测硬盘的运转状况。

5）主流硬盘的编码识别

目前在市场上见到的硬盘大多都是希捷（Seagate）、迈拓（Maxtor）、西部数据（Western-

Digital)、日立(Hitachi)和三星(Samsung)等几家厂商的产品。最近硬盘新品不断上市,各厂家在硬盘编号的定义上也发生了一定的变化。下面就以希捷(Seagate)硬盘为例来进行硬盘的编码识别。

希捷硬盘编号形式如下:

第一部分 ST <1> <2、3、4、5><6><7、8><9、10>

"ST"代表"Seagate",中文意思即希捷。这在任何一款希捷硬盘产品编号的开头都有。

第二部分<1>代表硬盘外形。"1"代表 3.5 英寸全高硬盘,"3"代表 3.5 英寸半高硬盘,"4"代表现在已被淘汰的 5.25 英寸硬盘。

第三部分<2、3、4、5>由 2 到 4 位数字组成,代表硬盘格式化后的容量,单位为 GB。例如"120"代表这块硬盘的容量为 120GB,"80"则代表容量为 80GB。

第四部分<6>代表硬盘缓存容量,其中,6 代表的是 16MB 缓存,8 代表的是 8MB 缓存,2 代表的是 2MB 缓存。

第五部分<7、8>代表硬盘标志,它由主标志和副标志组成:

第一个数字为主标志,在普通 IDE 硬盘中代表盘片数。例如"2"即代表该硬盘内采用了 2 张盘片。

第二个数字为副标志,即硬盘的辅助标志。只有当主标志相同或无效时,副标志才有效。一般用它来表示硬盘的代数,数字越大表示代数越高,也就是说此款硬盘越新。

第六部分<9、10>代表硬盘接口类型。普通桌面硬盘的较为简单,但如果包括现在和早期的 SCSI 硬盘,其含义就较为复杂了,这里只介绍目前主流的桌面硬盘:

"A"代表 Ultra ATA,即普通 IDE/EIDE 接口,这是大多数桌面硬盘所采用的接口类型。

"AS"代表 Serial ATA150,即串行 ATA1.0 硬盘接口。

例如,从某块硬盘上标示的"ST312022A"编号,就可以知道该硬盘是希捷公司生产的3.5 英寸半高、采用 2 张硬盘片、总容量为 120GB 的 Ultra ATA 接口硬盘。此外,硬盘上印刷的其他字符也可以带给我们一些有用的信息,例如"7200.7"即说明这是希捷新推出的单碟 80GB 的硬盘产品。另外,还有"Barracuda7200.7 Plus"系列产品。该系列产品全部采用 8MB 大容量缓存,采用 Serial ATA 150 接口或者 Ultra ATA 100 接口,只有 120GB 和160GB 两种。

2. 光驱

光驱,即光盘驱动器,是用来读写光盘上数据的设备,是计算机的标准配置。

1)光驱的种类

①CD－ROM(只读式光盘存储器)是光盘存储设备的先驱。可以读取各种 CD 光盘上的数据,但不能写,也不能读取 DVD 类光盘。

②CD－R/RW。即通常所说的光盘刻录机。R 代表的是一次写光盘存储器,W 代表可以多次擦写。

③DVD－ROM。它是一种容量更大的、运行速度更快的新一代存储技术。它可读取普通 CD 和 DVD 光盘,但不能对光盘进行刻录。

④DVD 刻录机。它是用来刻录 DVD 光盘的刻录机。又分为 DVD－R、DVD＋R、DVD＋RW、DVD－RW(W 代表可以反复擦写)和 DVD－RAM。

DVD－RAM 是一种由先锋、日立以及东芝公司联合推出的可写 DVD 标准,它使用类似于 CD—RW 的技术。但由于在介制反射率和数据格式上的差异,多数标准的 DVD—ROM 光驱都不能读取 DVD—RAM 盘。可以读取 DVD—RAM 盘的 DVD—ROM 光驱最早于 1999 年初被推出,符合 MultiRead2 标准的 DVD—ROM 和 DVD 播放器都可以读取 DVD—RAM 盘。

第一个 DVD—RAM 驱动器于 1998 年春推出,容量为 2.6GB(单面)和 5.2GB(双面)。容量为 4.7GB 的于 1999 年末问世,双面的 9.4GB 盘在 2000 年才被投放市场。DVD—RAM 驱动器可以读取 DVD 视频、DVD—ROM 和 CD。

DVD—RAM 的优点是格式化时间很短,不足 1 分钟,格式化好的光盘不需特殊的软件就可进行写入和擦写,也就是说可以像软盘一样轻松使用,而且价格便宜,但只供有相关驱动器的计算机专用。从这一点看,与其他 DVD 刻录机相比,DVD—RAM 更像 MO 一类的专用、高性能产品。

DVD—RW 标准是由 Pioneer(先锋)公司于 1998 年提出的,并得到了 DVD 论坛的大力支持,其成员包括苹果、日立、NEC,三星和松下等厂商,并于并于 2000 年中完成 1.1 版本的正式标准。DVD—RW 产品最初定位于消费类电子产品,主要提供类似 VHS 录像带的功能,可为消费者记录高品质多媒体视频信息。然而随着技术发展,DVD—RW 的功能也慢慢扩充到了计算机领域。DVD—RW 刻录原理和普通 CD—RW 刻录类似,也采用相位变化的读写技术,同样是固定线性速度 CLV 的刻录方式。

DVD—RW 的优点是兼容性好,而且能够以 DVD 视频格式来保存数据,因此可以在影碟机上进行播放。但是,它一个很大的缺点就是格式化需要花费一个半小时的时间。另外,DVD—RW 提供了两种记录模式:一种称为视频录制模式;另一种叫做 DVD 视频模式。前一种模式功能较丰富,但与 DVD 影碟机不兼容。用户需要在这两种格式中做选择,使用不是很方便。

DVD+RW 是目前最易用、与现有格式兼容性最好的 DVD 刻录标准,而且也便宜。DVD+RW 标准由 Ricoh(理光)、Phlips(飞利普)、Sony(索尼)、Yamaha(雅马哈)等公司联合开发,这些公司成立了一个 DVD+RW 联盟的工业组织。DVD+RW 是目前唯一与现有的 DVD 播放器、DVD 驱动器全部兼容,也就是在计算机和娱乐应用领域的实时视频刻录和随即数据存储方面完全兼容的可重写格式。DVD+RW 不仅仅可以作为计算机的数据存储,还可以直接以 DVD 视频的格式刻录视频信息,这在 DVD 工业上是一大突破。随着 DVD+RW 的发展和普及,DVD+RW 已经成为将 DVD 视频和计算机上 DVD 刻录机紧密结合在一起的可重写式 DVD 标准。

DVD+RW 的特点有:单面容量 4.7GB,双面容量 9.4GB;单面最长刻录时间为 4 小时视频,双面为 8 小时;激光波长 650 纳米,与 DVD 视频相同;恒定线速度的数据密度;CLV 和 CAV 刻录;UDF(通用磁盘格式)文件系统;快速格式化;顺序刻录或随机刻录;无损失的链接(分次刻录也不会浪费盘片空间);刻录成品,所有物理参数均符合 DVD—ROM 规范。

DVD+RW 具有 DVD—RAM 光驱的易用性,而且提高了 DVD—RW 光驱的兼容性。虽然 DVD+RW 的格式化时间需要一个小时左右,但是由于从中途开始可以在后台进行格式化,因此一分钟以后就可以开始刻录数据,是实用速度最快的 DVD 刻录机。同时,DVD+R/RW 标准也是目前唯一获得微软公司支持的 DVD 刻录标准。

⑤COMBO,俗称"康宝",是一种集合了 CD—ROM、DVD—ROM 和 CD—R/RW 为一

体的多功能光存储产品,功能非常强大。

2)光驱的性能指标

(1)倍速

倍数指的是光驱传输数据的速度大小,根据国际电子工业联合会的规定,把150KB/s的数据传输率定为单倍速光驱,300KB/s的数据传输率也就是双倍速,按照这样的计算方式,依次有4倍速、8倍速、24倍速、48倍数等。倍速越高的光驱,它的传输数据的速度也就越快,当然它的价格也是越来越昂贵的。就目前而言,光驱的倍速可能成为用户选购光驱的一个很重要的参考指标,因为该指标决定了文件拷贝、数据传输等操作的速度。当然在注意速度的前提之下,还要注意其他一些性能参考指标。

(2)平均寻道时间

为了能更准确地反映出光驱的实际速度,人们又提出了平均寻道时间这一技术指标。平均寻道时间被定义为光驱查找一条位于光盘可读取区域中间位置的数据道所花费的平均时间。第一代单倍速光驱的平均寻道时间为400ms,而最新的40～50倍速光驱的寻道时间为90～80ms,速度上有了很大的提高。

(3)容错性

该指标通常与光驱的速度有相当关系,通常速度较慢的光驱,容错性要优于高速产品,对于40倍速以上的光驱,应该选择具有人工智能纠错功能的。尽管该技术指标只是起到辅助性的作用,但实践证明容错技术的确可以提高光驱的读盘能力。一般情况下,刚刚购买回来的新光驱读盘能力都很强,但由于光驱使用频率比较高,慢慢地,读盘能力会下降。因此先进的容错技术对于提高光驱的读盘能力以及延长光驱的使用寿命都是很有帮助的。

(4)CLV 技术

CLV 是 constant linear velocity 的英文缩写。中文含义是恒定线速度读取方式,是在低于12倍速的光驱中使用的技术。它是为了保持数据传输率不变,而随时改变旋转光盘的速度。

(5)CAV 技术

CAV 是 constant angular velocity 的英文缩写,它的中文含义是代表恒定角速度读取方式。它是用同样的速度来读取光盘上的数据。但光盘上的内沿数据比外沿数据传输速度要低,越往外越能体现光驱的速度,而倍速指的是最高数据传输率。

(6)PCAV 技术

PCAV 的英文全称是 partial－CAV,中文含义是代表区域恒定角速度读取方式。该技术指标是融合了 CLV 和 CAV 的一种新技术,它是在读取外沿数据采用 CLV 技术,在读取内沿数据采用 CAV 技术,提高整体数据传输的速度。

(7)高速缓存

高速缓存指标对光驱的整个性能也起着非常重要的作用,缓存配置得高不仅可以提高光驱的传输性能和传输效率,而且对于光驱的纠错能力也有非常大的帮助。大多数驱动器缓存的大小界于 256KB～1MB 之间,根据驱动器速度和制造商的不同而稍有差异。缓存主要用于临时存放从光盘中读取的数据,然后再发送给计算机系统进行处理。这样就可以确保计算机系统能够一直接收到稳定的数据流量。使用缓存缓冲数据可以允许驱动器提前进行读取操作,满足计算机的处理需要,缓解控制器的压力。如果没有缓存,驱动器将会被迫试图在光盘和系统之间实现数据同步。

(8)数据接口

除了上面的技术指标,数据接口也是一个重要的指标。常见的光驱有 UDMA/33 模式、SCIC 模式、IDE 模式。其中 UDMA/33 是由 Intel 和 Quantum 制定的一种数据传输方式,该方式 I/O 系统的突发数据传输速度可达 33MB/s,还可以降低 I/O 系统对 CPU 资源的占用率。现在又出现了 UDMA/66,速度多出两倍。SCIC 接口模式是一种新型的外部接口,可驱动多个外部设备;数据传输率可达 40MB,以后将成为外部接口的标准,价格昂贵。但占用 CPU 资源少,工作稳定。IDE 接口模式是现在普遍使用的外部接口,主要接硬盘和光驱。采用 16 位数据并行传送方式,体积小,数据传输快。经笔者测试发现,正常的 IDE 模式的光驱平均 CPU 占用率在 20% 以下,UDMA/33 模式的光驱对 CPU 资源占用要小一点,通常在 2%~8% 之间。而 SCIC 接口模式的光驱都是用于高速传输数据的,并且还必须借助与专门的 SCSI 接口卡。

(9)平均读取时间

平均读取时间指标也叫平均寻道时间,该指标是指激光头移动定位到指定的预读取数据后,开始读取数据,之后到将数据传输至电路上所需的时间。它也是光驱速度的重要指标。

(10)光头系统

光头系统中有一个很重要的部件,那就是激光头,通过它来发射激光寻找光盘上的指定位置,感应电阻接受到反射出的信号输出成电子数据。其中光头系统又可以分为单光头和双光头,单光头是指采用一个激光头来读取光驱中的数据,它又可以分为切换双镜头和变焦单镜头,其中切换双镜头技术采用两个焦距不同的透镜来获得不同的激光波长,但激光的发射以及接受部分还是公用的;变焦单镜头利用液晶快门技术选择对应的激光头焦距,从而正确地读取光盘中的数据。至于双光头,它将两个不同波长的激光发射管和物镜焦距不同的激光头连为一体,相当于整个系统整合了两套读取系统。

3)光盘

可以从不同角度对光盘进行分类,其中最常用的有按照物理格式划分,按照应用格式划分,按照读写限制划分,等等。所谓物理格式,是指记录数据的格式;而应用格式,则是指数据内容(节目)如何储存在盘上以及如何重放。

(1)按照物理格式分类

按照物理格式划分,光盘大致可分为以下两类:

①CD 系列。CD－ROM 是这种系列中最基本的保持数据的格式。CD－ROM 包括可记录的多种变种类型如 CD－R、CD－MO 等。

②DVD 系列。DVD－ROM 是这种系列中最基本的保持数据的格式。DVD－ROM 包括可记录的多种变种类型如 DVD－R、DVD－RAM、DVD－RW 等。

(2)按照应用格式分类

按照应用格式划分,光盘大致可分为以下几类:

①音频(Audio)。例如 CD－DA,DVD－Audio。

②视频(Video)。例如 CD＋G,Photo CD,VCD,DVD－Video 等。

③文档。文档可以是计算机数据(data),文本(text)等。

④混合(Mixed)。音频、视频、文档等混合在一个盘上。要注意的是,在混合模式光盘中,每一数据轨道只能是光盘标准允许的数据。例如,对于 CD 来说,只能是下述格式中的

一种：CD－Audio,CD－ROM Mode 1,CD－ROM Mode 2,CD－ROM/XA,CD－I。整个数据轨道也只能是一种格式的数据。例如，轨道 1 是 CD－ROM Mode 1 数据，轨道 2 及其上的是 CD－Audio 数据。

（3）按照读写限制分类

按照读写限制，光盘大致可分为以下三种类型：

①只读式。只读式光盘以 CD－ROM 为代表，当然，CD－DA、DVD－ROM 等也都是只读式光盘。对于只读式光盘，用户只能读取光盘上已经记录的各种信息，但不能修改或写入新的信息。只读式光盘由专业化工厂规模生产。首先要精心制作好金属原模，也称为母盘，然后根据母盘在塑料基片上制成复制盘。因此，只读式光盘特别适于廉价、大批量地发行信息。

②一次性写入，多次读出式。目前这种光盘以 CD－R 为主。CD－R 的结构与 CD－ROM 相似，上层是保护胶膜，中间是反射层，底层是聚碳酸酯塑料。CD－ROM 的反射层为铝膜，故也称为"银盘"；而 CD－R 的反射层为金膜，故又称为"金盘"。CD－R 信息的写入系统主要由写入器和写入控制软件构成。写入器也称为光刻录机，是写入系统的核心，其指标与 CD－ROM 驱动器基本相同。目前的 CD－R 大都支持整盘写入、轨道写入和多段写入等，并且还支持增量包写入。因此可随时往 CD－R 盘上追加数据，直到盘满为止，并且可以在 CD－ROM 驱动器上读出所有逐步累加录入的任何数据。

CD－R 的出现对电子出版也是一个极大的推动，它使得小批量多媒体光盘的生产即方便又省钱。一般开发的软件如果要复制 80 盘以下则用 CD－R 写入更经济。对要大批量生产的多媒体光盘，可将写好的 CD－R 盘送到工厂去做压模并进行光盘大批量复制，既方便又省时省钱。另外，CD－R 对于其他需少量 CD 盘的场合，如教育部门、图书馆、档案管理、会议、培训、广告等都很适用，它可免除高成本母盘录制和大批量 CD－ROM 复制过程，具有良好的经济性。

③可读写式。目前市场上出现的可读写光盘主要有磁光盘（MOD,magneto－optical disk）和相变盘（PCD,phase change disc）两种。MOD 采用磁光技术来记录数据，容量约 200MB～600MB。PCD 是用激光技术来记录和读出信息，容量约 128MB～1GB。与磁光盘相比，由于相变盘仅利用光学原理来读写数据，所以其光学头可以做得相对简单，存取时间也就可以提高；又由于相变盘的读出方式与 CD－ROM 相同，所以容易实现多功能的光盘驱动器。总之，可读写式光盘由于其具有硬盘的大容量、软盘的抽取方便的特点，如果性能稳定、读取速度提高，未来的前景十分看好。

1.5.2.2 相关实践知识

1. 硬盘的选购

硬盘在个人计算机中的地位是非常重要的，在任何计算机系统中，硬盘都是最重要的部件之一，目前它还是用户存储数据的主要场所，平时人们所使用的操作系统、应用软件、游戏及其他重要数据等都是存储在硬盘中。所以如何正确选购一款合适的硬盘就显得十分重要，下面就将讲述一些在硬盘选购方面应该了解的知识和应该注意的一些问题，旨在为读者在硬盘选购时提供参考与依据。

①首先人们的追求是无止境的，因此在购买块硬盘性能最好的硬盘等是不正确的消费观念，"适合自己"才是最佳选择。例如一个普通家用计算机就完全没有必要配置一块高性能的 SCSI 硬盘，这样不仅不实用还不经济，而对于服务器或者高端工作站，只购买几块普通的 IDE 硬盘作为存储系统显然是不行的。

如何选择一款适合自己的 IDE 硬盘呢？第一，先从转速入手。转速即硬盘电机的主轴转速，它是决定硬盘内部传输率的决定因素之一，它的快慢在很大程度上决定了硬盘的速度，同时也是区别硬盘档次的重要标志。IDE 硬盘的转速多为 5400 r/pm 与 7200 r/pm，从目前的情况来看，7200 r/pm 硬盘是市场的主流，而 5400 r/pm 的硬盘仍具有性价比高的优势；如果只是非常普通家用计算机，5400 r/pm 将是你的首选，它以极高的性价比而备受青睐，而且随着目前硬盘制造技术的越来越先进，有些新 5400 r/pm 硬盘的磁盘性能可以说比老式 7200 r/pm 硬盘有过之而无不及，例如迈拓公司出品的星钻一代(DiamondMax 80)，它的单碟容量高达 20GB，而且支持目前最新的 ATA/100 接口，可提供最大容量高达 80GB，可以说是 5400 r/pm 硬盘的一款比较不错的选择。如果你是一位硬件、游戏及多媒体发烧友，那 7200 r/pm 无疑是首选。

②用户考虑得第二个因素，应该就是硬盘容量了。硬盘容量即硬盘所能存储的最大数据量。对于目前希望购买硬盘的用户，推荐购买的容量至少应在 120GB 以上，因为现在的游戏或软件虽然其界面越来越华丽、功能也越来越强大，但它所占据的容量也令我们瞠目结舌，动辄上 GB 已是司空见惯的事，所以如果没有几百 GB 的容量，不够用是经常的。而对于一些特殊用户，如进行多媒体创作或喜欢上网下载东西的用户，笔者推荐选购上千 GB 以上的硬盘。

③第三项指标，可以从硬盘数据缓存及寻道时间着手。对于大缓存的硬盘，在存取零碎数据时具有非常大的优势，因此当硬盘存取零碎数据时需要不断地在硬盘与内存之间交换数据，如果有大缓存，则可以将那些零碎数据暂存在缓存中，这样一方面可以减小外系统的负荷，另一方面也提高硬盘数据的传输速度；而如果是读取大块数据，大缓存所起的作用就不明显了。平均寻道时间是越小越好，更短的寻道时间意味着硬盘能更快地传输率数据。

④此外还有一点也是比较重要的，就是选择硬盘的品牌。不同品牌硬盘在许多方面存在不同，首先不同硬盘厂商都有自己的一套数据保护技术及震动保护技术，这两点是硬盘的稳定性及安全性方面的重要保障。其次各硬盘厂商的售后服务也是不一样的，许多公司承诺有三年质量保证可以为用户解除后顾之忧，但并不是所有经销商都能做得到的，用户在购买时要擦亮自己的眼睛，看清楚、问清楚才行。

2. 光驱的选购

目前市场上的刻录光驱品牌众多，下面介绍如何选购一款适合自己的光驱。

(1)确定类型

光驱的类型多种多样，不同的类型有不同的功能。功能越强大的光驱其价格当然就高。用户应根据自己的实际需要和经费预算来进行选择。

(2)读盘速度

人们都希望光驱能在很短时间内大量传输数据，这对于现代应用软件同样是非常重要的。在实际应用中，它们速度上的差别并不是很大。光驱的速度指的是最快速度，而这个数值是光驱在读取盘片最外圈数据才有可能达到，而读内圈数据的速度会远远低于这个标称值。此外，缓冲区大小、寻址能力同样起着非常大的作用。目前市场上一些读盘能力较差的光驱在读取质量差的盘片时，为了确保读盘质量，会自动降低读盘速度。因此，想要达到包装上所标称的速度是非常困难的。此外，光盘作为数据的存储介质，使用率远远低于硬盘。由此看来，在选购光驱时，无须追求当时最高倍速的产品。

(3)容错能力

如果光驱的速度很快，但容错能力很差，质量差的盘片在读取时便很困难，那标称的速度也就形同虚设,因为这种光驱在读劣质盘片时的速度只有 16X 的水平。而容错性很好的光驱,不但在读取劣质盘片时一点都不会"打嗝巴",而且速度也不受任何影响。

(4)机械问题

由于速度的提升,光驱的发热量确实增加了不少,传统的塑料机芯由于耐热能力较差,长时间使用会发生变形,读盘不顺利等现象。而光驱的散热无法通过散热片来解决,因此,高发热问题引起了人们的重视。为了解决这些问题,一些厂家已经使用全钢机芯来制造光驱。虽然使用钢机芯的光驱成本较普通光驱要高,但寿命显著提高。

(5)品牌

在很多人眼里,品牌似乎标志着一个产品的质量好坏,在市场上 Acer、华硕、源兴、飞利浦、索尼等都属知名品牌。这些名牌产品的质量一般都有保障。但由于光驱结构大致相同,从而使得假冒产品从很多渠道进入了零售市场。尤其是飞利浦系列光驱,现在市场上一些使用飞利浦机芯或飞利浦激光头的光驱都标榜是飞利浦产品,用户在选择时要注意。

(6)售后服务

售后服务无非就是质量保证期长短的问题,现在光驱产品保修期按不同品牌有三个月到一年不等,保修期的长短一定程度体现了厂家对自身产品的信心。比如:华硕的光驱,就提供了三个月包换,一年保修的承诺,让用户使用起来很放心。

(7)其他方面

选购光驱时,还要特别注意一些细节问题,比如光驱后部是否支持 2 针的 SPDIF 数字输出,通常我们连接 CD 音频信号使用的是光驱后部的 4 针模拟输出,而部分高倍速光驱附带的 2 针 SPDIF 接口并没有使用。如果用户购买了含有 SPDIF 输入的声卡,就会用到光驱 2 针 SPDIF 数字输出。

此外,缓存的大小也直接影响到光驱传输的特性,一般光驱的缓存都不应小于 128KB,而且是越大越好。

最后是光驱的噪音问题。随着主轴马达速度的提高,光驱在全速读盘时噪音很大,听起来很不舒服。为此,一些厂家采用了双油压动态避震系统来加以解决,确实效果显著。如果你对噪音比较敏感,在购买光驱的时候,应该注意这一点。

3.U 盘的选购

作为目前随身数据存储与交流的必要设备,U 盘(闪存盘)已经成为人们日常工作、生活中必不可少的产品之一。普通用户如何选购一款品质出众,符合自己所需的闪存盘呢?

(1)品牌

品牌是对产品品质与服务的保证。目前一些缺乏竞争力的品牌逐渐退出市场,经受住市场考验的品牌则已经成长为移动存储行业的领军者。目前的闪存盘市场基本由民族品牌所占据,尤其是爱国者 U 盘在中国信息产业发展研究院(CCID)2004 年的调查中,以近 40% 的市场占有率,再次获得中国移动存储市场占有率第一的桂冠,这是自 2001 年爱国者开创移动存储行业以来,爱国者 U 盘连续四年获得此项佳绩。

(2)数据安全

U 盘的诞生为数据的移动存储与交流带来了方便,但正是因为其便携性,用户对产品的抗震性提出了非同一般的要求。因为如果产品抗震性能不佳,带来的不仅是产品的损失,存储在其中的重要数据同样难免遭受"灭顶之灾"!

（3）大容量

从近几年的 U 盘发展情况来看，1GB 以上容量的 U 盘已经成为今年用户的主流选择，同时随着 USB2.0 技术的成熟，不少用户也开始体验到高速存储带来的便捷。从发展趋势来看，U 盘市场的主流产品无疑将以十几 GB 为主。

（4）服务

据了解，目前因为 U 盘使用不当或发生损坏给用户带来损失是比较普遍的现象，因此选择具备优秀服务的品牌是免除后顾之忧的最好办法。

除了应该提供的"三包"服务之外，有实力的移动存储厂商已经实现了更优异的服务标准。如爱国者遍及全国的"阳光服务"体系，对爱国者 U 盘提供 12 个月保换服务，全国联保服务。与一些区域性品牌相比，爱国者已经在全国各大城市设置爱国者客户服务中心，可直接满足各地区用户在售前、售中、售后的咨询、体验与换修的需求，大幅度缩短服务周期，保证服务质量。

1.5.2.3 任务实施

活动一　仔细观察一款主流的硬盘，并将硬盘厂商型号、接口类型等相关信息填入表 1.5.1 中。

表 1.5.1　硬盘参数表

厂商	
硬盘型号	
硬盘接口类型	
硬盘容量	
转速	
缓存	
磁头数	

活动二　某教师想购买一台台式机，他的教学资料、科研、教研成果都需要用电子稿件存放 3～5 年，请帮他推荐一款合适可行的硬盘满足他的要求。

活动要求与步骤：先充分了解市场主流硬盘，然后上网查阅各硬盘相关资料，最后确定一款高性能的硬盘。

活动三　某客户想购买一台台式机，他只是偶尔使用光驱安装操作系统，请帮他推荐一款合适可行的光驱以满足他的要求。

1.5.3 归纳总结

本模块首先给出了要完成的任务。认识硬盘：说出给定硬盘的厂商型号、性能指标和接口类型；硬盘是计算机的主要存储设备，硬盘的质量直接决定了计算机工作的稳定性及计算机中数据的安全性。光驱是计算机存储系统的必要补充，尤其是在安装操作系统和应用软件，以及将硬盘中的数据备份到光盘中时就需要借助于光驱。围绕要完成模块任务，讲解了相关理论知识和实践知识：硬盘的结构，硬盘的性能指标，主流硬盘的编码识别，硬盘的选购方法，光驱的性能指标，光驱的选购方法，U 盘的选购方法，最后就是完成任务的具体实践活动。通过这一系列的任务实现，让学生比较全面的熟悉硬盘的结构，熟悉硬盘的性能指标，熟悉主流硬盘的编码识别,熟悉硬盘的选购方法,熟悉光驱的性能指标,熟悉光驱的选购方法,熟悉 U 盘的选购方法。

1.5.4 思考与训练

1. 填空

①目前流行的硬盘接口规范有 _____ 和 _____ 两种。而 SCSI 硬盘则主要应用在高端计算机市场,另一种 _____ 硬盘也正在逐渐流行起来。

②硬盘是计算机主要的存储设备,最先由 _____ 发明,它具有 _____、_____、_____ 等特点。

③硬盘上采用的磁头类型,主要有 _____ 和 _____ 两种。

④硬盘的动作时间主要指硬盘的 _____、_____、_____、_____ 和 _____ 等。

⑤硬盘的内部数据传输率是指 _____。

⑥硬盘接口有 _____、_____、_____、_____ 和 _____ 等类型。

⑦硬盘的平均访问时间 = _____ + _____。

⑧硬盘缓冲区实质上是一块小的 _____,其类型一般是 _____ 或 _____,目前以 _____ 为主。

⑨盘体从物理的角度分为 _____、_____、_____、_____ 与 _____ 5 个部分。

⑩目前台式机的光驱的接口有 _____ 和 _____ 两种。

⑪在磁盘的所有扇区中,有一个非常重要的扇区,称为 _____ 区,用来存放 _____ 程序及磁盘类型等有关信息。

⑫硬盘数据传输率衡量的是硬盘读写数据的速度,一般用 _____ 作为计算单位。它又可分为 _____ 和 _____。

⑬CD-R 记录机的性能指标是 _____、_____、_____、_____ 和 _____ 等。

⑭硬盘浮动磁头组件是硬盘中最精密的部件之一,由 _____ 和 _____ 三部分组成,是硬盘技术中最重要、最关键的一环,它类似于"笔尖"。

⑮硬盘工作时,通过 _____ 的转动将盘片上用户需要的数据所在扇区转动到磁头下方供磁头读取。马达转速越快,用户存取数据的时间就越 _____。

2. 选择题

①硬盘的主要参数有 _____。

A. 磁头数   B. 柱面数
C. 扇区数   D. 交错因子
E. 容量

②硬盘的性能指标包括 _____。

A. 平均寻址空间   B. 数据传输率
C. 转速   D. 单碟容量
E. 数据缓存

③台式计算机中经常使用的硬盘多是 _____ 英寸的。

A. 5.25 英寸   B. 3.5 英寸
C. 2.5 英寸   D. 1.8 英寸

④光盘刻录机的接口方式有_____。

    A. SCSI、IDE 和 PCI 接口   B. SCSI、IDE 和 AGP 接口

    C. CSI、IDE 和 PS/2 接口   D. SCSI、IDE、并口、USB 和 1394 总线接口

⑤CD－ROM 盘片的径向截面共有_____层。

    A. 3   B. 2

    C. 4   D. 5

⑥生产硬盘的著名厂商主要有_____。

    A. 希捷   B. 日立

    C. 三星   D. 西部数据

    E. 迈拓

⑦计算机在往硬盘上写数据时从_____磁道开始。

    A. 外   B. 内

    C. 0   D. 1

⑧容量是指硬盘的存储空间大小,常用_____作为单位。

    A. KB   B. GB

    C. MB   D. MHz

⑨目前市场上出售的硬盘主要有哪两种类型?_____。

    A. SATA   B. IDE

    C. PCI   D. AGP

⑩关于硬盘的数据连接线,下列说法正确的是_____。

    A. 对于 IDE 类型的硬盘,有 40 芯的硬盘连接线和 80 芯的硬盘连接线。

    B. IDE 类型的硬盘连接线和 SATA 类型的硬盘连接线相同。

    C. IDE 类型的硬盘连接线和 SATA 类型的硬盘连接线虽然不同,但可以插在主板上
       的同一个插槽中。

    D. SATA 类型的硬盘连接线比 IDE 类型的硬盘连接线宽。

⑪选购硬盘时,主要参考的性能指标有等_____几种。

    A. 容量   B. 转速

    C. 缓存大小   D. 接口类型

⑫关于移动硬盘,下列说法正确的是_____。

    A. 购买移动硬盘时,硬盘和硬盘盒可以分开购买

    B. USB2.0 接口的数据传输速度比 USB1.0 接口的数据传输速度快。

    C. 移动硬盘价格较贵,因而不易损坏,不怕摔碰。

    D. IEEE1394 接口的移动硬盘比 USB 接口的移动硬盘的数据传输速度快。

3. 判断题

①CD－ROM 光盘具有容量大、成本低、可靠性高、易于长期保存等优点。   ( )

②目前在笔记本电脑中使用的硬盘为 2.5 英寸或 1.8 英寸。   ( )

③在计算机中显示出来的硬盘容量一般情况下要比硬盘容量的标称值要大,这是由不
同单位之间的转换造成的。   ( )

④硬盘都是以 GB 或 MB 为单位的,现在市场上 80GB 的硬盘已经是很普通的了。   ( )

⑤平均寻道时间是指硬盘磁头移动到数据所在磁道时所用的时间,以毫秒为单位。（　）

⑥硬盘 Ultra-DMA/33 接口技术可将硬盘的数据传输率达到 33.3MB/s,不过这只是个理想峰值,实际上是不可能达到的。（　）

⑦光驱的平均寻道时间是指激光头从原来位置移到新位置并开始读取数据所花费的平均时间,那么光驱平均寻道时间越长,光驱的性能就越好。（　）

⑧硬盘的磁头从一个磁道移动到另一个磁道所用的时间称为最大寻道时间。（　）

⑨缓存是硬盘控制器上的一块有存储芯片,存取速度极快,为硬盘与外部总线交换数据提供场所,其容量通常用 KB 或 MB 表示。（　）

⑩虽然不同品牌的硬盘跳线有所不同,但因目前使用的硬盘多是 IDE 接口设备,所以一般可分为三种跳线设置：Master（主盘）、Slave（从盘）、Cable Select（简称 CS,线缆选择）。（　）

⑪硬盘非常怕震动。不管电源是否打开,只要硬盘受到震动,多少会造成一定的数据损失。（　）

⑫硬盘又称硬盘驱动器,是计算机中广泛使用的外部存储设备之一。（　）

4. 实训题

①试调查目前市场上有哪些类型外存储设备?

②推荐一符合多媒体计算机的外存储设备配置方案,并说明理由。

模块六　显示设备的认识与选购

技能训练目标:能准确把握市场发展和用户需求,选购合适可行的显示卡和显示器。

知识教学目标:了解显卡的组成、种类及接口类型,了解显卡的工作原理,熟悉显卡的主要性能指标,了解显示器类型、工作原理和主要性能指标。

1.6.1 任务布置

①认识显卡:说出给定显卡的厂商型号、性能指标和接口类型。

②认识显示器:说出给定显示器的厂商型号和性能指标。

③显示器和显卡是计算机中的主要输出设备,显卡和显示器质量的好坏直接决定了计算机输出和显示图像的效果。请根据用户需求,选购合适可行的显卡和显示器。

1.6.2 任务实现

1.6.2.1 相关理论知识

1. 显卡

显卡全称为显示接口卡,又称为显示适配器,是计算机中最基本组成部分之一。

显卡的用途是将计算机系统所需要的显示信息进行转换驱动,并向显示器提供行扫描信号,控制显示器的正确显示,是连接显示器和计算机主板的重要元件,是"人机对话"的重要设备之一。显卡作为计算机主机里的一个重要组成部分,承担输出显示图形的任务,对于喜欢玩游戏和从事专业图形设计的人来说显卡非常重要。

1)显卡工作原理

显卡的工作原理如图 1.6.1 所示。数据离开 CPU,必须通过 4 个步骤,才会到达显示屏。

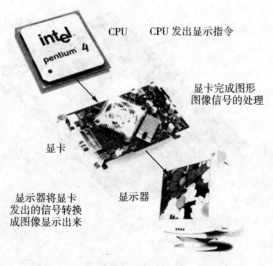

图 1.6.1　显示系统的基本工作过程

①从总线进入 GPU（图形处理器），将 CPU 送来的数据送到 GPU 里面进行处理。

②从显卡芯片组进入显存，将芯片处理完的数据送到显存。

③从显存进入 DAC（模数转换器），由显存读取出数据再送到 DAC 进行数据转换的工作（数码信号转模拟信号）。

④从 DAC 进入显示器，将转换完的模拟信号送到显示屏。

显示效能是系统效能的一部分，其效能的高低由以上四步所决定，它与显示卡的效能不太一样，如要严格区分，显示卡的效能应该受中间两步所决定，因为这两步的资料传输都是在显示卡的内部。第一步是由 CPU 进入到显示卡里面，最后一步是由显示卡直接送资料到显示屏上。

2）显卡的分类

根据结构的不同，显卡可以分为板卡式与集成式两大类。板卡式即独立显卡，是以独立的板卡形式存在，需要插在主板的总线插槽上。独立显卡具备单独的显存，不占用系统内存，而且技术上领先于集成显卡，能够提供更好的运行性能和显示效果；集成显卡是将显示芯片集成在主板芯片组中，在价格上更具优势，但不具备显存，需要占用系统内存，性能相对较差。

根据发展过程，显卡可分为 MDA 显卡（单色显卡）、CGA 显卡（彩色图形适配器）、EGA 显卡（增强型图形适配器）、VGA 显卡（视频图形阵列）和 SVGA 显卡（超级视频图形阵列）。

根据总线类型，显卡可分为 ISA 显卡、EISA 显卡、VESA 显卡、PCI 显卡、AGP 显卡、PCI－E显卡。

显示芯片是显卡的核心芯片，负责系统内视频数据的处理，它决定了显卡的界别和性能。不同的显示芯片，无论从内部结构设计，还是性能表现上都有较大的差异。目前，主流芯片厂家有 3 家：Nvidia、ATI 和 Matrox。

3）显卡的结构与组成

显卡主要由 GPU、RAMDAC、显存、显卡 BIOS、显卡 PCB 板、总线接口和输出接口等组成。显卡结构如图 1.6.2 所示。

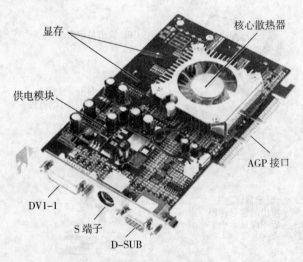

图 1.6.2　显卡结构

（1）GPU（类似于主板的 CPU）

Nvidia 公司在发布 GeForce 256 图形处理芯片时首先提出 GPU 概念。GPU 使显卡减少了对 CPU 的依赖,并进行部分原本 CPU 的工作,尤其是在 3D 图形处理时。GPU 所采用的核心技术有硬件 T&L(几何转换和光照处理)、立方环境材质贴图和顶点混合、纹理压缩和凹凸映射贴图、双重纹理四像素 256 位渲染引擎等,而硬件 T&L 技术可以说是 GPU 的标志。GPU 主要由 Nvidia 与 ATI 两家厂商生产。显示芯片 GPU 如图 1.6.3 所示。

图 1.6.3　显示芯片 GPU

(2)RAMDAC

RAMDAC(随机数模转换存储器)。RAMDAC 的作用是把数字图像数据转换成计算机显示需要的模拟数据。显示器接收到的是 RAMDAC 处理过后的模拟型号。其数/模转换速率影响显卡的刷新频率和最大分辨率。刷新频率越高,图像越稳定;分辨率越高,图像越细腻。

早期的显卡,RAMDAC 是一块独立芯片。随着半导体集成工艺的发展,新型显卡将 RAMDAC 集成到了显示芯片中。

(3)显存(类似于主板的内存)

显存是显示内存的简称。顾名思义,其主要功能就是暂时储存显示芯片要处理的数据和处理完毕的数据。图形核心的性能愈强,需要的显存也就越多。以前的显存主要是 SDR 的,容量也不大。而目前市面上基本采用的都是 DDR3 规格的,在某些高端卡上更是采用了性能更为出色的 DDR4 或 DDR5。显存主要由传统的内存制造商提供,比如三星、现代、Kingston 等。图 1.6.4 是三星显存。

图 1.6.4　三星显存

(4)显卡 BIOS(类似于主板的 BIOS)

显卡 BIOS 主要用于存放显示芯片与驱动程序之间的控制程序,另外还存有显示卡的型号、规格、生产厂家及出厂时间等信息。打开计算机时,通过显示 BIOS 内的一段控制程序,将这些信息反馈到屏幕上。早期显示 BIOS 是固化在 ROM 中的,不可以修改,而多数显示卡则采用了大容量的 EPROM,即所谓的 Flash BIOS,可以通过专用的程序进行改写或升级。

(5)显卡 PCB 板(类似于主板的 PCB 板)

就是显卡的电路板,它把显卡上的其他部件连接起来。功能类似主板。

(6)显卡总线接口

显示卡需要与主板进行数据交换才能正常工作,所以就必须有与之对应的总线接口。总线接口经历了 ISA、EISA、VESA、PCI、AGP 以及 PCI-Express。市场上流行的显卡几乎都是 PCI-Express 接口。

(7)输出接口

作为主机与显示器之间的桥梁,当将显示信号处理完毕之后,就要通过相应的接口将信号传送给显示器。目前的输出接口主要有四种,即 D-SUB、DVI、DV-OUT、S-Video 和 HDMI 接口。

D-SUB 接口:D-SUB 也叫 VGA 接口。VGA 接口是一种 D 型接口,上面共有 15 针空,分成三排,每排五个,如图 1.6.5 所示。

DVI 接口:DVI 接口又分为 DVI-D 与 DVI-I 两种,其中 DVI-D 接口只能传输数字信号,而 DVI-I 接口不仅可以传输数字信号,而且可以传输模拟信号。两种接口的接头大小、针脚排列部分均相同,唯一差异之处是 DVI-I 采用 24+4Pin 设计,而 DVI-D 采用 24Pin 设计。DVI-I、DVI-D 接口如图 1.6.6 所示。

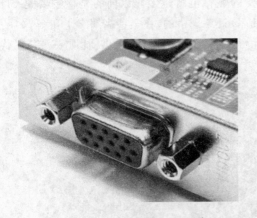

图 1.6.5　D-Sub 接口

图 1.6.6　DVI 接口

DV-OUT 接口:视频输出接口,通过此接口为电视机提供视频输入信号。支持 TV-OUT 功能的显卡有专门的信号处理和转换电路。

S-Video 接口:部分身价高的显卡提供的 S-Video 接口,除了可以将计算机的视频信号输出给其他设备外,也能将 DVD 机、录像机等设备的视频信号输入到计算机中,这种功能称为"VIVO"功能。通过相配套的视频处理软件,人们可以实时捕捉其他视频设备的信号。

S－Video接口如图1.6.7所示。

　　HDMI接口:(高清晰多媒体接口),新型的主板和显卡上开始配备HDMI接口插座,可通过一根线缆,实现高清视频(可支持到1080p)和高质量多声道音频(192kHz/8声道/24bit)的长距离传输(从输出端到输入端,普通的HDMI线可实现25米距离传输)。目前大部分高清电视、高清播放机都带有19针的HDMI接口。HDMI接口如图1.6.8所示。

图1.6.7　视频输入/输出端口(S－Video端子)　　图1.6.8　HDMI接口(高清晰多媒体接口)

　　4)显卡的主要性能指标

　　①分辨率:是显卡在显示器上所能描绘的像素点数量,分为水平行像数点数和垂直行像数点数,用"横向像素点数×纵向像素点数"表示,典型值有:640×480,800×600,1024×768,1280×1024,1600×1200。分辨率越高时,图像像素越多,图形越细腻。

　　②色彩位数(色深):是显卡在一定分辨率下每个像素可以显示的色彩数量,一般用颜色的数量或存储每一像素信息所使用的编码位数来表示,24位称为真彩色。增加色深,会使显卡处理的数据剧增,刷新频率降低。

　　③刷新频率:显示器每秒刷新屏幕的次数,单位是Hz。刷新频率越高,图像越稳定。

　　④显存带宽:显示核心与显存之间的数据交换速度就是显存的带宽,一般有64bit、128bit、256bit等。显存带宽的大小与显存的工作频率及显存的位宽有关:显存的工作频率越高、显存位宽越大,带宽越大。显存控制器就像连通显存与显卡核心的"桥梁",如果"桥梁"的宽度(显存位宽)不够,也会影响数据的传输速度。

　　显存带宽的计算方法是:带宽＝工作频率×显存位宽÷8。例如显存的位宽是128bit,显存工作频率为500MHz,那么显存带宽就是:500MHz×128bit÷8＝8000MB/s。

　　⑤显存容量:显卡上所有显存颗粒的容量之和。一般有128MB、256MB、512MB、640MB、1GB等。显存越大,支持的显示的最大分辨率越高,颜色数越多。

　　2.显示器

　　从早期的黑白显示器到现在的彩色显示器,显示器走过了漫长而艰辛的历程,随着显示器技术的不断发展,显示器不仅在尺寸上有了很大的变化,在外形和性能等方面也不断更新。从球面到纯平,从CRT显示器到LCD显示器,一次次的革新给我们的视觉带来了巨大的冲击。

　　1)显示器的种类

　　(1)按显像管分类

　　按照显像管分为CRT(阴极射线管)和LCD(液晶显示器)两种。

（2）按照屏幕表面弯曲程度分类

CRT 显示器按照屏幕表面弯曲程度大致可以分为球面、平面直角、柱面、纯平面等几种。

①球面屏幕。球面屏幕可以说是目前技术应用最成熟、使用范围最广泛的显像管。但这种显像管的缺点也很明显，就是随着观察角度的改变，球面屏幕上的图像会发生歪斜，而且非常容易引起外部光线的反射，降低对比度。但这种显像管的优势是价格便宜。不过由于受到平面显示器的冲击，现在采用这种屏幕的显示器已经很少了。

②柱面屏幕。SONY 公司的 Trinitron（特丽珑）显像管是目前典型的柱面屏幕显像管，这类显像管的特点是从水平方向看呈曲线状，而在垂直方向则为平面。它采用了条形荫罩板和带状荧屏技术，透光性好、亮度高、色彩鲜明，适合对色彩表现要求高的场合，如平面设计。但是这种显像管的缺点是，它采用的条栅状光栅抗冲击性能较差，不适合在严格的工业场合应用。

另外一种可以与 Trinitron 相提并论的柱面显示技术就是 Mitsubishi（三菱）公司的 Diamondtron（钻石珑）。Diamondtron 显像管采用的是高稠密隙格栅（AG）以及新型三枪三束电子枪结构，可以获得与 Trinitron 相近的显示效果，三菱公司采用了 4 倍动态聚焦电子枪，通过 4 组透镜对电子束进行矫正，动态光束控制电路使屏幕四周的聚焦准确清晰。并且，三菱还针对地磁场采取了高技术的措施，抑制了画面色彩不均匀和失真的现象。此外，三菱全系列显示器均通过 TCO99 严格认证，显像管采用紧凑设计，使显示器机身更为小巧，可以节省工作空间。三菱显示器还有特殊配置的防反射 AR 涂层，采用多层工艺抑制外部光线反射，确保最大对比度的画面。

③平面直角屏幕（FST）。平面直角屏幕（FST）显像管由于采用了扩张技术，使传统的球面管在水平和垂直方向向外扩张，也就是常说的平面直角显像管。所以相对于球面显像管来说，这种显像管比传统的球面显像管看上去要平坦很多，同时在防止光线的反射和眩光方面也有了不少改进，加上比较低廉的价格，使其在 15 寸以上的显示器中得到广泛的应用。

④纯平面屏幕（IFT）。从 1998 年开始，许多公司都陆续推出了真正意义上的平面显示器，这种显像管在水平和垂直两个方向上真正做到了平面。因为越平的屏幕，人眼观看屏幕的聚焦范围就越大，图像看起来也就更逼真和舒服。但由于这种显像管的成本比较高，所以采用这种显像管的显示器在价格上比同尺寸的其他显示器高一些。

（3）按荫罩板分类

如果按照荫罩板的类型分，CRT 显示器可以分为点状荫罩板、栅格式荫罩板和沟槽荫罩板。

①点状荫罩板。球面管显示器通常采用点状荫罩板。这种荫罩板是在一块金属板上开有几十万个圆孔，红、绿、蓝 3 个电子束同时从一个圆孔中穿过，在荧光屏上投射出呈三角形分布的 3 种颜色的亮斑，由此组成一个像素。点状荫罩板显像管可以显示出效果很好的斜线和锐利的边缘效果，文本显示效果突出。

②栅格式荫罩板。栅格式荫罩板是由许多相互平行竖直细丝组成的栅格。电子束透过细丝间的空隙轰击到荧光屏上，从而产生图像，与点状荫罩结构相比，荫栅结构的电子透过率明显高许多，在亮度、对比度和色彩还原方面有明显优势，适合图形显示。

③沟槽式荫罩板。沟槽式荫罩板综合了上述两种荫罩结构的特点，它采用沟槽代替点状荫罩板中的圆孔，从理论上讲可以在水平和垂直方向上都获得良好的解析度，同时保持高

对比度、高亮度的画面效果。

(4)液晶显示器按物理结构分类

①扭曲向列型(TN)主要应用在游戏机液晶屏等领域。

②超扭曲向列型(STN)目前多被手机液晶屏所采用)。

③双层超扭曲向列型(DSTN)早期笔记本电脑和目前手机等数码设备上皆有采用。

④薄膜晶体管型(TFT)是目前应用的主流。

2)显示器的工作原理

(1)CRT显示器的工作原理

CRT显示器如图1.6.9所示。其工作原理如下。首先,显像管内部的电子枪发射出高速的三束电子束,以极高的速度去轰击荧光粉层。它们分别受显卡R、G、B三个基色视频信号电压的控制,经过偏转线圈的作用穿越荫罩的小孔或栅栏,去轰击荧光粉层。受到高速电子束的激发,这些荧光粉分别发出强弱不同的红、绿、蓝三种光,根据空间混色法(将三个基色光同时照射同一表面相邻很近的三个点上进行混色的方法)产生丰富的色彩,这种方法利用人们眼睛在超过一定距离后分辨力不高的特性,产生与直接混色法相同的效果。用这种方法可以产生不同色彩的像素,而大量不同色彩的像素可以组成一帧漂亮的画面,而不断变换的画面就成为活动的图像。

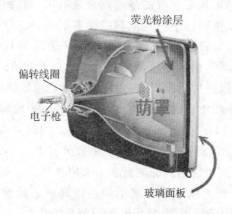

图1.6.9 CRT显示器

(2)LCD显示器工作原理

液晶显示器(LCD)是现在非常普遍的显示器。它具有体积小、重量轻、省电、辐射低、易于携带等优点。液晶显示器的原理与阴极射线管显示器(CRT)大不相同。LCD是基于液晶电光效应的显示器件。包括段显示方式的字符段显示器件,矩阵显示方式的字符、图形、图像显示器件,矩阵显示方式的大屏幕液晶投影电视液晶屏等。液晶显示器的工作原理是利用液晶的物理特性,在通电时导通,使液晶排列变得有秩序,使光线容易通过,不通电时,排列则变得混乱,阻止光线通过。

目前主流的TFT型的液晶显示器组成比较复杂,它主要是由荧光管、导光板、偏光板、滤光板、玻璃基板、配向膜、液晶材料、薄膜式晶体管等构成。TFT液晶显示器具备背光源荧光管,其光源会先经过一个偏光板然后再经过液晶,这时液晶分子的排列方式就会改变穿透液晶的光线角度,然后这些光线还必须经过前方的彩色的滤光膜与另一块偏光板。而只要改变加在液晶上的电压值就可以控制最后出现的光线强度与色彩,这样就能在液晶面板上变化出不同色调的颜色组合。

3)显示器的主要性能指标

(1)CRT 显示的主要性能指标

①显像管尺寸。显像管尺寸与电视机的尺寸标注方法是一样的,都是指显像管的对角线长度。不过显像管的尺寸并不等于可视面积,因为显像管的边框占了一部分空间。常见的 17 英寸纯平显示器的对角线长度为 15.8~16.1 英寸。

②分辨率。分辨率是指显示器所能显示的点数的多少,由于屏幕上的点、线和面都是由点组成的,显示器可显示的点数越多,画面就越精细,同样的屏幕区域内能显示的信息也越多,所以分辨率是个非常重要的性能指标。不过 CRT 显示器的最大分辨率并不一定是最佳分辨率,比如 17 英寸显示器往往能达到 1280×1024 甚至 1600×1200 分辨率,但此时字非常小,眼睛极易疲劳,根本不适合长时间观看,而且大分辨率下的刷新率往往很低,所以 17 英寸 CRT 显示器的最佳分辨率是 1024×768,19 英寸 CRT 显示器则为 1280×1024。

③刷新率。所谓"刷新率",指的是屏幕每秒钟刷新的次数,也叫场频或垂直扫描频率。CRT 显示器上显示的图像是由很多荧光点组成的,每个荧光点都是由于受到电子束的击打而发光,不过荧光点发光的时间很短,所以要不断地有电子束击打荧光粉使之持续发光。显像管内部的电子枪在扫描时是从第一行的最左端至最右端,然后再从第二行的最左端扫描至最右端,接下来是第三行、第四行……直至扫描到右下角,此时整个屏幕都已经扫描了一遍,也就是完成了一次刷新。从理论上来讲,只要刷新率达到 85Hz,也就是每秒刷新 85 次,人眼就感觉不到屏幕的闪烁了,但实际使用中往往有人能看出 85Hz 刷新率和 100Hz 刷新率之间的区别,所以从保护眼睛的角度出发,刷新率仍然是越高越好。

④行频。行频也是一个很重要的指标,它是指显示器电子枪每秒钟所扫描的水平行数,也叫水平扫描频率,单位是 kHz,行频与分辨率、刷新率之间的关系是

$$行频 = 刷新率 \times 垂直分辨率$$

显示器的分辨率越高,其所能达到的刷新率最大值就越低。显而易见,行频是一个综合分辨率和场频的参数,其值越大就意味着显示器可以提供的分辨率越高,稳定性越好。以 800×600 的分辨率、85Hz 的场频为例,显示器的行频至少应为

$$600 \times 85 = 51kHz$$

⑤带宽。带宽的全称叫"视频放大器频带宽度",代表的是显示器的电子枪每秒钟内能够扫描的像素个数。带宽的计算公式为

$$带宽 = 水平分辨率 \times 行频$$

不过这只是理论值,实际上由于过扫描系数的存在,显示器的实际带宽往往要比理论值高一些。

⑥点距。点距主要是针对使用孔状荫罩的 CRT 显示器来说的。它指荧光屏上两个同样颜色荧光点之间的距离。举例来说,就是一个红色的荧光点与相邻的红色荧光点之间的对角距离,通常以毫米为单位。荫罩上的点距越小,影像看起来也就越精细,其边和线也就越平顺。现在的 15 英寸和 17 英寸显示器的点距一般都低于 0.28mm,否则显示图像会模糊。条栅状荫罩显示器(使用在特丽珑和钻石珑显像管上)则是使用线间距或者是光栅间距来计算荧光条之间的水平距离。由于点距和栅距的计算方式完全不同,因此不能拿来做比较。

(2)LCD 显示器的主要性能指标

①分辨率。LCD 是通过液晶像素实现显示的,但由于液晶像素的数目和位置都是固定不变的,所以液晶只有在标准分辨率下才能实现最佳显示效果,而在非标准的分辨率下则是由 LCD 内部的 IC 通过插值算法计算而得,应此画面会变得模糊不清,LCD 显示器的真实分辨率根据 LCD 的面板尺寸定,15 英寸的真实分辨率为 1024×768,17 英寸为 1280×1024。在购买的时候一定要在标准分辨率下试用机子。

②响应时间。响应时间是 LCD 显示器的一个重要指标,它是指各像素点对输入信号反应的速度,即像素由暗转亮或由亮转暗的速度,其单位是 ms,响应时间越小越好,如果响应时间过长,在显示动态影像(特别是在看看 DVD、玩游戏)时,就会产生较严重的拖尾现象。目前大多数 LCD 显示器的响应速度都在 25ms 左右,如明基、三星等一些高端产品反应速度以达到 16ms,甚至有 12ms 的液晶。

③可视角度。可视角度也是 LCD 显示器非常重要的一个参数。它是指用户可以从不同的方向清晰地观察屏幕上所有内容的角度。由于提供 LCD 显示器显示的光源经折射和反射后输出时已有一定的方向性,超出这一范围观看就会产生色彩失真现象,换句通俗的话说就是:坐在 LCD 前面左右两方面 70°都可以清晰看到图像,那么这个显示器水平可视角度就为 140°,垂直的可视角度是同样道理测。目前市场上出售的 LCD 显示器的可视角度都是左右对称的,但上下就不一定对称了,常常是上下角度小于左右角度。但是随着 LCD 技术的不断提高,现在不少液晶都具备 160°的可视角度了,按这样的发展趋势,这一指标将失去其意义了。

④亮度和对比度。亮度是以每平方米烛光为测量单位,通常在液晶显示器规格中都会标示亮度,而亮度的标示就是背光光源所能产生的最大亮度。一般 LCD 显示器都有显示 $200cd/m^2$ 的亮度能力,更高的甚至达 $300cd/m^2$ 以上。亮度越高,适应的使用环境也就越广泛。目前提高亮度的方法有两种,一种是提高 LCD 面板的光通过率,另一种就是增加背景灯光的亮度,即增加灯管数量。这里需要注意的是,较亮的产品不见得就是较好的产品,亮度是否均匀才是关键,这在产品规格说明书里是找不到的。亮度均匀与否和光源及反光镜的数量与配置方式息息相关,离光源远的地方,其亮度必然较暗。

而对比度是指屏幕的纯白色亮度与纯黑色亮度的比值,对比度越高,图像愈清晰。但是当对比度达到某一程度后,颜色的纯正度就会出现问题。大多数 LCD 显示器的对比度一般都是 250:1 左右,更好的达到了 300:1 或者更高。

只有亮度与对比度搭配得恰到好处,才能够呈现美观的画面。一般来说,品质较佳的 LCD 显示器具有智慧的调节功能,能够自动调节图像,使亮度和对比度达到最佳。

⑤信号输入接口。LCD 显示器一般都使用了两种信号输入方式:传统模拟 VGA 的 15针状 D 型接口(15 pin D-sub)和 DVI 输入接口。由于 LCD 显示器是采用数字式的工作原理,为了适合主流的带模拟接口的显示卡,大多数的 LCD 显示器均提供模拟接口,然后在显示器内部将来自显示卡的模拟信号转换为数字信号。由于信号在进行数模转换的过程中,会有若干信息损失,因而显示出来的画面、字体可能有模糊、抖动、色偏等现象发生,使用数字信号来传输则完全没有这些缺点。因此,在一些中高端 LCD 显示器中就提供了 15 pin D-sub 和 DVI 双接口,而且现在拥有 DVI 和 VGA 接口的显卡比比皆是,建议条件允许的用户最好用 DVI 接口。

⑥其他方面。在这里要注意的就是液晶的坏点问题,这个问题是很难避免的,LCD 显

示器每一个像素都对应三个薄膜晶体管,以标准分辨率 1024×768 来说,在这里液晶面板将有 236 万个晶体管,要保证在如此巨大的晶体管制造中完好无损是一件很难的事情,一般来说,A 级 LCD 面板的坏点数会限制在 3 个以下,在选购的过程的时候建议大家购买的时候仔细鉴别。

1.6.2.2 相关实践知识

1. 显卡的选购

①按需选择。在选购显卡之前,首先要明确一个问题就是需要用显卡做什么。如果只是做一些简单的操作或者处理一些简单的图片,那么对显卡的要求不是很高;如果要进行大型的 3D 图形制作,就需要选择一款性能比较高的显卡来提高制作效果;如果是大型 3D 游戏玩家,那么选择一款性能出色并且速度较快的显卡十分必要。

②认清版本型号,GPU 是关键。显卡的核心是 GPU,就如同人体的大脑和心脏。看到一款显卡的时候,首先要知道的就是其 GPU 类型。不过要关注的不仅仅是 Nvidia GeForce 或者 ATI Radeon,还有型号后边的 GTX、GT、GS、LE 和 XTX、XT、XL、Pro、GTO 等后缀,因为它们代表了不同的频率或者管线规格。

另外还需要注意除了 NV/ATI 官方的显卡后缀之外,许多显卡厂商可能会自行更改显卡命名,比如影驰的 7600GE,Inno3D 的 7600GST,表示显卡核心为 7600GS,但却拥有媲美 7600GT 的性能! 这些显卡自行更改命名就是为了吸引消费者眼球,不过性价比也确实相当出色。

③搭配原则。一个好的显卡要想发挥出应有的性能,光靠其本身的处理能力显然是不够的,还必须与 CPU、主板提供的显卡插槽标准及显示器相匹配。

④估算显存。大容量显存对高分辨率、高画质设定的游戏来说是非常必要的,但绝非任何时候都是显存容量越大越好。很多时候,大容量显存只能在规格表上炫耀一番,在实际应用环境中多余的显存不会带来任何好处。

⑤显卡的做工。高品质做工的显卡是一个比较笼统的概念,一般用户难以发现,在这里总结 4 点要素,用户可以在购买显卡的迅速分辨:

第一,看整体:初步印象比较重要,简单来说,判定显卡做工精良的标准是显卡 PCB 板上的元件应排列整齐,焊点干净均匀,电解电容双脚都能插到低,不会东倒西歪,金手指镀得厚,不易掉落,并且卡的边缘光滑。

第二,看用料:产品的用料是反映一款显卡做工最直接的一点,用料的好坏最容易反映出显卡的做工如何。高品质的显卡往往大量使用贴片元件,因为胆质电容和金属贴片电阻都是很贵的电子元件,好的元件保证了这些显卡品质的优良和性能的稳定,在产品的外观上也显得整洁、漂亮。

第三,看散热器:好散热片的散热鳍片细密,切割较细,这样可以容纳更多热量,边角也平直,底部平整光滑。风扇本身摩擦较小,扇叶越多、转速越低噪音越低。

第四,看显存:显存品牌最容易识别,三星、现代、英飞凌等大厂品牌品质优秀,质量稳定,是很好的选择,而杂牌显存如果不了解它的品质,最好慎重选择。从规格上讲,DDR3 要强于 DDR2,DR2 要强于 DDR,MBGA 封装的显存要强于 TSOP 封装的显存,当然选择的时候也要考虑需求,不必要过分追求高规格。

⑥显卡的品牌。在选购显卡时,最好选择有一定品牌知名度的产品。目前市场上主要品牌有七彩虹、讯景、影驰、双敏、华硕、盈通、蓝宝石、铭瑄、微星、昂达、耕升、技嘉、小霸王、太阳花、丽台、鸿基、艾尔莎、精英、映泰、梅捷等。这些品牌的显卡不仅有较高的性价比,而

且售后服务也比较好。

2. 显示器的选购

1）CRT 显示器的选购

用户根据自己的要求和预算确定了显示器的尺寸和价格定位后，就开始横向比较不同品牌的同档次产品。一般首先考虑显像管，对于中高档机纯平管当然是首选，LG 未来窗管和 SONY 平面特丽珑以及三菱平面钻石珑都是我们的首选。LG 未来窗显像管属于物理纯平显管，由于视觉误差，初看人眼会误认为显管内凹，但过一段时间就适应了。对于普通直角平面显管型的显示器最好选择日立、东芝、三星等名牌高性能显管的产品。显管点距数值至少 0.28mm，现在很多 17 寸显示器采用 0.27cm 甚至 0.25mm 点距的显像管，点距一般越小越好。有些显示器广告上标注水平点距，其实传统意义上的点距与水平点距是不同的两个概念，所以数值间不能简单的对比，切误听信有些商家的误导。通常标注水平点距可以使数值更小一点，商家利用消费者一知半解点距越小越好的概念把点距往小里标。另外有的显像管具有一些涂层，也能改善显示质量。

带宽指标是标志显示器电路性能的重要指标，直接与显示器在常规分辨率下支持最高刷新率有关。大家都知道一般在当前使用分辨率下至少达到 75Hz 以上（最好在 85Hz 以上），这样可以有效减缓眼部的疲劳程度。与此对应例如 17 寸彩显在推荐 1024×768 分辨率下维持 85Hz 刷新率，就需要有 110MHz 左右带宽。带宽指标也标志显示器的档次，通常在 15 寸彩显中档机型具备 85MHz 左右带宽，中高档机型具备 110MHz 左右带宽。对于 17 寸彩显，入门级机型要求具备 110MHz 左右带宽，而中高档机型带宽为 135～203MHz。有的显示器广告上标注的最高刷新率很高，不过通常是在较低的分辨率下才能达到标称数值，对于用户这个数值意义不大。同样有些 17 寸显示器带宽有限，但宣称支持 1600×1200 等超高分辨率，这只是一个营销概念，实际用处不大，所以用户选购显示器应当注重实际。

显示器的调校系统现在基本都是数调，各种调整方式最终目的都是一样的，主要是用户需要适应不同的调节方法，没有哪种调校方式有绝对优势。带有屏幕显示的 OSD 菜单使调节更加直观，这是非常实用的设计。调节选项的多少根据不同型号和档次提供，有些功能比较实用，如手动消磁，选购时不妨注意一下。

显示器的认证表示该产品一些安全性能、环保指标、辐射当量等都达到一定的指标，是产品档次的一种表现。不同的认证标准要求和严格程度也是不一样的，通常我们要求入门级产品主要通过 MPR—II 和 EPA。中高档的产品最好通过 TCO 有关认证，由于 TCO99 在 TCO95 的基础上增加了产品材料的回收利用和环保方面的要求，所以能够通过此项认证的 CRT 显示器不多。对于一般用户来说我们不必苛求 TCO99，TCO95 就可以了。

选购显示器除了看硬性的指标，还要看显示器实际表现情况。首先是聚焦，它直接关系到文本和图像的清晰度，而聚焦是每台显示器的个性问题。在显示器内部有聚焦电位器可供调整，用户一般情况下不可能接触到，所以要求显示器出厂时已精确调整。通常在验货时试看文本和图像，以清晰为准，如果是略带模糊或叠影就说明聚焦有问题。在查看显示器时要多注意四周边角的图像情况，高性能的显示器边缘失真小，在屏幕两侧边框垂直且没有明显分色。此外还可以注意观察显示是否锐利、对比度是否适当、亮度是否充足等主观感受判断项。

2）LCD 显示器的选购

①根据自己的实际需要和预算选择合适大小、不同面板与等级的、性价比比较高的 LCD 显示器。

②色彩对于 LCD 而言最为重要的是自然，就是对于色彩的还原度。一些 LCD 对色彩的还原能力较差，会出现类似于偏蓝色，偏红色等问题。对于专业媒体，他们可以借助 LaCie BlueEye Pro 等工具对 LCD 的色彩还原性能进行测试，但是对于普通的消费者而言，推荐大家要购买 LCD 时，用 U 盘带上一个 DisplayX 小软件，只有 100 多 KB，在现场对 LCD 进行测试。在测试时，大家最应该注意就是 RGB（即红、绿、蓝）三原色的还原，看这三原色的表现是否正常，太淡或者太厚都是不可取的。在色彩过渡测试里，可以看出 LCD 对于色彩的表现能力。另外，还可以选择一些对色彩反应比较敏感的图片作为测试图片，放在 LCD 上看看其效果如何。

消费者还要注意检查坏点：一般 LCD 显示器坏点不能超过 3 个。可以通过查亮点和查暗点的方法进行检查。

查亮点（彩点）。先利用 DisplayX 工具的纯色功能，开启全屏黑色。没有 DisplayX 的可以打开附件中的画图，点击"图像"菜单，再点属性，将宽度和高度设置为 1680×1050. 再利用"填充工具"将画面充为纯黑色。

查过一次后，需换一个角度再查一次。因为有一些亮点在一种角度下能看见，但是在另一种角度下却是不存在的。

查暗点。用同样的方法利用 DisplayX 或画图调整出一个纯白色的画面，利用同样的方法查看屏幕的每一个像素。但由于全白屏相当刺眼，所以看几秒钟后，应该适当地休息一下眼睛后再看。

纯白看完后，还可以调出纯蓝纯红纯绿的全屏看看在这些色彩下是否有暗点。

③可视范围越大，视觉失真就越小。目前市场上大多数产品的可视角度在 120 度以上，部分产品达到了 140 度以上。

④功能与菜单：在不同的应用环境下，想得到最好的显示效果的话，就不得不经常对 LCD 的选项进行调节，这时候，一个设计合理的菜单就显得相当重要了。对于专业级别的 LCD 而言，菜单设计自然也是其卖点之一，通过菜单，用户可以对 LCD 的亮度、对比度、锐度、色温、黑色等级、颜色、伽玛等进行调节。而普通的 LCD 则相对要简单一些，例如色彩就只提供了 RGB 的调节（专业级别 LCD 一般为 7 个颜色），另外也省去了伽玛调节等。

⑤外形与美观：LCD 的外观也会骗人，千万不要被看似漂亮的外观忽悠了，易用好用才是最关键的。以 USB 接口、OSD 按键为例，一些厂商为了标榜自己的产品设计独特，故意将 USB 接口设计在了 LCD 背部电源位附近，把 OSD 按键设计在了 LCD 的背部底部而且还没有在前面贴上指示，虽然这样的设计令 LCD 的整体外观显得很完美，但是殊不知这样的设计会给用户带来很多不便。在电源接口附近的 USB 接口形同虚设，不同标识的隐藏式 OSD 按键令用户经常会发生误操作，这些都是"完美外观"所带来的负面代价。

除此之外，一些新奇的设计也给不少用户增添了麻烦。比如触摸式按键，虽然看起来非常时尚，但是不是每一家用户的产品都能做得很好。一些采用触摸式 OSD 按键设计的 LCD 设计水平并不高，造成了用户不得不对触摸式的 OSD 按键狠力地"戳"才能有所反应。这样的设计，对于用户而言其实也就是空有其表而已。

⑥品牌与售后服务：选择主流品牌的显示器，这些往往代表有好的售后服务。液晶显示器主要品牌有：三星、飞利浦、LG、索尼、优派、戴尔、AOC（冠捷）、明基、玛雅、美格、Great Wall、宏碁、赛普特等。

1.6.2.3 任务实施

活动一　仔细观察一款主流的独立显卡,并将显卡厂商型号、接口类型等相关信息填入表 1.6.1。

表 1.6.1　**显卡参数**

厂商	
显卡型号	
显卡输出接口类型	
显卡总线接口类型	
显卡最高分辨率	
显存规格	
显存容量	
显卡芯片类型	

活动二　仔细观察一款主流的 LCD 显示器,并将显示器厂商型号、接口类型等相关信息填入表 1.6.2。

表 1.6.2　**LCD 参数**

厂商	
显示器型号	
显示器尺寸	
显示器可视角度	
显示器最佳分辨率	
点距	
显示器输出接口	

活动三　仔细观察一款主流的 CRT 显示器,并将显示器厂商型号、接口类型等相关信息填入表 1.6.3。

表 1.6.3　**CRT 参数**

厂商	
显示器型号	
显示器尺寸	
显像管类型	
显示器最高分辨率	
点距	
显示器输出接口	
水平扫描	

厂商	
垂直扫描	
安全认证	

活动四 某男生是游戏发烧友,请帮他推荐一款合适可行的显示卡适合满足他的要求,并请考虑下性价比。

活动要求与步骤:先充分了解市场主流显示卡,然后上网查阅各显示卡相关资料,最后确定一款旗舰型高性能的性价比高的显卡。

活动五 某客户是专门搞建筑设计的,要大量的使用二维、三维软件设计作品,请帮他推荐一款合适可行的显示器适合满足他的要求。

活动要求与步骤:先充分了解市场显示器,然后上网查阅各显示器相关资料,最后确定一款性价比高的显示器。

1.6.3 归纳总结

本模块首先给出了要完成的任务。认识显卡:说出给定显卡的厂商型号、性能指标和接口类型,认识显示器:说出给定显示器的厂商型号、性能指标;显示器和显卡是计算机中的主要输出设备,显卡和显示器质量的好坏直接决定了计算机输出和显示图像的效果。根据用户需求,选购合适可行的显卡和显示器。然后围绕要完成模块任务,讲解了相关理论知识和实践知识:显卡的组成、种类及接口类型,显卡的工作原理,显卡的主要性能指标,显示器类型、工作原理和主要性能指标,显示卡和显示器的选购等。最后就是完成任务的具体实践活动。通过这一系列的任务实现,让学生比较全面的了解显卡的组成、种类及接口类型,了解显卡的工作原理,熟悉显卡的主要性能指标,了解显示器类型、工作原理和主要性能指标,熟悉显卡显示器的选购方法。从而使学生能够认识显卡,说出给定显卡的厂商型号、性能指标和接口类型等;认识显示器,说出给定显示器的厂商型号、性能指标等;能够根据用户需求选购合适可行的显卡和显示器。

1.6.4 思考与训练

1. 填空

①液晶显示器的可视面积指的是 _____ 。

②显示内存也称为 _____ ,它用来存储 _____ 所要处理的数据。

③就目前来看,非阴极射线管显示器主要是 _____ 。

④显卡与主板的接口有 _____ 、_____ 和 _____ 接口几种。目前最流行的是 _____ 接口。

⑤显示器的种类按显示屏幕的形状大致可分为 _____ 、_____ 、_____ 、_____ 等几种。

⑥行频 = _____ × _____ 。

⑦LCD 的亮度是以 _____ 或 _____ 为单位。

⑧显卡的主要技术规格和性能取决于 _____ 。

⑨显卡中显存的用途主要是用来 _____ 。

⑩彩色 CRT 显示器的三原色包括: _____ 、_____ 、_____ 。

⑪按显示元件分类,显示器可分为 _____ 和 _____ 两大类。

⑫RAMDAC 的作用是将 _____ 中的 _____ 转换成能够在 _____ 上直接显示的 _____。数模转换的工作频率直接影响着显卡的 _____ 及其 _____。

⑬分辨率是指显卡能在显示器上描绘点数的最大数量,通常以 _____ 表示。

⑭刷新频率是指 _____,也即屏幕上的图像每秒钟出现的次数,它的单位是 Hz（赫兹）。

⑮市面上还常见的显示器主要有 _____（CRT）显示器和 _____（LCD）,还有新出现的离子体（PDP）显示器等。

⑯显示器的点距越小,显示图形越清晰、细腻,分辨率和图像质量也就越 _____。屏幕越大,点距对视觉效果影响越 _____。

⑰显卡主要由 _____、_____、_____、_____、_____ 和 _____ 等几部分组成。

2. 选择题

①目前主流显卡的专用接口是 _____。

    A. PCI   B. ISA

    C. AGP   D. 并行接口

    E. 串型接口

②计算机系统的显示系统包括 _____。

    A. 显示内存   B. 3D 图形

    C. 显卡   D. 显示器

③显卡的发展史主要包括 _____ 几个发展阶段。

    A. MDA 单色显卡   B. CGA 彩色图形显卡

    C. EGA 增加型彩色图形显卡   D. VGA 彩色显卡

    E. SVGA 彩色显卡

④为了让人的眼睛不容易察觉到显示器刷新频率带来的闪烁感,因此最好能将显卡刷新频率调到 _____ Hz 以上。

    A. 60   B. 75

    C. 85   D. 100

3. 判断题

①刷新频率指的是图像在屏幕上更新的速度,它以 MHz 单位,也就是 RAM DAC 向显卡传送信号,是其每秒钟更新屏幕的次数。 （　　）

②17 英寸显示器中的 17 英寸是指显像管的尺寸,而实际可视区域还不到这个数,其实 17 英寸显示器的可视区域在 15.5～16 英寸之间。 （　　）

③显卡的基本功能是将从 CPU 接收到的数字或图像数据转换成模拟信号,然后再将结果输出到屏幕上,使得显示器能够正确并清晰地显示。 （　　）

④LCD 显示器对人体没有辐射,并且轻便,更适合于便携式电脑。 （　　）

⑤目前市场上显卡的主流是 AGP 接口方式的显卡。 （　　）

⑥显示器的屏幕大小是以显示屏幕的长度来表示的,例如,17 英寸指的是显示器的长

度为 17 英寸。   （ ）
⑦目前,液晶显示器的点距比 CRT 显示的点距小。   （ ）

4. 实训题
①试调查目前市场上有哪些类型显卡和显示器?
②推荐市场流行的低端、中端、高端、旗舰端显卡各一款。

模块七　多媒体设备的认识与选购

技能训练目标：能准确把握市场发展和用户需求，选购合适可行的声卡、音箱。

知识教学目标：理解声卡的工作原理，熟悉声卡的组成，熟悉声卡的主要技术指标，熟悉音箱的分类，熟悉音箱的结构，熟悉音箱的主要技术指标。

1.7.1 任务布置

声卡和音箱构成了计算机的音频输出系统，声卡和音箱的质量决定了计算机输出音频的效果。请根据用户需求，选购合适可行的声卡和音箱。

1.7.2 任务实现

1.7.2.1 相关理论知识

1. 声卡

声卡也叫音频卡。声卡是多媒体技术中最基本的组成部分，是实现声波/数字信号相互转换的一种硬件。声卡的基本功能是把来自话筒、磁带、光盘的原始声音信号加以转换，输出到耳机、扬声器、扩音机、录音机等音响设备，或通过音乐设备数字接口（MIDI）使乐器发出美妙的声音。

声卡是计算机进行声音处理的适配器。它有三个基本功能：一是音乐合成发音功能；二是混音器功能和数字声音效果处理器（DSP）功能；三是模拟声音信号的输入和输出功能。声卡处理的声音信息在计算机中以文件的形式存储。声卡工作应有相应的软件支持，包括驱动程序、混频程序和 CD 播放程序等。

声卡可以把来自话筒、收录机、激光唱机等设备的语音、音乐等声音变成数字信号交给计算机处理，并以文件形式存盘，还可以把数字信号还原成为真实的声音输出。声卡尾部的接口从机箱后侧伸出，上面有连接麦克风、音箱、游戏杆和 MIDI 设备的接口。

1）声卡的结构

声卡由声音处理芯片、功放芯片、CD 音频连接器、总线接口、麦克风输入端口、扬声器输出端口、线性输入端口、线性输出端口和游戏杆接口组成，如图 1.7.1 所示。

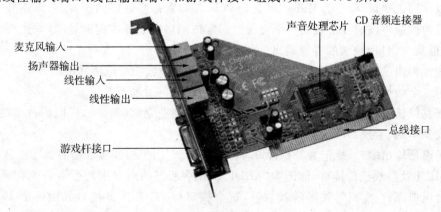

图 1.7.1　独立声卡的结构

①声音处理芯片。通常是声卡上最大的、四边都有引线的集成块,上面标有商标、型号、生产日期、编号、生产厂商等重要信息。声音处理芯片基本上决定了声卡的性能和档次,其基本功能包括对声波采样和回放的控制、处理 MIDI 指令等,有的厂家还加进了混响、和声、音场调整等功能。

声卡上声音处理芯片有的可能是 3～6 块 IC 构成的芯片组。AC'97 规范为了保证声卡的信噪比(SNR)能够达到 80dB(分贝)以上,要求声卡上的 ADC、DAC 处理芯片与数字音效芯片分离,因此,高档声卡上的芯片一般多于一块。

世界上主要的声音处理芯片有 SB、ESS、OPTI、AD、YMF、ALS、ES、S3、AU 等,而目前在声卡界居于领头羊位置的则是 Creative 和 Diamond。

②功放芯片。从声音处理芯片出来的信号还不能直接推动喇叭放出声音,绝大多数声卡都带有功率放大芯片(简称功放)以实现这一功能。声卡上的功放型号多为 XX2025,功率为 $2×2W$,音质一般。由于它在放大声音、音乐等信号的过程中也同时放大了噪音信号,所以从其输出端(Speaker Out)输出的噪音较大。这个缺点在重视功能的潮流中显得并不突出,但是人们对音质的要求越来越高,于是就有厂商想出了一些改进的方法,主要是在功放前端加入滤波器来滤掉一些高频的噪音信号,可是这样一来也滤掉了很多高频的音乐信号。其实,指望声卡上的功放芯片能带来良好的音质是不现实的,一个比较好的解决方法是绕过功放,利用声卡上线路输出(Line Out)端口连接音响,这样,音质的好坏就直接取决于声音处理芯片和外接的音响设备(一般是有源音箱)的档次了。

③CD 音频连接器。位于声卡的中上部,通常是 3 针或 4 针的小插座,与 CD－ROM 的相应端口连接实现 CD 音频信号的直接播放。不同 CD－ROM 上的音频连接器也不一样,因此大多数声卡都有 2 个以上的这种连接器。

④总线连接端口。声卡插入到计算机主板上的那一端称为总线连接端口,它是声卡与计算机互相交换信息的"桥梁"。根据总线的不同,把声卡分为两大类,一种是 ISA 声卡,另一种是 PCI 声卡,由于两种端口不能互相通用,因此在安插声卡时不能插错。主板上的 ISA 插槽是黑色的,比 PCI 槽长,其中的金属簧片也比 PCI 的宽;PCI 插槽呈白色,相对较短,其中的簧片很细,分布密集。

由于 PCI 总线的优越性,PCI 声卡有着许多 ISA 声卡无法拥有的特性,但这并不是说 PCI 声卡的音质一定比 ISA 好,决定音质的好坏主要由声音处理芯片、MIDI 的合成方式和制造工艺等,并不仅仅源于总线的不同。

• 线性输入接口,标记为"Line In"。Line In 端口将品质较好的声音、音乐信号输入,通过计算机的控制将该信号录制成一个文件。通常该端口用于外接辅助音源,如影碟机、收音机、录像机及 VCD 回放卡的音频输出。

• 线性输出端口,标记为"Line Out"。它用于外接音箱功放或带功放的音箱。

• 第二个线性输出端口,一般用于连接四声道以上的后端音箱。

• 麦克风输入端口,标记为"Mic In"。它用于连接麦克风(话筒),可以将自己的歌声录下来实现基本的"卡拉 OK 功能"。

• 扬声器输出端口,标记为"Speaker"或"SPK"。它用于插外接音箱的音频线插头。

• MIDI 及游戏摇杆接口,标记为"MIDI"。几乎所有的声卡上均带有一个游戏摇杆接口来配合模拟飞行、模拟驾驶等游戏软件,这个接口与 MIDI 乐器接口共用一个 15 针的 D 型连接器(高档声卡的 MIDI 接口可能还有其他形式)。该接口可以配接游戏摇杆、模拟方向盘,也可以连接电子乐器上的 MIDI 接口,实现 MIDI 音乐信号的直接传输。

2)声卡的工作原理

麦克风和喇叭所用的都是模拟信号,而计算机所能处理的都是数字信号,两者不能混用,声卡的作用就是实现两者的转换。从结构上分,声卡可分为模数转换 DAC 电路和数模转换 ADC 电路两部分,模数转换电路负责将麦克风等声音输入设备采到的模拟声音信号转换为计算机能处理的数字信号;而数模转换电路负责将计算机使用的数字声音信号转换为喇叭等设备能使用的模拟信号。

(1)声卡的录制过程

录制声音需要进行多步操作,麦克风将空气中的声压变化转换为模拟信号。经声卡放大后数字化,生成的数据流由软件处理为标准文件格式(如 WAV),然后保存到硬盘。其原理如图 1.7.2 所示。

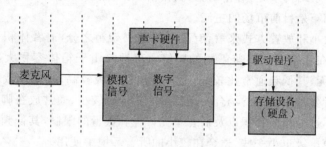

图 1.7.2　声卡的录制过程

(2)声卡的播放过程

运行声音文件就是从存储设备中读取声音文件,并经过软件将声音文件处理为数字信号,然后经过声卡转换成模拟信号并放大,送音箱播放出声音。其原理如图 1.7.3 所示。

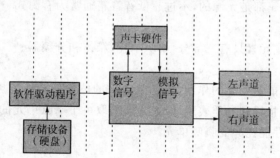

图 1.7.3　声卡的播放过程

3)声卡的主要技术指标

(1)采样频率

采样频率是指声卡在进行模数转换时每秒内对声音信号的采样次数,采样频率越高,声音的还原就越真实。

(2)采样位数

采样位数是声卡在一定的采样频率下存储全部采样样本所需的存储器位数。采样频率越高,每秒内采样的样本值就越多,所需存储器的位数就越多。目前主流声卡大部分都是 16 位声卡。

（3）信噪比

信噪比是指音频线路中某一个参考点信号的功率与噪声的功率之比，单位为分贝（dB）。信噪比越大，表示音频输出时噪声越小。根据 AC 97 标准，信噪比至少应在 85dB 以上。

（4）声道数

声卡的声道数有双声道、4 声道、5.1 声道、6.1 声道和 7.1 声道。其中".1"是指低音炮声道。

2. 音箱

音箱指将音频信号变换为声音的一种设备。通俗地讲就是指音箱主箱体或低音炮箱体内自带功率放大器，对音频信号进行放大处理后由音箱本身回放出声音。

1）音箱的分类

①按音箱的声学结构来分，有密闭箱、倒相箱（又叫低频反射箱）、无源辐射器音箱、传输线音箱之分。倒相箱是目前市场的主流；

②从音箱的大小和放置方式来看，有落地箱和书架箱之分，前者体积比较大，一般直接放在地上，有时也在音箱下安装避震用的脚钉。落地箱由于箱体容积大，而且便于使用更大、更多的低音单元，其低频通常比较好，而且输出声压级较高、功率承载能力强，因而适合听音面积较大或者要求较全面的场合使用。书架箱体积较小，通常放在脚架上，特点是摆放灵活，不占空间，不过受箱体容积以及低音单元口径和数量的限制，其低频通常不及落地箱，承载功率和输出声压级也小一些，适合在较小的听音环境中使用。

③按重放的频带宽窄来分，有宽频带音箱和窄频带音箱之分，大多数音箱的设计目标都是要覆盖尽量宽的频带，属于宽频带音箱。窄频带音箱最常见的就是随家庭影院而兴起的超低音音箱（低音炮），仅用于还原超低频到低频很窄的一个频段。

④按有无内置的功率放大器，可分为无源音箱和有源音箱，前者没有内置功放而后者有，目前大多数家用音箱都是无源的，不过超低音音箱通常为有源式。

2）音箱的结构

音箱最基本的组成元素只有三部分：喇叭单元、箱体和分频器。

（1）喇叭单元

喇叭单元起电、声能量变换的作用，将功放送来的电信号转换为声音输出，是音箱最关键的作用，音箱的性能指标和音质表现，极大程度上取决于喇叭单元的性能，因此，制造好音箱的先决条件是选用性能优异的喇叭单元。

（2）箱体

箱体用来消除扬声器单元的声短路，抑制其声共振，拓宽其频响范围，减少失真。音箱的箱体外形结构有书架式和落地式之分，还有立式和卧式之分。箱体内部结构又有密闭式、倒相式、带通式、空纸盆式、迷宫式、对称驱动式和号筒式等多种形式，使用最多的是密闭式、倒相式和带通式。

（3）分频器

分频器有功率分频器和电子分频器之分，主要作用均是频带分割、幅频特性与相频特性校正、阻抗补偿与衰减等。

功率分频器也称无源式后级分频器，是在功率功放之后进行分频的。它主要由电感、电阻、电容等无源组件组成滤波器网络，把各频段的音频信号分别送到相应频段的扬声器中去重放。其特点是制作成本低，结构简单，适合业余制作，但插入损耗大、效率低、瞬态特性较差。

电子分频器也称有源式前级分频器,是由各种阻容组件与晶体管或集成电路等有源器件组成,它是置于前置放大器和功率放大器信号线路中的一种模拟电子滤波器,能把前置放大器输出的音频信号分成不同频段后,再送入功率放大器进行放大处理。其特点是各频段频谱平衡,相互干扰小,输出动态范围大,本身有一定的放大能力,插入损耗小,但电路构成要相对复杂一些。

3)音箱的主要技术指标

(1)频率范围

是指最低有效放声频率至最高有效放声频率之间的范围。音箱的重放频率范围最理想的是均匀重放人耳的可听频率范围,即 20～20000Hz。但要以大声压级重放,频带越低,就必须考虑经受大振幅的结构和降低失真,一般还需增大音箱的容积。所以目标不宜定得太高,50～16kHz 就足够了,当然,40～20kHz 更好。

(2)频率响应

是指将一个恒定电压输出的音频信号与音箱系统相连接,当改变音频信号的频率时,音箱产生的声压随频率的变化而增高或衰减和相位滞后随频率而变的现象,这种声压和相位与频率的相应变化关系称为频率响应。声压随频率而变的曲线称作"幅频特性",相位滞后随频率而变的曲线称作"相频特性",两者合称为"频率响应"或"频率特性"。变化量用分贝来表示。这项指标是考核音箱品质优劣的一个重要指标,该分贝值越小,说明音箱的频率响应曲线越平坦,失真越小。

(3)指向频率特性

在若干规定的声波辐射方向,如音箱中心轴水平面 0°,30°和 60°方向所测得的音箱频响曲线簇。例如,指向性良好的音箱就像日光灯,光线能够均匀散布到室内每一个角落;反之,则像手电筒一样。

(4)最大输出声压级

表示音箱在输入最大功率时所能给出的最大声级指标。

(5)失真(用百分数来表示)

失真有以下几种:

谐波失真,是指在重放声中增加了原信号中没有的高次谐波成分。

互调失真,扬声器是一个非线性器件,在重放声源的过程中,由于磁隙的磁场不均匀性及支撑系统的非线性变形因素,会产生一种原信号中没有的新的频率成分,因此当新的频率信号和原频率信号一起加到扬声器上时,又会调制产生另一种新的频率。另外,音乐信号并不是单音频的正弦波信号,而是多音频信号。当两个不同频率的信号同时输入扬声器时,因非线性因素的存在,会使两信号调制,产生新的频率信号,故在扬声器的放声频率里,除原信号外,还出现了两个原信号里没有的新频率,这种失真为互调失真。其主要影响的是音高(亦称音调)。

瞬态失真,音箱系统的瞬态失真,是指扬声器震动系统的质量惯性引起的一种传输波形失真。由于扬声器存在一定的质量惯性,因此纸盆震动跟不上瞬间变化的电信号,使重放声产生传输波形的畸变,导致频谱与音色的改变。这一指标的好坏,在音箱系统和扬声器单元中是极为重要的,直接影响的是音质与音色的还原程度。

(6)标注功率

音箱上所标注的功率,国际上流行两种标注方法:

长期功率或额定功率,前者是指额定频率范围内给扬声器输入一个规定的模拟信号,信号持续时间为 1 分钟,间隔 2 分钟,重复 10 次,扬声器不产生热损坏和机械损坏的最大输入电功率。后者是指在额定频率范围内给扬声器输入一个边疆正弦波信号,信号持续时间为 1 小时,扬声器不生产热损坏和机械损坏的最大正弦功率。

最大承受功率即音乐功率(MPO),起源于德国工业标准(DIN),是指扬声器所能承受的短时间最大功率。这是因为在播放音乐信号时,音频信号的幅度变化极大,有时音乐功率的峰值在短时间内会超过额定功率的数倍。我国国家标准 GB9396-88 制定的功率标注标准有最大噪声功率、长期最大功率、短期最大功率、额定正弦波功率。通常音箱生产厂家以长期功率或额定功率为音箱的标注功率。

(7)标称阻抗

是指扬声器输入的信号电压 U 与信号电流的比值($R = U/I$)。因扬声器的阻抗是频率的函数,故阻抗数值的大小随输入信号的频率变化发生变化。我国国家标准规定的音箱阻抗优选值有 4Ω、8Ω、16Ω(国际标准推荐值为 8Ω),并规定扬声器的标称阻抗为:扬声器谐振频率的峰值 F0 至第二个共振峰 F1 之间的最低阻抗值。有些国外扬声器生产厂家,以阻抗特性曲线趋于平坦的一段定为扬声器的标称阻抗。音箱的标称阻抗与扬声器的标称阻抗有所不同,因为音箱内不止一个扬声器单元,各单元的性质又不尽相同,另外还有串联或并联的分频网络,所以标准规定了最低阻抗不得低于标称阻抗值的 80%。

(8)灵敏度

音箱的灵敏度是指当给音箱系统中的扬声器输入电功率为 1W 时,在音箱正面各扬声器单元的几何中心 1m 距离处,所测得的声压级(声压与声波的振幅及频率成正比,声压级是表示声压相对大小的指标)。在这里需要特别指出的是:灵敏度虽然是音箱的一个指标,但是与音质、音色无关,它只影响音箱的响度,可用增加输入功率来提高音箱的响度。

(9)效率

音箱效率的定义是,音箱输出的声功率与输入的电功率之比(即声—电转换的百分比)。日前,市场上销售的音箱通常标注灵敏度,而有的音箱标注的是效率,却用分贝值来表示。这种错误的标注方式,使一些消费者对灵敏度和效率这两项指标产生混淆。音箱的灵敏度和效率这两项指标与音质、音色无关,更不是考核品质的标准,但灵敏度和效率太低必须增加功放的输入功率才能达到需要的声压级。

1.7.2.2 相关实践知识

1. 声卡的选购

(1)采用 PCI 接口的声卡应当成为首选

由于 PCI 声卡比 ISA 声卡的数据传输速率高出十几倍,因而受许多消费者的欢迎。除此之外,PCI 声卡有着较低的 CPU 占用率和较高的信噪比,这也使功能单一、占用系统资源过多的 ISA 声卡显得风光不再。并且随着 PCI 声卡技术的不断成熟,与 DOS 游戏的兼容性问题正在逐步得到解决,再加上操作系统目前基于 Windows 的各种应用程序已渐成主流,PCI 声卡理所当然地成为用户的首选。

(2)要按需选购

现在声卡市场的产品很多,不同品牌的声卡在性能和价格上的差异也十分巨大,所以一定要在购买之前想一想自己打算用声卡来做什么,要求有多高。一般说来,如果只是普通的应用,如听听 CD、看看影碟、玩一些简单的游戏等,所有的声卡都足以胜任,那么选购一款一般的廉价声卡甚至集成声卡就够用了。如果是用来玩大型的 3D 游戏,就一定要选购带 3D 音效功能的声卡,因为 3D 音效已经成为游戏发展的潮流,现在所有的新游戏都开始支持它了,不过这类声卡也有高中低档之分,大家可以综合起来考虑。如果对声卡的要求较高,如音乐发烧友或个人音乐工作室等,这些用户对声卡都有特殊要求,如信噪比高不高、失真度大不大等,甚至连输入输出接口是否镀金都斤斤计较,这时当然只有高端产品才能满足其要求了。

(3)要考虑到价格因素

一般而言,普通声卡的价格大约在 100～200 元之间,中高档声卡的价格差别就很大,从几百元到上千元不等,除了主芯片的差异外,还和品牌有关,这就要根据预算和各品牌的优特点来综合考虑了。如果对声卡的要求较高而预算又充足的话,不必过于考虑到价格的问题。

(4)了解声卡所使用的音效芯片

与显卡的显示芯片一样,在决定一块声卡性能的诸多因素中,音频处理芯片所起的作用是决定性的。

(5)注意兼容性问题

声卡与其他配件发生冲突的现象较为常见,不光是非主流声卡,就连名牌大厂的声卡都有这种情况发生,所以一定要在选购之前先了解自己机器的配置,以尽可能避免不兼容情况的发生。

(6)做工与品牌

声卡的设计和制造工艺都很重要,因为模拟信号对干扰相当敏感。在买声卡时看一看声卡上面的电容和 Codec 的牌子、型号,再对照其性能指标比较一下。

(7)与音箱的匹配

好的声卡也需要好的音箱来辅佐。

2. 音箱的选购要点

(1)自然声调的调节平衡能力

好的音箱应该尽量能够真实地、完整地再现乐器和声音原本的属性和特色。也许有时最重要的表现体现在精确的音调平衡性能上面。声音听上去应该给人一种平滑而且毫无润色修饰的感觉,而没有十分明显的音染和高音描述失真现象。中音和高音没有太"空旷"或者"压抑"的特殊感觉。使用音域范围比较宽广的乐器来录制一段乐曲,乐曲的音层跳跃最好大一些,最好乐曲中出现和弦,大三和弦很能听出音箱的质量。比如找找钢琴的发声,看看其音调是否能在表现低、中、高音的时候具有明显区别和真实感。

(2)检查音箱单独音素的特性

在声调平衡的测试中,音箱表现不错的话,说明整个音箱的连贯性还不错,那么接着就是要测试一下单独的音素特性了,单独的音素特性包括解析度,仔细聆听音乐的某些细节,比如钢琴音符或者铙钹消退的声后余音,如果细微部分的细节显得模糊,那么这款音箱便是缺乏清晰度的。细微部分的细节是考验音箱逼真还原真实度的重要参考数据。

(3)用熟悉的音乐来试听

自己知道的音乐,在脑海留下了印象,所以一下就能听出音箱的好坏。

(4)混音的感受

有些音箱在使用时会出现莫名其妙的声音,这是干扰所造成的。好的音箱决不会出现这种问题,所以千万不要买有混音的音箱。

(5)音箱做工

好的音箱应具有较好的整体设计、箱体质量过硬和交叉线路的良好设计,做工精细,元件、材料使用上讲究。现在,大多数的音箱是木制的,木材可以起到滤去少量杂音的效果,但只是少量的。

1.7.2.3 任务实施

活动一 某校男生是一音乐爱好者,平时喜欢用计算机听听音乐,请帮他推荐一款合适可行的声卡与音箱CPU适合满足他的要求。并请考虑性价比。

活动要求与步骤:先充分了解市场主流声卡和音箱,然后上网查阅相关资料,最后确定一款音效好的性价比高的声卡和音箱。

1.7.3 归纳总结

本模块首先给出了要完成的任务。声卡和音箱构成了计算机的音频输出系统,声卡和音箱的质量决定了计算机输出音频的效果。根据用户需求,选购合适可行的声卡和音箱。然后围绕要完成模块任务,讲解了相关理论知识和实践知识:声卡的工作原理,声卡的组成,声卡的主要技术指标,音箱的分类,音箱的结构,音箱的主要技术指标,声卡和音箱的选购要点,最后就是完成任务的具体实践活动。通过这一系列的任务实现,让学生比较全面的理解声卡的工作原理,熟悉声卡的组成,熟悉声卡的主要技术指标,熟悉音箱的分类,熟悉音箱的结构,熟悉音箱的主要技术指标,熟悉声卡和音箱的选购方法。从而使学生能够根据用户需求选购合适可行的多媒体设备。

1.7.4 思考与训练

1. 填空题

①采样频率是指录音设备在一秒钟内对声音信号的采样次数,采样频率越 _____ ,声音的还原就越真实。

②声卡由 _____ 、 _____ 、 _____ 以及各种 _____ 、 _____ 接口组成。

③声卡的主要作用是将声音信息从 _____ 转换成计算机能接受的 _____ ,或者将 _____ 转换成 _____ 。

④音箱是将 _____ 还原成 _____ 的一种设备,主要有 _____ 、 _____ 、 _____ 、 _____ 、 _____ 和 _____ 与 _____ 等部分组成。

⑤输出信噪比是指 _____ 。

⑥频率响应反映了 _____ 。

⑦采样频率是指每秒钟取得 _____ 的次数,采样频率越高,声音的 _____ 就越好,但相应占用的 _____ 也较多。

⑧采样位数可以理解为声卡处理声音的解析度,这个数据越 _____ ,解析度就越高,录制和回放的声音效果就越真实。

⑨声卡要具有 _____ 和 _____ 功能,就必须有一些与这两种设备相连接的端口。

2. 选择题

①声卡的主要技术指标有 _____ 。

  A. 采样位数　　　　　　　　　　B. 采样频率

  C. 声道　　　　　　　　　　　　D. 声卡接口

②输出信噪比的单位是 _____。

  A. 比特　　　　　　　　　　　　B. 分贝

  C. 兆　　　　　　　　　　　　　D. 百分比

③声卡最主要的组成部分是 _____。

  A. 声音处理芯片　　　　　　　　B. 功率放大器

  C. 总线接口、输入/输出端口　　　D. MIDI 及游戏杆接口、CD 音频连接器

④目前常用的采样位数有 _____位、_____位和 _____位 3 种。

  A. 8 16 32　　　　　　　　　　B. 4 8 16

  C. 2 4 8　　　　　　　　　　　D. 16 32 64

⑤目前,主流声卡的总线接口是 _____。

  A. ISA　　　　　　　　　　　　B. AGP

  C. PCI　　　　　　　　　　　　D. USB

3. 判断题

①声卡只能用来播放声音。　　　　　　　　　　　　　　　　　　　　（　）

②AC'97 并不是一种声卡的代名词,而是一种标准。　　　　　　　　　（　）

③音箱越重意味着所选的板材越厚、密度越高,谐振性能越好。　　　　（　）

④声卡的主要作用是对声音信息进行录制与回放,在这个过程中采用的位数和采样的频率决定了声音的采集质量。　　　　　　　　　　　　　　　　　　　　（　）

⑤采样频率有 22 kHz、44 kHz 和 48 kHz 等 3 个等级,48 kHz 是通常所说的 CD 音质。

  　　　　　　　　　　　　　　　　　　　　　　　　　　　　　　（　）

⑥将音箱与放大器组装在一起称为无源音箱。　　　　　　　　　　　　（　）

⑦目前高端的音箱已经发展到 2.1 声道,而主流音箱以 5.1 和 4.1 声道为主。（　）

⑧声卡档次高低取决于声卡采用控制芯片的档次。　　　　　　　　　　（　）

4. 实训题

①试调查目前市场上有哪些类型声卡与音箱?

②推荐合适的声卡和音箱,并说明理由。

模块八 其他设备的认识与选购

技能训练目标：能准确把握市场发展和用户需求，选购合适可行的键盘鼠标、电源与机箱等。

知识教学目标：了解键盘的分类，熟悉键盘的结构，了解鼠标的分类，熟悉鼠标的主要性能参数，了解机箱的分类，熟悉机箱的结构，熟悉电源的分类，熟悉电源的电缆接口，熟悉电源的主要性能指标。

1.8.1 任务布置

①键盘、鼠标是计算机的主要输入设备，是用户使用计算机时操作的主要设备，用户最关心的是使用时是否方便、舒适。

②计算机中的各部件都固定在机箱内部，机箱对计算机各部件起到保护作用，而电源是计算机的动力，电源的质量对计算机各部件的寿命有较大的影响。请根据用户需求，选购合适可行的机箱与电源。

1.8.2 任务实现

1.8.2.1 相关理论知识

1. 键盘

键盘是最常用也是最主要的输入设备，通过键盘，可以将英文字母、数字、标点符号等输入到计算机中，从而向计算机发出命令、输入数据等。

1）键盘的分类

①按照应用可以分为台式机键盘、笔记本电脑键盘、工控机键盘，速录机键盘，双 USB 控制键盘、超薄键盘六大类。其中双 USB 控制键盘，是指一个键盘控制两台计算机，一键 2 秒切换快捷方便。

②按照键盘的工作原理和按键方式的不同，可以划分为四种：

机械式键盘。采用类似金属接触式开关，工作原理是使触点导通或断开，具有工艺简单、噪音大、易维护的特点。

塑料薄膜式键盘。键盘内部共分四层，实现了无机械磨损。其特点是低价格、低噪音和低成本，已占领市场绝大部分份额。

导电橡胶式键盘。触点的结构是通过导电橡胶相连。键盘内部有一层凸起带电的导电橡胶，每个按键都对应一个凸起，按下时把下面的触点接通。这种类型键盘是机械键盘向薄膜键盘的过渡产品。

无接点静电电容式键盘。使用类似电容式开关的原理，通过按键时改变电极间的距离引起电容容量改变从而驱动编码器。特点是无磨损且密封性较好。

③按照键盘的按键数来分有 83 键、93 键、96 键、101 键、102 键、104 键、107 键等。104 键的键盘是在 101 键键盘的基础上为 Windows 9X 平台提供增加了三个快捷键（有两个是重复的），所以也被称为 Windows 9X 键盘。但在实际应用中习惯使用 Windows 键的用户并不多。在某些需要大量输入单一数字的系统中还有一种小型数字录入键盘，基本上就是

将标准键盘的小键盘独立出来，以达到缩小体积、降低成本的目的。

④按文字输入同时击打按键的数量可分为单键输入键盘，双键输入键盘和多键输入键盘，现在人们常用的键盘属于单键输入键盘，速录机键盘属于多键输入键盘，四节输入法键盘属于双键输入键盘。

⑤键盘的外形分为标准键盘和人体工程学键盘。人体工程学键盘是在标准键盘上将指法规定的左手键区和右手键区这两大板块左右分开，并形成一定角度，使操作者不必有意识的夹紧双臂，可以保持一种比较自然的形态。

⑥按照键盘的接口分有 AT 接口、PS/2 接口和最新的 USB 接口，现在的台式机多采用 PS/2 接口，大多数主板都提供 PS/2 键盘接口。而较老的主板常常提供 AT 接口也被称为"大口"，现在已经淘汰了。USB 是新型的接口，但 USB 接口只是一个卖点，对性能的提高收效甚微。

2）键盘的结构

①键盘的外壳。目前台式计算机的键盘都采用活动式键盘，键盘作为一个独立的输入部件，具有自己的外壳。键盘面板根据档次采用不同的塑料压制而成，部分优质键盘的底部采用较厚的钢板以增加键盘的质感和刚性，不过这样一来无疑增加了成本，所以不少廉价键盘直接采用塑料底座的设计，由于有的键盘采用塑料暗钩的技术固定键盘面板和底座两部分，实现无金属螺丝化的设计，所以分解时要小心以免损坏。

为了适应不同用户的需要，键盘的底部设有折叠的支持脚，展开支撑脚可以使键盘保持一定倾斜度，不同的键盘会提供单段、双段甚至三段的角度调整。

②盘面组成。盘面是由一些键帽组成的。键帽的反面是键柱塞，直接关系到键盘的寿命，其摩擦系数直接关系到按键的手感。

常规键盘具有 CapsLock（字母大小写锁定）、NumLock（数字小键盘锁定）、ScrollLock 三个指示灯，标志键盘的当前状态。这些指示灯一般位于键盘的右上角，不过有一些键盘如 ACER 的 Ergonomic KB 和 HP 原装键盘采用键帽内置指示灯，这种设计可以更容易的判断键盘当前状态，但工艺相对复杂，所以大部分普通键盘均未采用此项设计。

不管键盘形式如何变化基本的按键排列还是保持基本不变，可以分为主键盘区，数字辅助键盘区，F 键功能键盘区、控制键区，对于多功能键盘还增添了快捷键区。

③键盘电路板。键盘电路板是整个键盘的控制核心，它位于键盘的内部，主要承担按键扫描识别，编码和传输接口的工作。

2. 鼠标

"鼠标"因形似老鼠而得名"鼠标"。"鼠标"的标准称呼应该是"鼠标器"，英文名 Mouse。鼠标从出现到现在已经有 40 年的历史了。鼠标的使用是为了使计算机的操作更加简便，来代替键盘繁琐的指令。

1）鼠标的分类

①鼠标按其工作原理的不同可以分为机械鼠标和光电鼠标。

②鼠标还可按外形分为两键鼠标、三键鼠标、滚轴鼠标和感应鼠标。两键鼠标和三键鼠标的左右按键功能完全一致，一般情况下，用不到三键鼠标的中间按键，但在使用某些特殊软件时（如 AutoCAD 等），这个键也会起一些作用；滚轴鼠标和感应鼠标在笔记本电脑上用得很普遍，往不同方向转动鼠标中间的小圆球，或在感应板上移动手指，光标就会向相应方向移动，当光标到达预定位置时，按一下鼠标或感应板，就可执行相应功能。

③鼠标按接口类型可分为串行鼠标、PS/2 鼠标、USB 鼠标(多为光电鼠标)三种。串行鼠标是通过串行口与计算机相连,有 9 针接口和 25 针接口两种;PS/2 鼠标通过一个 6 针微型 DIN 接口与计算机相连,它与键盘的接口非常相似,使用时注意区分;USB 鼠标通过一个 USB 接口,直接插在计算机的 USB 口上。

④按照有线无线来分,有有线鼠标和无线鼠标。无线鼠标采用红外线、激光、蓝牙等技术。

2)鼠标的工作原理

鼠标在移动过程中对接触界面不断"拍照",对比前后图像,得出鼠标的具体位移和速度。

鼠标按其工作原理的不同可以分为机械鼠标和光电鼠标。机械鼠标主要由滚球、辊柱和光栅信号传感器组成。当拖动鼠标时,带动滚球转动,滚球又带动辊柱转动,装在辊柱端部的光栅信号传感器产生的光电脉冲信号反映出鼠标器在垂直和水平方向的位移变化,再通过计算机程序的处理和转换来控制屏幕上光标箭头的移动。光电鼠标器是通过检测鼠标器的位移,将位移信号转换为电脉冲信号,再通过程序的处理和转换来控制屏幕上的鼠标箭头的移动。

3)鼠标的主要性能参数

①分辨率(dpi):每英寸的点数。dpi 值越高,鼠标移动速度就越快,定位也就越准。

②光学式鼠标的分辨率:每英寸的测量次数。

③光学式鼠标的扫描频率:每秒钟光学传感器中的 CMOS 将接收到的光反射信号转换为电信号的次数。每秒内扫描次数越多,可以比较的图像就越多,相对的定位精度就应该越高。

3. 机箱

机箱作为计算机配件中的一部分,它起的主要作用是放置和固定计算机配件,起到一个承托和保护的作用,此外,计算机机箱具有屏蔽电磁辐射的重要作用,由于机箱不像 CPU、显卡、主板等配件能迅速提高整机性能,所以一直不被大家列为重点考虑对象。但是机箱也并不是毫无作用,一些用户买了杂牌机箱后,因为主板和机箱形成回路,导致短路,使系统变得很不稳定。

1)机箱的分类

(1)按照结构分类

按照机箱的内部结构可以分为 AT,ATX,Micro ATX 和 BTX 等类型,目前虽然是以 ATX 机箱为主流,但从发展趋势看,以后的机箱内部结构会慢慢过渡到 BTX。

①AT 结构。AT 是多年前的老机箱结构,现在已经被淘汰,市场上很少能见到。

②ATX 结构。ATX(AT extended)结构是 AT 结构的扩展。在 ATX 结构中,主板安装在机箱的左上方,并且横向放置。而电源安装的位置在机箱的右上方,前方的位置是预留给存储设备使用的,后方预留了各种外接端口的位置。这样使机箱内各部件的安装更加方便,机箱空间更加宽敞简洁,对散热也很有帮助。

③Micro ATX 结构。Micro ATX 又称 Mini ATX,是 ATX 结构的简化版,就是常说的"迷你机箱",其扩展插槽和驱动器仓位较少,扩展槽数通常有 4 个或更少,而 3.5 英寸和 5.25 英寸的驱动器仓位也分别只有两个或更少,这种机箱多用于品牌机。

④BTX 结构。BTX 是 Intel 提出的新型主板架构 balanced technology extended 的简称,是 ATX 结构的替代者,新的 BTX 规格能够在不牺牲性能的前提下做到最小的体积。新架构对接口、总线以及设备将有新的要求。BTX 结构将更加紧凑,主板的安装将更加简便。

（2）按照外观分类

机箱按照外观可以分为卧式机箱和立式机箱

①卧式机箱主要用于早期的计算机，可以平放在桌子上，同时在机箱上还可以放置显示器，从而节约空间。但是卧式机箱的散热效果不佳，因此目前这种机箱在市场中已经很少见到。

②立式机箱的电源在上方，其散热性比卧式机箱好，而且添加各种配件时也较为方便。立式机箱没有高度限制，在理论上可以提供更多的驱动器槽，并使计算机内部设备安装位置的分布更科学。

2）机箱的结构

机箱一般包括外壳、支架、面板上的各种开关、指示灯等。外壳用钢板和塑料结合制成，硬度高，主要起保护机箱内部元件的作用；支架主要用于固定主板、电源和各种驱动器。

4. 电源

计算机属于弱电产品，也就是说部件的工作电压比较低，一般在正负 12V 以内，并且是直流电。机箱电源负责将普通市电转换为计算机可以使用的电压：+12V/−12V、+5V/−5V、+3V/−3V 等，一般安装在计算机内部。计算机的核心部件工作电压非常低，并且由于计算机工作频率非常高，因此对电源的要求比较高。目前计算机的电源为开关电路，将普通交流电转为直流电，再通过载波控制电压，将不同的电压分别输出给主板、硬盘、光驱等计算机部件。计算机电源的工作原理属于模拟电路，负载对电源输出质量有很大影响，因此计算机最重要的一个指标就是功率，这就是人们常说的足够功率的电源才能提供纯净的电压。

1）电源的分类

计算机电源从规格上主要可以划分为四大类型。

①AT 电源。AT 电源的功率一般都在 150～250W 之间，由 4 路输出（±5V，±12V），另外向主板提供一个 PG（接地）信号。输出线为两个 6 芯插座和几个 4 芯插头，其中两个 6 芯插座为主板提供电力。AT 电源采用切断交流电网的方式关机，不能实现软件开关机，这也是很多计算机用户不满的地方所在。AT 电源现在已经淘汰。

②ATX 电源。ATX 电源是 Intel 公司 1997 年 2 月开始推出的电源结构，与以前的 AT 电源相比，在外形规格和尺寸方面并没有发生什么本质上的变化，但在内部结构方面却做了相当大的改动。最明显的就是增加了 ±3.3V 和 V StandBy 两路输出和一个 PS−ON 信号，并将电源输出线改为了一个 20 芯的电源线为主板供电。CPU 处理器工作频率不断提高，为了降低 CPU 处理器的功耗、减少发热量，就需要设计者降低芯片的工作电压。从这个意义上讲，电源就需要直接提供一个 ±3.3V 的输出电压，而那个 5V 的电压也叫做辅助正电压，只要接通 220V 交流电就会有电压输出。

而 PS−ON 信号是主板向电源提供的电平信号，低电平时电源启动，高电平时电源关闭。利用 5V StandBy 和 PS−ON 信号，就可能实现软件开关机、键盘开机、网络唤醒等功能。换句话讲，使用 ATX 电源的主板只要向 PS−ON 发送一个低电平信号就可以开机了，而主板向 PS−ON 发送一个高电平信号就又可以实现关机。

其中辅助 5V 电压始终是处于工作状态，这也是用户在插拔硬件设备的时候要关闭电源的原因，因为开电它即提供电压给整个系统，当用户取出 CUP、内存时，就很有可能因热插拔而造成硬件损坏。

③Micro ATX 电源。Micro ATX 是 Intel 公司在 ATX 电源的基础上改进的标准电源，

其主要目的就是降低制作成本。Micro ATX 电源与 ATx 电源相比,其最显著的变化就是体积减小、功率降低。ATx 标准电源的体积大约是 150mm×140mm×86mm,而 Micro ATX 电源的体积则是 125mm×100mm×63.5mm。ATX 电源的功率在 200W 左右,而 Micro ATX 电源的功率只有 90。目前 Micro ATX 电源大都在一些品牌机和 OEM 产品中使用,零售市场上很少看到。

④BTX 电源。BTX 电源也就是遵从 BTX 标准设计的计算机电源,不过 BTX 电源兼容了 ATX 技术,其工作原理与内部结构基本相同,输出标准与目前的 ATX12V 2.0 规范一样,也是像 ATX12V 2.0 规范一样采用 24pin 接头。

BTX 电源主要是在原 ATX 规范的基础之上衍生出 ATX 12V、CFX 12V、LFX 12V 几种电源规格。其中 ATX 12V 是既有规格,之所以这样是因为 ATX12V 2.0 版电源可以直接用于标准 BTX 机箱;CFX12V 适用于系统总容量在 10～15 升的机箱;这种电源与以前的电源虽然在技术上没有变化,但为了适应尺寸的要求,采用了不规则的外形。目前定义了 220W、240W、275W 三种规格,其中 275W 的电源采用相互独立的双路＋12V 输出。而 LFX12V 则适用于系统容量 6～9 升的机箱,目前有 180W 和 200W 两种规格。

2)电源电缆接口

24 针主电源＋ATX 12V 电缆接口如图 1.8.1,图 1.8.2 所示。

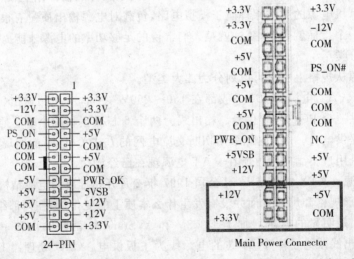

图 1.8.1　主板中 24 针的定义　　图 1.8.2　24 针电源针脚对应示意图

① 黄色＋12V:＋12V 一般为硬盘、光驱、软驱的主轴电机和寻道电机提供电源,即为 ISA 插槽提供工作电压和串口等电路逻辑信号电平。如果＋12V 的电压输出不正常时,常会造成硬盘、光驱、软驱的读盘性能不稳定。当电压偏低时,表现为光驱挑盘严重,硬盘的逻辑坏道增加,经常出现坏道,系统容易死机,无法正常使用。偏高时,光驱的转速过高,容易出现失控现象,较易出现炸盘现象,硬盘表现为失速,飞转。

②蓝色－12V:－12V 的电压是为串口提供逻辑判断电平,需要电流较小,一般在 1 安培以下,即使电压偏差较大,也不会造成故障,因为逻辑电平的 0 电平为－15～－3V,有很宽的范围。

③ 红色＋5V:＋5V 电源是提供给 CPU 和 PCI、AGP、ISA 等集成电路的工作电压,是

计算机主要的工作电源。它的电源质量的好坏,直接关系着计算机的系统稳定性。多数 AMD 的 CPU 其+5V 的输出电流都大于 18A,最新的 P4CPU 其提供的电流至少要 20A。

如果没有足够大的+5V 电压提供,表现为 CPU 工作速度变慢,经常出现蓝屏,屏幕图像停顿等,计算机的工作变得非常不稳定或不可靠。

④ 白色-5V:-5V 也是为逻辑电路提供判断电平的,需要的电流很小,一般不会影响系统正常工作,出现故障几率很小。

⑤ 橙色+3.3V:这是 ATX 电源专门设置的,为内存提供电源。该电压要求严格,输出稳定,纹波系数要小,输出电流大,要 20 A 以上。大多数主板在使用 SDRAM 内存时,为了降低成本都直接把该电源输出到内存槽。一些中高档次的主板为了安全都采用大功率场管控制内存的电源供应,不过也会因为内存插反而把这个管子烧毁。如果主板使用的是+2.5V DDR 内存,主板上都安装了电压变换电路。如果该路电压过低,表现为容易死机或经常报内存错误,或 Windows 系统提示注册表错误,或无法正常安装操作系统。

⑥紫色+5VSB(+5V 待机电源):ATX 电源通过 PIN9 向主板提供的电源,这个电源为 WOL(wake-up on lan)和开机电路,USB 接口等电路提供电源。如果你不使用网络唤醒等功能时,请将此类功能关闭,跳线去除,可以避免这些设备从供电端分取电流。

⑦绿色 PS-ON(电源开关端):PS-ON 端(PIN14 脚)为电源开关控制端,该端口通过判断该端口的电平信号来控制开关电源的主电源的工作状态。当该端口的信号电平大于 1.8V 时,主电源为关;如果信号电平为低于 1.8V 时,主电源为开。因此在单独为开关电源加电的情况下,可以使用万用表测试该脚的输出信号电平,一般为 4V 左右。因为该脚输出的电压为信号电平,开关电源内部有限流电阻,输出电流也在几个毫安之内,因此我们可以直接使用短导线或打开的回形针直接短路 PIN14 与 PIN15(即地,还有 3、5、7、13、15、16、17针),就可以让开关电源开始工作。此时就可以在脱机的情况下,使用万用表测试开关电源的输出电压是否正常。

需要记住的是,有时候虽然我们万用表测试的电源输出电压是正确的,但是当电源连接在系统上时仍然不能工作,这种情况主要是电源不能提供足够多的电流。典型的表现为系统无规律的重启或关机。所以对于这种情况只有更换功率更大的电源。

⑧灰色 PWR-OK(电源好信号):一般情况下,灰色线 PWR-OK 的输出如果在 2V 以上,那么这个电源就可以正常使用;如果 PWR-OK 的输出在 1V 以下时,这个电源将不能保证系统的正常工作,必须被更换。

⑨220VAC(市电输入):一般人们都不关心计算机使用的市电供应,但这是计算机工作所必需的,也是大家经常忽略的。在安装计算机时,必须使用有良好接地装置的 220V 市电插座,变化范围应该在 10%之内。如果市电的变化范围太大时,最好使用 100~260V 之间宽范围的开关电源,或者使用在线式的 UPS 电源。

⑩预备电源:4 针(1×4)接口,为 PCI Express x16 显卡提供电源,并非所有主板都有这个预备电源接口,只在某些高端主板上才可以看到。

3)电源的主要性能参数

辨别电源性能优劣最直接的方法就是看电源的功率。电源功率分为额定功率、最大输出功率和峰值功率。

①额定功率:指电源厂家按照 Intel 公司制定的标准,在环境温度为-5~50°、电压范围在 180~264V 间电源长时间工作的平均功率。

②最大输出功率:就是指电源在环境温度为 25°、电压范围在 200～264V 间电源长时间稳定输出的最大功率。

③峰值功率:输出功率则是电源在短时间内所能达到的最大功率,通常是指 30 秒内能达到的最大功率,意义不大。

1.8.2.2 相关实践知识

键盘和鼠标是计算机中最基本的输入、控制装置,是人们使用最频繁的,所以在选购时一定要好好考虑。

1. 键盘的选购

(1)从感性上认识

一款好的键盘用料优秀,整个键盘按键的布局合理,并且按键上的符号很清晰,面板颜色也很清爽,在键盘背面有厂商名称、生产地和日期标识。用手轻摇键盘时,觉得分量十足(好的键盘采用钢板为底板),而且整个键盘的按键无松动或哗哗的响声,结构稳定。好的键盘上都有不少的快捷键(如 Windows 按键、收发电子邮件和启动浏览器快捷键等),用户可以根据自己的情况选择这类键盘。

目前市场上的键盘还分为标准键盘和人体工学键盘。标准键盘分为 104 键和 108 键,人体工学键盘分为左右两部分,让用户长时间用起来也不会感到关节麻木发酸。

(2)从键盘的性能识别

键盘的接口分为并串口、PS/2 接口、USB 接口,在这三者中 USB 最快,一般家用计算机使用 PS/2 接口即可。好的键盘的按键次数在 3 万次以上,而且按键上的符号不易褪色,整个键盘有防水功能,耗电低。

(3)从实际操作手感识别

质量好的键盘一般在操作时手感比较舒适,按键有弹性而且灵敏度高,无手感沉重或卡住现象。

(4)注重品牌

购买时应该买品牌键盘,如三星、ACER、菲利浦、爱国者等。这样的键盘无论外观和还是手感都不错,而且还附送键盘保护膜,可防止灰尘,还有防水功能。

总的来说,在购买键盘时千万不能因小失大,价格虽重要,但质量上也一定要把好关,要求务必性价比高。

2. 鼠标的选购

(1)质量可靠

这是选择鼠标最重要的一点,无论它的功能有多强大、外形多漂亮,如果质量不好那么一切都不用考虑了。一般名牌的产品质量都比较好,但要注意也有假冒产品。识别假冒产品的方法很多,主要可以从外包装、鼠标的做工、序列号、内部电路板、芯片,甚至是一颗螺钉、按键的声音来分辨。

(2)按照自己的需要来选择

如果只是一般的家用,做一些文字处理什么的,那么选择机械鼠标或是半光电鼠标就合适;如果经常用一些专门的设计软件,那么建议买一只光电鼠标。

(3)接口(有线)

上面说过鼠标一般有三种接口,分别是 RS232 串口、PS/2 口和 USB 口。RS232 串口鼠标慢慢被淘汰了;USB 接口是现在流行鼠标,但价格稍贵,如果对价格不在意,可以考虑这种鼠标。

（4）接口（无线）

主要为红外线、蓝牙（Bluetooth）鼠标，现在无线套装比较多，但价格高，损耗也高（有线鼠标是无损耗的）如为了方便快捷可以考虑购买。

（5）手感好

手感在选购鼠标中也很重要，有些鼠标看上去样子很难看，歪歪扭扭的，但这样的鼠标的手感却非常好，适合手形，符合人体工程学。

（6）功能

标准鼠标：一般标准 3/5 键滚轮滑鼠。

办公室鼠标：软、硬体上增加 Office/Web 相关功能或是快速键的滑鼠。

简报鼠标：为增强简报功能开发的特殊用途滑鼠。

游戏鼠标：专为游戏玩家设计，能承受较强烈操作，解析度范围较大，特殊游戏需求软硬件设计。

3. 机箱的选购

选择机箱时，外观是首选因素，一般来说主要应该从以下几个方面进行考核：

（1）散热性

散热性能主要表现在三个方面，一是风扇的数量和位置，二是散热通道的合理性，三是机箱材料的选材。一般来说，品牌服务器机箱，比如超微，都可以很好的做到这一点，采用大口径的风扇直接针对 CPU、内存及磁盘进行散热，形成从前方吸风到后方排风（塔式为下进上出，前进后出）的良好散热通道，形成良好的热循环系统，及时带走机箱内的大量热量，保证服务器的稳定运行。而采用导热能力较强的优质铝合金或者钢材料制作的机箱外壳，也可以有效地改善散热环境。

（2）设计精良，易维护

设计精良的机箱会提供方便的 LED 显示灯以供维护者及时了解机器情况，前置 USB 口之类的小设计也会极大的方便使用者。同时，更有机箱提供了前置冗余电源的设计，使得电源维护也更为便利。

（3）机箱的内部设计

机箱的内部设计主要考虑坚固性、可扩展性、防尘性等 3 个方面。坚固性指是否可以稳定地承托机箱内部件，特别是主板底座是否会变形；扩展性指有较大扩展性的机箱可以为日后升级留有余地；良好的防尘性可以防止接触不良。

（4）制作工艺与用料

制作工艺与用料永远是衡量产品的最直观的表现方式。制作工艺与用料的好坏直接关系到系统的稳定性。

（5）品牌

品质的保证，能使你的系统最安全放心。

4. 电源的选购

买电源应该最先考虑的是功率。选择电源时切记，一定要选择整机功率≤电源额定功率，不可以按照电源的最大功率（峰值功率）来搭配，最大功率是不能长期稳定使用的功率。而且太大的功率也没有意义，浪费电，不环保，整机功率＜额定功率并不超过 500W 即可。

其次，电源的品牌也很重要，国内比较好的品牌就是航嘉、鑫谷、长城、全汉这几个品牌，无论是销售渠道还是售后服务都是比较到位的。

最后就是线材和散热。电源所使用的线的粗细很大程度上和耐用性相关。太细的线，长时间使用，常常会由于过热而烧毁。

1.8.2.3 任务实施

活动一 某单位想购买一台办公室文员使用的计算机，请帮他们推荐一套合适的键盘、鼠标。

活动二 某单位想购买一台专门进行 Auto CAD 设计的计算机，请帮他们推荐一套合适的键盘、鼠标。

活动三 某客户想购买一台高级多媒体计算机，要求显卡、声卡、网卡都是独立的，音箱是 5.1 声道的，请帮他推荐合适可行的机箱和电源。

活动要求与步骤：先充分了解市场键盘、鼠标、机箱和电源，然后上网查阅它们的相关资料，最后确定一款合适可行的方案。

1.8.3 归纳总结

本模块首先给出了要完成的任务，键盘、鼠标是计算机的主要输入设备，是用户使用计算机时操作的主要设备，用户最关心的是使用时是否方便、舒适。计算机中的各部件都固定在机箱内部，机箱对计算机各部件起到保护作用，而电源是计算机的动力，电源的质量对计算机各部件的寿命有较大的影响。然后围绕要完成模块任务，讲解了相关理论知识和实践知识。键盘的分类，键盘的结构，鼠标的分类，鼠标的主要性能参数，机箱的分类，机箱的结构，电源的分类，电源的电缆接口，电源的主要性能指标，键盘、鼠标、机箱与电源的选购。最后就是完成任务的具体实践活动。通过这一系列的任务实现，让学生比较全面的了解键盘的分类，熟悉键盘的结构，了解鼠标的分类，熟悉鼠标的主要性能参数，了解机箱的分类，熟悉机箱的结构，熟悉电源的分类，熟悉电源的电缆接口，熟悉电源的主要性能指标，熟悉，键盘、鼠标、机箱与电源的选购方法。从而使学生能够根据用户需求选购合适可行的键盘、鼠标、机箱与电源。

1.8.4 思考与训练

1. 填空题

①键盘接口有 ＿＿＿＿、＿＿＿＿、＿＿＿＿和 ＿＿＿＿ 4 种。

②按照按键的结构划分，键盘可分为 ＿＿＿＿和 ＿＿＿＿两大类，目前市场上的键盘基本都是属于 ＿＿＿＿。

③以 104 键键盘为例，按键可分为 ＿＿＿＿、＿＿＿＿、＿＿＿＿和 ＿＿＿＿ 4 个区。

④按工作原理可以将鼠标分为 ＿＿＿＿和 ＿＿＿＿两种，鼠标接口有 ＿＿＿＿、＿＿＿＿、＿＿＿＿、＿＿＿＿和 ＿＿＿＿。

⑤Windows98 键盘（107 键盘）比 104 键盘多了 ＿＿＿＿、＿＿＿＿和 ＿＿＿＿等电源管理键。

⑥按接口分类鼠标可分为 ＿＿＿＿、＿＿＿＿和 ＿＿＿＿三种。

⑦计算机机箱从样式上可分为 ＿＿＿＿和 ＿＿＿＿；按机箱的结构分为 ＿＿＿＿、＿＿＿＿、＿＿＿＿以及 ＿＿＿＿机箱。目前市场上主流产品是采用 ＿＿＿＿结构的主机箱。

⑧按照 CAG1.1 规范生产的机箱被称为 ＿＿＿＿机箱。

⑨电源按照结构可分为 ＿＿＿＿和 ＿＿＿＿。

⑩机箱电源后部有两个插座,分别用来连接 _____ 和 _____。

2. 选择题

①以接口类型来分,鼠标可分为 _____。

A. 串行口   B. PS/2 接口

C. USB 接口   D. 无线鼠标

②按功能分,键盘大致分为 _____。

A. 标准键盘   B. 人体工程学键盘

C. PS/2 键盘   D. 多功能键盘

③鼠标按内部结构分为 _____。

A. 机械式鼠标   B. 光机鼠标

C. Web 鼠标   D. 光电鼠标

④Windows98 键盘与 104 键键盘相比,增加了 _____ 键。

A. Wake UP   B. Sleep

C. Power   D. Insert

⑤键盘的分类方法有 _____。

A. 按键数分类   B. 按功能分类

C. 按接口分类   D. 按按键类型分类

⑥机箱的技术指标包括 _____。

A. 坚固性   B. 可扩充性

C. 散热性   D. 屏蔽性

⑦电源技术指标包括 _____。

A. 多国认证   B. 噪音和滤波

C. 电源效率   D. 发热量

3. 判断题

①USB 接口的鼠标是目前市场上最常用的一种鼠标。 （ ）

②PS/2 鼠标是目前市场上的主流产品,PS/2 鼠标使用一个 6 芯的圆形接口,它需要主板提供一个 PS/2 接口。 （ ）

③键盘可以进行热插拔。 （ ）

④鼠标的工作原理是:由滚球的移动带 X 轴及 Y 轴光圈转动,产生 0 与 1 的数据,再将相对坐标值传回计算机并反映在屏幕上。 （ ）

⑤在 Windows 时代,鼠标可以完全取代键盘。 （ ）

⑥鼠标按照内部构造可以分为两键鼠标、PS/2 接口鼠标、光学鼠标、无线鼠标和轨迹球等几类。 （ ）

⑦电源效率和电源设计线路有密切的关系,高效率的电源可以提高电能的使用效率,在一定程度上可以降低电源的自身功耗和发热量。 （ ）

⑧判断机箱品质优劣最简单的方法可以掂量一下机箱的重量,同体积的机箱越重越好。 （ ）

⑨电源上的安全认证标识 CCEE 是中国电工产品论证委员会质量认证标志。 （ ）

⑩为了方便用户,现在很多名牌机箱都在前面板上增加了实用的前置音频,USB 以及麦克风接口等。　　　　　　　　　　　　　　　　　　　　　　　　　　　　　　　( )

⑪目前 Pentium4 电源除了有一个标准的 20 线接口为主板供电外,一些 Pentium4 主板上还需要专用 Pentium4 电源。　　　　　　　　　　　　　　　　　　　　　　　( )

⑫按材质可以将机箱分为卧式机箱和立式机箱。　　　　　　　　　　　　　　　( )

⑬采用复位按键(RESET)重新启动系统对主板的冲击远小于使用电源(POWER)按键。
　　　　　　　　　　　　　　　　　　　　　　　　　　　　　　　　　　　　　　( )

项目二　计算机安装

项目描述

当选购好计算机配件后,要想使用计算机,就得能将这些配件正确组装起来。计算机硬件安装完成后,还需要安装操作系统后才可以使用。本项目通过计算机硬件安装、CMOS设置、硬盘初始化、Windows系统安装四个模块,最终成功完成一台计算机的安装。

模块一　计算机硬件安装

技能训练目标:能根据计算机实际配置,把计算机硬件组装成符合安全标准的计算机。
知识教学目标:熟悉计算机硬件的安装流程,熟悉计算机配件的安装方法。

2.1.1 任务布置

①写出所提供的计算机配件的名称、型号、规格,并记录在配件清单上。
②将所提供的计算机配件正确地组装成一台计算机。

2.1.2 任务实现

2.1.2.1 相关理论知识

1. 硬件的安全常识

①组装计算机时应该在平整宽敞的操作台上进行,不要在太过局促的环境中进行,以免发生硬件滑落、磕碰等,造成不必要的损失。

②清除身体静电。在日常活动中,身体很容易发生静电,特别是冬春季节气候干燥,产生的静电更多。而这些静电在组装过程中很可能将芯片内部的集成电路击穿,造成损失。因此,在安装操作前应该释放掉身体静电。通常可以通过触摸一下水管等接地金属物体释放掉身体上的静电,有条件的话,可以佩戴防静电环或防静电手套等。

③防止异物掉进(遗漏)机箱内。组装计算机时要注意,防止将螺丝等异物遗漏在机箱内,防止将饮料等液体洒落在器件上,特别是对于爱出汗的人来说,还要注意避免将汗水滴落在器件上,以及避免用有汗水的手接触印刷电路,尤其不要接触 CPU、内存、板卡等的接脚。

④在任何情况下,严禁带电进行组装操作。

2. 计算机安装技巧

①认真阅读 CPU、主板等计算机硬件说明书,熟悉各个硬件的特性、特点及安装要求。特别要关注 CPU 接口、电源接口(主板电源、风扇电源)、显卡接口、内存接口、扩展槽、硬盘接口、光驱接口、机箱面板接口等安装连接位置的说明,并将说明与实物相对照,仔细观察、识别防接错结构。一般来说,CPU、内存、显卡、电源、硬盘、光驱接口大多数通过形状结构对

应连接,不易接错;但机箱面板接口(按键、指示灯、USB接口等)等大多通过字母说明对应连接,较易接错,因此在连接之前一定要认真阅读说明书。

②组装时要注意硬件的安装顺序。参考办法:先大后小,先里后外,先固定后灵活。从碍手、遮挡的角度说就是先安装被遮挡物再装遮挡物。如先将CPU及风扇、内存等以主板为独立支撑物的硬件安装到主板上,再整体安装到机箱中,接着安装机箱电源、光驱等再装硬盘、软驱等,先紧固好所有的螺丝再连接各种数据线、电源线。有些机箱由冲压铁板制作,边缘非常锋利,内部空间又小,如果组装顺序不对,很可能遇到不必要的麻烦,甚至伤及身体或器件。

③熟悉各种螺丝钉。计算机组装时一般使用两种大小规格不同的螺丝钉,小口径的螺丝钉用于安装主板、软驱、光驱等,大口径螺丝钉用于安装硬盘、各种板卡、电源等。总之,在安装各种配件时,一定要选用合适的螺丝钉,千万不要使用蛮力将螺丝钉硬拧进去,这样极易损坏配件。

3. 计算机安装前的准备工作

在动手装机前,主要应做好以下准备工作。

①检查配件。组装一台计算机应选购的主要配件有主板、CPU、内存、显卡、硬盘、光驱、鼠标、键盘、显示器、机箱电源等,还有数据线、电源线等。

②认真阅读部件的使用说明书并对照实物熟悉各部件。

③准备工具。除十字螺丝刀外,为了安装方便,最好再准备一些常用的工具,如镊子、尖嘴钳和一只装螺丝用的器皿等。如果有条件,可以准备一只万用表。此外,装机场地还得有较宽阔的工作台、稳定的供电电源和足够的照明设施。

④准备Windows操作系统安装光盘和若干常用工具软件。

4. 计算机组装注意事项

在装机过程中,需要注意以下事项。

①防止静电。装机过程中要注意防止人体所带的静电对电子器件造成损伤。

②装机过程中不要连接电源线,严禁带电插拔硬件,以免烧坏芯片和部件。

③连接部件接口时,要注意方向。

④对各个部件要轻拿轻放,不要碰撞。

⑤在拧紧螺栓或螺帽时,要适度用力,并在开始遇到阻力时便立即停止。过度拧紧螺栓或螺帽可能会损坏主板或其他配件。

2.1.2.2 相关实践知识

1. 计算机安装流程

计算机的组装可按一定的步骤进行,基本的组装流程如下:

①做好准备工作,备妥配件和工具,消除身上的静电。

②将主板放置在平整的地方,在主板上安装CPU、CPU风扇、CPU风扇电源线和内存条。

③打开机箱,安装电源。

④将主板安装到机箱合适的位置。

⑤连接主板电源线。

⑥连接主板与机箱面板上的开关、指示灯、电源开关等连接。

⑦安装显示卡。

⑧安装硬盘、光驱,连接数据线。

⑨开机前的最后检查和内部清理。

⑩加电测试，如有故障应及时排除。

⑪闭合机箱盖。

⑫连接显示器、鼠标、键盘。

⑬安装 Windows 系统、驱动程序和常用应用软件。

2. 计算机硬件安装

计算机配件的型号和规格繁多，结构形式相差较大，不同结构的硬件的安装方法有一定的差别，但基本安装方法还是大同小异。

1）认识主板上的主要接口

主板接口如图 2.1.1 所示。

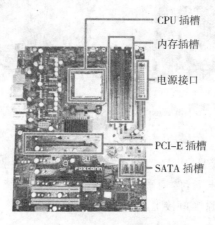

图 2.1.1　主板接口

2）安装 CPU

现在计算机使用的 CPU 主要有两大品牌：Intel 和 AMD，这两大品牌的 CPU 安装方法有一些差别。

（1）AMD CPU 安装方法

AMD CPU 的一个边角上有一个标识符，只要将这个标识符对准主板插槽上的标识符放进去就可以，如图 2.1.2 所示。

图 2.1.2 AMD CPU 安装

（2）Intel CPU 安装方法

Intel 处理器在针脚上和 AMD 不同的是，Intel 把针脚挪到了主板处理器插槽上，使用的是点触式。

与 AMD 处理器在主板的插槽上会予以三角符号标识防止插错不同,安装 Intel 处理器也有方法:处理器的一边有两个缺口,而在 CPU 插槽上,一边有两个凸出,对准放下去就可以了。然后扣好扣具,可能会有点紧,用力下压就可以了,如图 2.1.3,图 2.1.4 所示。

图 2.1.3　Intel CPU 插槽

处理器
编号信息

金属盖

基板

图 2.1.4　Intel CPU 外观

(3)安装 CPU 散热器

CPU 散热器安装比较容易。图 2.1.5 中这种 Intel 原装的散热器,只要将四个支脚对准主板上的插孔放好,先向下压紧,然后顺时针拧紧就可完成安装。风扇安装好后,一定要记得把 CPU 散热器的风扇电源接口接上。

图 2.1.5　CPU 风扇安装

(4)安装内存条

内存插槽集成在主板上,而且与各种内存之间也有一一对应的关系。目前的主流内存主要是 DDR2 内存,不过现在处于更新换代的时期,部分高端主板同时提供了 DDR2 和 DDR3 两种内存插槽,可以通过识别内存插槽上的缺口来加以识别。

安装内存很简单,只要把内存顺着接口,用力按下去,卡扣就会自动把内存从两边卡住,如图 2.1.6 所示。

(5)安装电源

一般情况下,在购买机箱的时候可以买装好的电源。不过,有时机箱自带的电源品质太差,或者不能满足特定要求,则需要更换电源。由于计算机中的各个配件基本上都已模块

将卡销往外扳

注意卡齿与插槽吻合

图 2.1.6 内存条安装

化,因此更换起来很容易,电源也不例外。

安装电源很简单,先将电源放进机箱上的电源位,并将电源上的螺丝固定孔与机箱上的固定孔对正。然后先拧上一颗螺钉(固定住电源即可),然后将最后 3 颗螺钉孔对正位置,再拧上剩下的螺钉即可。

需要注意的是在安装电源时,首先要做的就是将电源放入机箱内,在这个过程中要注意电源放入的方向,有些电源有两个风扇,或者有一个排风口,则其中一个风扇或排风口应对着主板,放入后稍稍调整,让电源上的 4 个螺钉和机箱上的固定孔分别对齐,如图 2.1.7 所示。

图 2.1.7 电源安装

ATX 电源提供多组插头,其中主要是 20 芯的主板插头、4 芯的驱动器插头和 4 芯的小驱动器专用插头。20 芯的主板插头只有一个且具有方向性,可以有效地防止误插,插头上还带有固定装置可以钩住主板上的插座,不至于让接头松动导致主板在工作状态下突然断电。四芯的驱动器电源插头用处最广泛,所有的 CD-ROM、DVD-ROM、CD-RW、硬盘甚至部分风扇都要用它。四芯插头提供了 +12V 和 +15V 两组电压,一般黄色电线代表 +12V电源,红色电线代表 +5V 电源,黑色电线代表地线。这种 4 芯插头电源提供的数量是最多的,如果用户觉得还不够用,可以使用一转二的转接线。四芯小驱动器专用插头原理和普通四芯插头是一样的,只是接口形式不同罢了,是专为传统的小驱动器供电设计的,如图 2.1.8 所示。

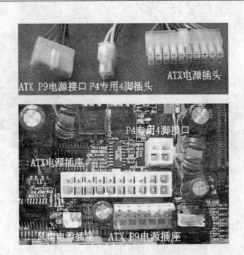

图 2.1.8　电源插头和插槽

（6）安装主板

安装主板隔离螺柱。目前，大部分主板板型为 ATX 或 MATX 结构，因此机箱的设计一般都符合这种标准。在安装主板之前，要先将机箱所提供的主板隔离螺柱安放到机箱主板托架上与主板安装孔相对应的位置，如图 2.1.9 所示，一般是安装 6 颗。

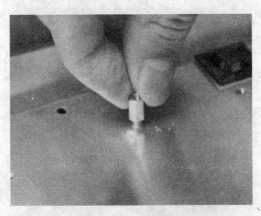

图 2.1.9　安装螺柱

放入主板如图 2.1.10 所示。双手平行托住主板，将主板放入机箱中，确定机箱安放到位，可以通过机箱背部的主板挡板来定位，如图 2.1.11 所示。

图 2.1.10　放入主板

图 2.1.11　主板安装

拧紧螺丝,固定好主板。在装主板固定螺丝时,注意每颗螺丝不要一开始就拧紧,应该等全部螺丝安装到位后,再将每颗螺丝拧紧,这样做的好处是随时可以对主板的位置进行调整,并且可以防止主板受力不均匀而导致变形,如图 2.1.12 所示。

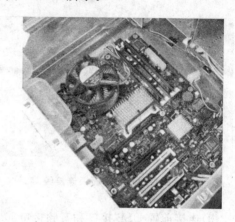

图 2.1.12　拧紧主板螺丝

固定好主板之后,如果安装的是独立显卡平台的话,接下来要做的内容是将显卡安装好。如图 2.1.13 所示,将显卡插进主板插槽之后,再拧上一颗螺丝就可以紧紧将显卡固定好了。

图 2.1.13　显卡安装

由于现在使用的普通计算机均采用集成的声卡和网卡,因此,组装计算机时不必安装声卡和网卡。

(7)连接机箱面板

一般来说,需要连接喇叭、硬盘信号灯、电源信号灯、ATX 开关、Reset 开关,其中 ATX 开关和 Reset 开关在连接时无需注意正负极,而喇叭、硬盘信号灯和电源信号灯需要注意正负极,白线或者黑线表示连接负极,彩色线(一般为红线或者绿线)表示连接正极,如图2.1.14,图 2.1.15 所示。

蜂鸣器

电源开关

复位开关

硬盘指示灯

电源灯（负极）

电源灯（正极）

图 2.1.14　机箱面板连接线　　　　　图 2.1.15　机箱面板连接线

(8)连接前置 USB 接口和音频接口

"开关类"连接线可以按照字母来对号入座，而前置 USB 连接线的连接就比较麻烦而且

也比较危险。首先要在主板上找到有类似 "F_USB"字样的连接点，然后再找到有图 2.1.16 中三角形记号所在的位置，这个位置就是插"＋5V"的地方。按照口诀："一红二白三绿四黑"，也就是说在确定了"＋5V"的位置后，第一个插红色的插口，第二个插白色插口，第三个插绿色插口，第四个插黑色插口。而另一组连接线也是按照上述方法连接。

图 2.1.16　USB 连接线

如今的主板上均提供了集成的音频芯片，并且性能上完全能够满足绝大部分用户的需求，因此我们便没有再去单独购买声卡的必要。为了方便用户的使用，目前大部分机箱除了具备前置的 USB 接口外，音频接口也被移植到了机箱的前面板上，为使机箱前面板的上耳机和话筒能够正常使用，还应该将前置的音频线与主板正确地进行连接，如图 2.1.17 所示。

图 2.1.17　音频接口连接

(9)安装硬盘和光驱

将宽度为 3.5 英寸的硬盘反向按装进机箱当中的 3.5 英寸的固定架，如图 2.1.18 所

示。并确认硬盘的螺丝孔与固定架上的螺丝位置相对应,然后拧上螺丝。

安装光驱时,首先取下机箱的前面板用于安装光驱的挡板,然后将光驱反向从机箱前面板装进机箱的 5.25 英寸槽位,如图 2.1.19 所示。确认光驱的前面板与机箱对齐平整,在光驱的每一侧用两个螺丝初步固定,先不要拧紧,这样可以对光驱的位置进行细致的调整,然后再把螺丝拧紧,这主要是考虑到机箱前面板的美观。

图 2.1.18　硬盘安装　　　　　图 2.1.19　光驱安装

(10)连接硬盘和光驱的数据线与电源

硬盘和光驱的数据线与电源线连接方法相同。以前的硬盘和光驱数据接口与电源接口相同,均为 IDE 接口。现在硬盘采用 SATA 接口,而光驱大部分还是 IDE 接口,如图 2.1.20 所示。

图 2.1.20　SATA 接口和 IDE 接口

(11)连接显示器、键盘、鼠标

连接显示器比较简单,只要把显示器后部的信号线与机箱后面的显卡输出端相连接,将显示器信号线的插头插到上面并拧好螺丝就行了,然后连接好显示器的电源。

键盘和鼠标是计算机中最重要的输入设备,必须安装。键盘和鼠标的安装很简单,只需将其插头对准缺口方向插入主板上的键盘/鼠标插座即可。现在最常见的是 PS/2 接口的键盘和鼠标,这两种接口的插头是一样的,很容易弄混淆,所以在连接的时候要看清楚,如图 2.1.21 所示。也有很多鼠标采用 USB 接口,这样的鼠标,只要将其接入主板上的 USB 接口就可以使用了。

图 2.1.21 键盘、鼠标接口

2.1.2.3 任务实施

活动一 Intel 平台计算机组装：根据提供的计算机配件，正确组装一台采用 Intel CPU 的计算机。

活动二 AMD 平台计算机组装：根据提供的计算机配件，正确组装一台采用 AMD CPU 的计算机。

2.1.3 归纳总结

本模块的主要任务是正确组装一台计算机。通过第一个项目的学习，学生已经熟悉了计算机的结构组成，并且具备了一定的拆装技能。在本模块，学生首先熟悉计算机组装的理论知识和实践知识，然后在教师的指导下正确安装一台计算机，不断反复，直到熟练。

2.1.4 思考与训练

1. 选择题

①安装过程中最重要的环节是_____。

    A. 安装声卡   B. 安装 CPU

    C. 安装光驱   D. 安装网卡

②组装与维修计算机所需的工具有_____。

    A. 镊子   B. 钳子

    C. 螺丝刀   D. 万用表

③现在主流硬盘的数据线接口为_____。

    A. SATA   B. IDE

    C. USB   D. PS/2

④现在主流内存条的接口为_____。

    A. SDRAM   B. DDR2

    C. DDR3   D. USB

⑤计算机组装时一般使用_____种大小规格不同的螺丝钉。

    A. 2   B. 3

    C. 4   D. 5

2. 判断题

①在组装计算机之前,触摸大块的金属可以释放身体上的静电。 （ ）

②在安装 CPU 风扇时,为了使风扇固定,要在 CPU 上涂上大量的硅胶。 （ ）

③安装显卡时,将显卡对准插槽,然后用力压入插槽。 （ ）

④组装计算机只要将选购来的配件组装在一起就可以了。 （ ）

⑤采购配件时,一定要注意产品的包装是否打开过以及配件与包装盒上的标志是否一致等。 （ ）

3. 实训题

①简述计算机组装流程。

②Intel CPU 和 AMD CPU 安装有哪些不同?

模块二 CMOS 设置

技能训练目标:能根据计算机硬件实际内容,设置并优化 CMOS。

知识教学目标:了解 BIOS 的种类,了解 BIOS 与 CMOS 的区别,熟悉 BIOS 的进入方法,了解 BIOS 设置程序的功能,熟悉 CMOS 的设置。

2.2.1 任务布置

①标准 CMOS 设置。
②高级 BIOS 特性设置。

2.2.2 任务实现

2.2.2.1 相关理论知识

1. BIOS 的种类

目前 BIOS 主要有 Award BIOS、AMI BIOS 和 Phoenix BIOS,下面对其分别进行介绍。

(1)Award BIOS

Award BIOS 是 Award 公司开发的 BIOS 产品,它的功能强大、能支持新硬件而且更新速度快,因此得以广泛应用。不过,Award 公司已经和 Phoenix 公司合并,因此在台式机主板方面,虽然 BIOS 的标志为 Phoenix－Award,但实际上还是 Award 的 BIOS。目前大多数主板都采用 Award BIOS。

(2)AMI BIOS

AMI BIOS 是 AMI 公司开发的 BIOS 产品,常见于早期的 286 和 386 主板上,它对各种软件和硬件都有良好的适应性并且有较好的系统性能,因而受到广大用户的青睐。但在后期由于未能及时推出新版本的 BIOS 以适应市场,以致市场占有率大幅降低。以后又推出了 WinBIOS 和 HIFLEX 等一系列评价不错的产品,但仍未能抢占市场。

(3)Phoenix BIOS

Phoenix BIOS 是 Phoenix 公司开发的产品,Phoenix BIOS 虽然普及率不高,但其界面简洁,便于操作,多用于高档的原装品牌机和笔记本电脑上。

2. BIOS 与 CMOS

在日常操作和维护计算机的过程中,常常可以听到有关 BIOS 设置和 CMOS 设置的一些说法,许多人对 BIOS 和 CMOS 经常混淆,实际上 BIOS 和 CMOS 是两个不同的概念。

(1)什么是 BIOS

所谓 BIOS,实际上就是计算机的基本输入输出系统,其内容集成在计算机主板上的一个 ROM 芯片上,主要保存着有关计算机系统最重要的基本输入输出程序,系统信息设置、开机上电自检程序和系统启动自举程序等。

(2)什么是 CMOS

CMOS(本意是指互补金属氧化物半导体存储器,是一种大规模应用于集成电路芯片制造的原料)是微机主板上的一块可读写的 RAM 芯片,主要用来保存当前系统的硬件配置和操作人员对某些参数的设定。CMOS RAM 芯片由系统通过一块后备电池供电,因此无论是在关机状态中,还是遇到系统掉电情况,CMOS 信息都不会丢失。

由于 CMOS RAM 芯片本身只是一块存储器,只具有保存数据的功能,所以对 CMOS 中各项参数的设定要通过专门的程序。早期的 CMOS 设置程序驻留在软盘上的(如 IBM 的 PC/AT 机型),使用很不方便。现在多数厂家将 CMOS 设置程序做到了 BIOS 芯片中,在开机时通过按下某个特定键就可进入 CMOS 设置程序而非常方便地对系统进行设置,因此这种 CMOS 设置又通常被叫做 BIOS 设置。

(3)BIOS 和 CMOS 的区别与联系

BIOS 与 CMOS 既相关又不同:BIOS 中的系统设置程序是完成 CMOS 参数设置的手段;CMOS RAM 既是 BIOS 设定系统参数的存放场所,又是 BIOS 设定系统参数的结果。因此,完整的说法应该是"通过 BIOS 设置程序对 CMOS 参数进行设置"。由于 BIOS 和 CMOS 都跟系统设置密切相关,所以在实际使用过程中造成了 BIOS 设置和 CMOS 设置的说法,其实指的都是同一回事,但 BIOS 与 CMOS 却是两个完全不同的概念,不可搞混淆。

3.BIOS 设置程序的功能

(1)自检及初始化

计算机接通电源后,系统首先由上电自检(POST)程序来对内部各个设备进行检查。通常完成的 POST 自检,包括对 CPU、基本内存、主板、CMOS 存储器、串并口、显卡、软硬盘子系统及键盘进行测试。一旦在自检中发现问题,系统将发出报警或给出提示信息。

(2)系统设置

计算机组件的设置记录是放在一块可读写的 CMOS RAM 芯片中的,主要保存着系统的基本情况、CPU 特性和软硬盘驱动器等组件的信息。在 BIOS ROM 芯片中装有"系统设置程序",主要用来设置 CMOS RAM 中的各项参数。

(3)启动自检

系统完成 POST 自检后,BIOS 就首先按照系统 CMOS 设置中保存的启动顺序,搜索软硬盘驱动器及 CD-ROM 或网络服务器等,有效地启动驱动器,读入操作系统引导记录,然后将系统控制权交给引导记录,并由引导记录来完成系统的顺序启动。

(4)程序服务处理和硬件中断处理

程序服务处理主要是为应用程序和操作系统服务,这些服务主要与 I/O 设备有关。例如,读磁盘、文件输出到打印机等。为了完成这些操作,BIOS 必须直接与计算机的 I/O 设备打交道,它通过端口发出命令,向各种外部设备传送数据以及从它们那里接收数据,使程序能够脱离具体的硬件操作。而硬件中断处理则删除处理计算机硬件的需求,因此这两部分分别为软件和硬件服务,组合到一起,就可以使计算机系统正常运行。

2.2.2.2 相关实践知识

1.BIOS 的进入方法

BIOS 设置程序的进入方法目前采用的是在开机启动时按热键进入,不同的 BIOS 有不同的进入方法,通常会在开机画面有提示。最常见的几种 BIOS 设置程序的进入方式有,A-ward BIOS:按 Del 键,AMI BIOS:按 Del 或 ESC 键,Phoenix BIOS:按 F2 键。

因为 Award BIOS 使用最广,所以本模块介绍的设置方法以 Award BIOS 为准,其他类型 BIOS 设置方法有所不同,但主要设置选项是基本相同的。

2.Award BIOS 设置

开机后,当屏幕出现自检信息时,屏幕下方会出现一行"Press Del to ENTER Setup or

quit"，这时按下 Del 键可以进入 CMOS 设置程序，如图 2.2.1 所示。

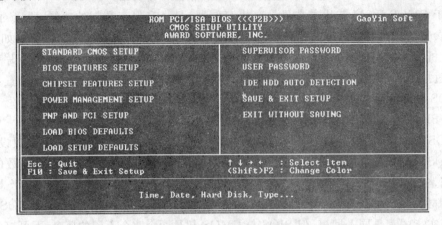

图 2.2.1　CMOS 主界面

（1）STANDARD CMOS SETUP（标准 CMOS 设置）

这是最基本的 CMOS 系统设置，包括日期、驱动器和显示适配器，最重要的一项是 halt on（系统挂起设置）。

· halt on。缺省设置为 All Errors，表示在 POST 过程中有任何错误都会停止启动，此选择能保证系统的稳定性。如果要加快速度的话，可以把它设为 No Errors，即在任何时候都尽量完成启动。不过加速的后果是有可能造成系统错误，应按需选择。

（2）BIOS FEATURES SETUP（BIOS 特性设置）

· Virus Warning/Anti—Virus Protection（病毒警告/反病毒保护）。选项：Enabled（开启），Disabled（关闭），ChipAway（芯片控制）。

· CPU Level 1 Cache/Internal Cache（中央处理器一级缓存/内部缓存）。选项：Enabled，Disabled。

· CPU Level 2 Cache/External Cache（中央处理器二级缓存/外部缓存）。选项：Enabled，Disabled。

· CPU L2 Cache ECC Checking（CPU 二级缓存 ECC 校验）。选项：Enabled，Disabled。

· Quick Power On Self Test（快速加电自检测）。选项：Enabled，Disabled。

这项设置可加快系统自检的速度，使系统跳过某些自检选项（如内存完全检测），不过开启之后会降低侦错能力，削弱系统的可靠性。

· Boot Sequence（启动顺序）。选项：A，C，SCSI/EXT；C，A，SCSI/EXT；C，CD—ROM，A；CD—ROM，C，A；D，A，SCSI/EXT（至少拥有两个 IDE 硬盘时才会出现）；E，A，SCSI/EXT（至少拥有三个 IDE 硬盘时才会出现）；F，A，SCSI（至少拥有四个 IDE 硬盘时才会出现）；SCSI/EXT，A，C；SCSI/EXT，C，A；A，SCSI/EXT，C；LS/ZIP，C。

· Boot Sequence EXT Means（把启动次序的 EXT 定义为何种类型）。选项：IDE，SCSI。

· Swap Floppy Drive（交换软盘驱动器号）。选项：Enabled，Disabled。

· Boot Up Floppy Seek（启动时寻找软盘驱动器）。选项：Enabled，Disabled。

· Boot Up NumLock Status（启动时键盘上的数字锁定键的状态）。选项：On，Off。

· Gate A20 Option（A20 地址线选择）。选项：Normal（正常）、Fast（加速）。

• IDE HDD Block Mode(IDE 硬盘块模式)。选项：Enabled，Disabled。

• 32－Bit Disk Access(32 位磁盘存取)。选项：Enabled，Disabled。

• Typematic Rate Setting(输入速度设置)。选项：Enabled，Disabled。

• Typematic Rate (Chars/Sec)(输入速率，单位：字符/秒)。选项：6，8，10，12，15，20，24，30。在一秒之内连续输入的字符数，数值越大速度越快。

• Typematic Rate Delay (Msec)(输入延迟，单位：毫秒)。选项：250，500，750，1000。每一次输入字符延迟的时间，数值越小速度越快。

• Security Option(安全选项)。选项：System，Setup。只有在 BIOS 中建立了密码，此特性才会开启，设置为 System 时，BIOS 在每一次启动都会输入密码，设置为 Setup 时，在进入 BIOS 菜单时要求输入密码。如果不想别人动自己的机器，还是加上密码的好。

• PCI/VGA Palette Snoop(PCI/VGA 调色板探测)。选项：Enabled，Disabled。

• Assign IRQ For VGA(给 VGA 设备分配 IRQ)。选项：Enabled，Disabled。

• MPS Version Control For OS(面向操作系统的 MPS 版本)。选项：1.1，1.4。

• OS Select For DRAM > 64MB。选项：OS/2，Non－OS/2。

• HDD S. M. A. R. T. Capability(硬盘 S. M. A. R. T. 能力)。选项：Enabled，Disabled。

• Report No FDD For Win9x。选项：Enabled，Disabled。

• Delay IDE Initial (Sec)(延迟 IDE 初始化)。选项：0，1，2，3，……

（3）Chipset Features Setup(芯片组特性设置)

• SDRAM RAS－to－CAS Delay(内存行地址控制器到列地址控制器延迟)。选项：2，3。

• SDRAM RAS Precharge Time(SDRAM RAS 预充电时间)。选项：2，3。

• SDRAM CAS Latency Time/SDRAM Cycle Length (SDRAM CAS 等待时间/SDRAM 周期长度)。选项：2，3。

• SDRAM Leadoff Command(SDRAM 初始命令)。选项：3，4。

• SDRAM Bank Interleave(SDRAM 组交错)。选项：2－Bank，4－Bank，Disabled。

• SDRAM Precharge Control(SDRAM 预充电控制)。选项：Enabled，Disabled。

• DRAM Data Integrity Mode(DRAM 数据完整性模式)。选项：ECC、Non－ECC。

• Read－Around－Write(在写附近读取)。选项：Enabled，Disabled。

• System BIOS Cacheable(系统 BIOS 缓冲)。选项：Enabled，Disabled。

• Video BIOS Cacheable(视频 BIOS 缓冲)。选项：Enabled，Disabled。

• Video RAM Cacheable(视频内存缓冲)。选项：Enabled，Disabled。

• Passive Release(被动释放)。选项：Enabled，Disabled。

• AGP Aperture Size(MB)(AGP 区域内存容量)。选项：4,8,16,32,64,128,256。

• AGP 2× Mode(开启两倍 AGP 模式)。选项：Enabled，Disabled。

• AGP Master 1WS Read(AGP 主控 1 个等待读周期)。选项：Enabled，Disabled。

• AGP Master 1WS Write(AGP 主控 1 个等待写周期)。选项：Enabled，Disabled。

• Spread Spectrum/Auto Detect DIMM/PCI Clk(伸展频谱/自动侦察 DIMM/PCI 时钟)。选项：Enabled, Disabled, 0.25%, 0.5%, Smart Clock(智能时钟)。

• Flash BIOS Protection(可刷写 BIOS 保护)。选项：Enabled，Disabled。

• Hardware Reset Protect(硬件重启保护)。选项：Enabled，Disabled。

• CPU Warning Temperature(CPU 警告温度)。选项:35,40,45,50,55,60,65,70。

• Shutdown Temperature。选项:50,53,56,60,63,66,70。

• CPU Host/PCI Clock(CPU 外频/PCI 时钟)。选项:Default(66/33MHz)、68/34MHz、75/37MHz、83/41MHz、100/33MHz、103/34MHz、112/33MHz、133/33MHz。

设置 CPU 的外频,是软超频的一种,尽量不要选择非标准 PCI 外频(即 33MHz 以外的),避免系统负荷过重而烧掉硬件。

(4) PNP/PCI Configuration(即插即用设备与外围设备设置)

• PNP OS Installed(即插即用操作系统安装)。选项:Yes(有)、No(无)。

• Force Update ESCD / Reset Configuration Data(强迫升级 ESCD/重新安排配置数据)。选项:Enabled,Disabled。

• Resource Controlled By(资源控制)。选项:Auto(自动),Manual(人工)。

• Assign IRQ For USB(给 USB 设备分配 IRQ)。选项:Enabled,Disabled。

• PCI IRQ Activated By(PCI 激活 IRQ)。选项:Edge(边带),Level(水平)。

• PIRQ_0 Use IRQ No. ~ PIRQ_3 Use IRQ No.。选项:Auto,3,4,5,7,9,10,11,12,14,15。

• Power Management(能源管理)。选项:Enabled,Disabled。

• ACPI function Power Management。选项:Users Define(用户定义),Min Saving(最小节能),Max Saving(最大节省),Disable(关闭)。

• PM Control by APM(由 APM 控制能源管理)。选项:Enabled,Disabled。

• Video Off Option(屏幕关闭选项)。选项:DMPS,Blank Screen,V/H Sync+Blank。

• Video off After(VGA 关闭)。选项:Doze(打盹),StandBy(待命),Suspend(睡眠)。

• MODEM Use IRQ(MODEM 使用的 IRQ 号)。选项:3,4,5,7,9,10,11。

• Doze Mode(打盹模式)。选项:1Min(分钟),2Min,4Min,8Min,12Min,20Min,30Min,40Min,1Hour(小时),Disabled。

• Standby Mode(待命模式)。选项:1Min(分钟),2Min,4Min,8Min,12Min,20Min,30Min,40Min,1Hour(小时),Disabled。

• Suspend Mode(睡眠模式)。选项:1Min(分钟),2Min,4Min,8Min,12Min,20Min,30Min,40Min,1Hour(小时),Disabled。

• HDD Power Down(硬盘关闭控制)。选项:1~15Min,Disabled。

• Throttle Duty Cycle(节能周期)。选项:12.5%,25%,37.5%,50%,62.5%,75.0%。

• PCI/VGA Active Monitor(PCI/视频激活显示器)。选项:Enabled,Disabled。

• Soft—Off by PWRBTN(电源按钮关机)。选项:Delay 4 Sec(延迟 4 秒),Instand—Off(立即关闭)。

• CPU FAN Off In Suspend(在睡眠模式下停止 CPU 风扇)。选项:Enabled,Disabled。

• Power On By Ring(响铃开机)。选项:Enabled,Disabled。

• Resume By Alarm(警报恢复)。选项:Enabled,Disabled。

(5) LOAD BIOS DEFAULTS (载入 BIOS 缺省值)

本项可以将 CMOS 参数恢复为主板厂商设定的默认值,这些默认值是确保系统能够正常运行为目的的,不考虑系统运行的性能。当 BIOS 设置不当,引起硬件故障时,可以利用该功能将参数恢复为默认值,然后逐步修改,找到原因所在。

(6) LOAD SETUP DEFAULTS(载入 SETUP 缺省值)

本项用于装载 BIOS ROM 的最佳优化值。

(7) INTEGRATED PERIPHERALS(完整的外围设备设置)

- Onboard IDE-1 Controller(板上 IDE 第一接口控制器)。选项:Enabled,Disabled。
- Onboard IDE-2 Controller(板上 IDE 第二接口控制器)。选项:Enabled,Disabled。
- Master/Slave Drive PIO Mode(主/副驱动器 PIO 模式)。选项:0,1,2,3,4,Auto。
- Master/Slave Drive Ultra DMA。选项:Auto(自动),Disabled。
- Ultra DMA-66 IDE Controller(Ultra DMA 66 IDE 控制器)。选项:Enabled,Disabled。
- USB Controller(USB 控制器)。选项:Enabled,Disabled。
- USB Keyboard Support(USB 键盘支持)。选项:Enabled,Disabled。
- USB Keyboard Support Via(USB 键盘支持模式)。选项:OS,BIOS。
- Init Display First(显示适配器选择)。选项:AGP,PCI。
- KBC Input Clock Select(键盘控制器输入时钟选择)。选项:8MHz,12MHz,16MHz。
- Power On Function(电源开启功能)。选项:Button Only(电源开关键),Keyboard 98
- Onboard FDD Controller(板上软盘驱动器控制器)。选项:Enabled,Disabled。
- Onboard Serial Port 1/2(板上串行口 1/2)。选项:Disabled,3F8h/IRQ4,2F8h/IRQ3
- Onboard IR Function(板上红外线功能)。选项:IrDA (HPSIR) mode, ASK IR(Amplitude Shift Keyed Infra-Red,长波形可移动输入红外线)mode, Disabled。
- Duplex Select(红外传输双向选择)。选项:Full-Duplex(完全双向),Half-Duplex(半双向)。
- Onboard Parallel Port(板上并行口)。选项:3BCh/IRQ7,278h/IRQ5,378h/IRQ7,Disabled。
- Parallel Port Mode(并行口模式)。选项:ECP, EPP, ECP+EPP, Normal (SPP)。
- ECP Mode Use DMA(ECP 模式使用的 DMA 通道)。选项:Channel 1(通道 1),Channel 3(通道 2)。
- EPP Mode Select(EPP 模式选择)。选项:EPP 1.7、EPP 1.9。

(8) SUPERVISOR PASSWORD(更改管理员密码)

设置管理员密码可以使管理员有权限更改 BIOS 设置。如果取消密码,只要在这个项目上两次回车,不输入任何密码就可以了。

(9) USER PASSWORD(更改用户密码)

如果没有设置管理员密码,则用户密码也会起到相同的作用。如果同时设置了管理员与用户密码且不相同,则使用用户密码只能看到设置好的数据,而不能对设置进行修改。为了使设置的口令有效,还应该在 BIOS FEATURES SETUP 中,选择 Security Option 选项进行设置。将其值设为 SETUP,表示此时任何人都可以使用计算机,只有在进入 BIOS 设置时才需要输入密码。如果将此项的值设置为 System(或者 Always),则表示启动计算机时也需要输入密码。

(10) IDE HDD AUTO DETECTION(自动检测 IDE 设置)

使用此项可以自动检测主板的 IDE 接口所连接的设备,从中可以看到硬盘的基本资料。

(11) SAVE & EXIT SETUP(存盘退出)

保存所做的修改,退出 CMOS 设置程序。使用 F10 功能键,效果是一样的。

(12) EXIT WITHOUT SAVING(不存盘退出)

放弃所做的任何修改,退出设置程序。

2.2.2.3 任务实施

活动一　BIOS 基本设置

①开机后,当屏幕出现自检信息时,屏幕下方会出现一行"Press Del to ENTER Setup or quit",这时按下 Del 键进入 CMOS 设置程序。

②设置日期、时间为 2008 年 8 月 8 日 19 时 00 分 00 秒。

③查看硬盘和光驱参数。

④设置软盘驱动器。

⑤设置显示方式为 EGA/VGA,可以尝试设置其他方式看看有什么变化。

⑥改变系统暂停设置(halt on)。

⑦查看内存信息。

⑧载入 BIOS 的默认设置。

⑨保存退出 BIOS 设置。

活动二　BIOS 高级设置

①设置启动顺序。

②屏蔽声卡(如果提供的机器支持这项功能)。

③设置开机不检测软驱。

④设置开机密码。

2.2.3 归纳总结

BIOS 是开机后最先加载的程序,所以对它的设置和优化就显得极为重要。准确配置硬盘、合理设置驱动器引导系统的顺序,快速有效地进行系统优化设置,都是系统维护人员的重要技能。通过本模块的学习实践,学生可以熟悉 BIOS 与 CMOS 的区别与联系,熟悉 BIOS 的作用和功能以及设置方法。

2.2.4 思考与训练

①简述 BIOS 与 CMOS 的区别与联系。

②市场主流的 BIOS 有哪几种?

③BIOS 中的 Security Options 有几个选项? 有何区别?

④怎样在 BIOS 中设置系统启动顺序?

模块三 硬盘初始化

技能训练目标:能根据硬盘大小和用户要求,对硬盘进行合理分区并格式化。

知识教学目标:熟悉硬盘初始化概念,熟悉硬盘分区类型及特点,了解分区文件格式类型及特点,熟悉硬盘初始化过程,理解硬盘盘符的分配。

2.3.1 任务布置

①根据给定的硬盘参数和用户需求,合理制定硬盘分区方案。

②根据制定的硬盘分区方案,对硬盘进行初始化。

2.3.2 任务实现

2.3.2.1 相关理论知识

1. 硬盘初始化概念

硬盘的初始化工作包括低级格式化、分区和高级格式化三个步骤。

(1)低级格式化

低级格式化就是将空白的磁盘划分出柱面和磁道,再将磁道划分为若干个扇区,每个扇区又划分出标识部分、间隔区和数据区等。但经常对硬盘进行低级格式化,将会减少硬盘的使用寿命。

(2)分区

硬盘容量越来越大,存储的数据信息越来越多,如何规划管理好硬盘,是摆在每一个用户面前的问题。将硬盘合理分区,是有效解决这一问题的重要方法。

对硬盘分区的工作实际上是将一个物理硬盘划分成若干个逻辑硬盘。这样分区后,分区程序运行的结果(分区参数和主引导程序)将存放在硬盘的第一个物理扇区内。

(3)高级格式化

一个仅完成了分区的硬盘仍然无法正常使用,若想用它来存储文件,还必须对它进行高级格式化。

高级格式化又称逻辑格式化,就是在磁盘上设置目录区、文件分配表区等,写上系统规定的信息和格式。在磁盘上存放数据时,系统将首先读取这些规定的信息来进行校对,然后才将用户的数据存放到指定的地方。

高级格式化可以对一个逻辑盘(硬盘分区)进行操作。在高级格式化时,同样会删除掉被格式化磁盘上保存的信息。

高级格式化可以在 DOS 下进行,也可以在 Windows、Linux 下进行,它不会对硬盘造成物理损坏。

2. 硬盘分区类型及特点

硬盘分区有三种:主分区、扩展分区、逻辑分区。

(1)主分区(基本分区)

包含操作系统启动所必须的文件和数据的硬盘分区叫做主分区。系统将从这个分区查找和调用操作系统所必须的文件和数据。一个操作系统必须有一个主分区,也只能有一个主分区,在一个硬盘上可以有不超过四个的主分区。

(2)扩展分区

硬盘中扩展分区是可选的,即用户可以根据需要及操作系统的磁盘管理能力而设置扩展分区。一个硬盘最多只能有一个扩展分区,这时候主分区最多只能有三个。

(3)逻辑分区

扩展分区不能直接使用,要将其分成一个或多个逻辑分区才能为操作系统识别和使用。

(4)活动分区

当从硬盘启动系统时,有一个分区并且只能有一个分区中的操作系统进入运行,这个分区叫做活动分区。

3. 分区文件格式类型及特点

根据目前流行的操作系统来看,常用的分区格式有 FAT16、FAT32、NTFS、Ext2 格式。

(1)FAT16

这是 MS-DOS 和最早期的 Windows 95 操作系统中使用的磁盘分区格式。它采用16位的文件分配表,是目前获得操作系统支持最多的一种磁盘分区格式,几乎所有的操作系统都支持这种分区格式,从 DOS、Windows 95、Windows OSR2 到现在的 Windows 98、Windows Me、Windows NT、Windows 2000,甚至最新的 Windows XP 都支持 FAT16,但只支持2GB 的硬盘分区成为它的一大缺点。FAT16 分区格式的另外一个缺点是:磁盘利用效率低(具体的技术细节请参阅相关资料)。为了解决这个问题,微软公司在 Windows 95 OSR2 中推出了一种全新的磁盘分区格式——FAT32。

(2)FAT32

这种格式采用32位的文件分配表,对磁盘的管理能力大大增强,突破了 FAT16 下每一个分区的容量只有 2GB 的限制。由于现在的硬盘生产成本下降,其容量越来越大,运用 FAT32 的分区格式后,可以将一个大容量硬盘定义成一个分区而不必分为几部分。

FAT32 与 FAT16 相比,可以极大地减少磁盘的浪费,提高磁盘利用率。目前,Windows 95 以后的操作系统都支持这种分区格式。但是,这种分区格式也有它的缺点。首先是采用 FAT32 格式分区的磁盘,由于文件分配表的扩大,运行速度比采用 FAT16 格式分区的磁盘要慢。另外,由于 DOS 和 Windows 95 不支持这种分区格式,所以采用这种分区格式后,将无法再使用 DOS 和 Windows 95 系统。

(3)NTFS

它的优点是安全性和稳定性方面非常出色,在使用中不易产生文件碎片。并且能对用户的操作进行记录,通过对用户权限进行非常严格的限制,使每个用户只能按照系统赋予的权限进行操作,充分保护了系统与数据的安全。Windows 2000、Windows NT 以及 Windows XP 都支持这种分区格式。

(4)Ext2

这是 Linux 中使用最多的一种文件系统,它是专门为 Linux 设计的。Ext2 既可以用于标准的块设备(如硬盘),也被应用在软盘等移动存储设备上。现在已经有新一代的 Ext3 文件系统出现。

2.3.2.2 相关实践知识

1. 使用 Fdisk 进行硬盘分区

用软盘或光盘启动盘启动计算机,图 2.3.1 是软盘启动后得到的画面。

敲入 FDISK,回车,看到了如图 2.3.2 所示的画面。

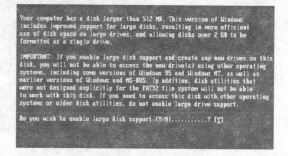

图 2.3.1　Fdisk 启动画面　　　　　　图 2.3.2　Fdisk 说明

图 2.3.2 的意思是磁盘容量已经超过了 512M,为了充分发挥磁盘的性能,建议选用 FAT32 文件系统,输入“Y”键后按回车键。

出现 Fdisk 的主画面,如图 2.3.3 所示各项中文解释如下。

当前硬盘驱动器是:1

选择下列的一项

1. 建立 DOS 分区或逻辑分区

2. 激活引导分区

3. 删除分区或逻辑分区

4. 显示当前分区信息

5. 选择其他的硬盘(注:挂双硬盘才有这个选项,否则只显示前四项)。

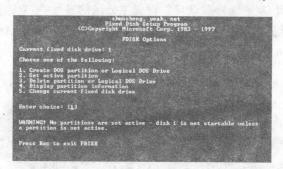

图 2.3.3　主菜单界面

选择“1”后按回车键,显示如图 2.3.4 画面,图中各项中文解释如下。

1. 创建主分区

2. 创建扩展分区

3. 创建逻辑驱动盘

一般说来,硬盘分区遵循着“主分区→扩展分区→逻辑驱动器”的顺序原则,而删除分区则与之相反。主分区之外的硬盘空间就是扩展分区,而逻辑驱动器是对扩展分区再行划分得到的。

(1)创建主分区(primary partition)

选择“1”后回车确认,Fdisk 开始检测硬盘,如图 2.3.5 和图 2.3.6 所示。

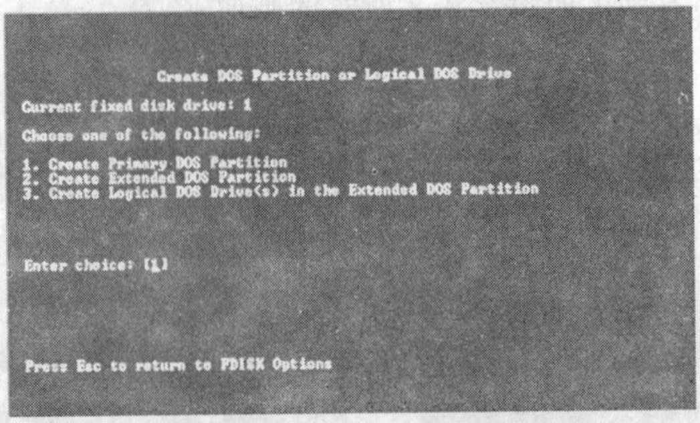

图 2.3.4　Fdisk 主画面

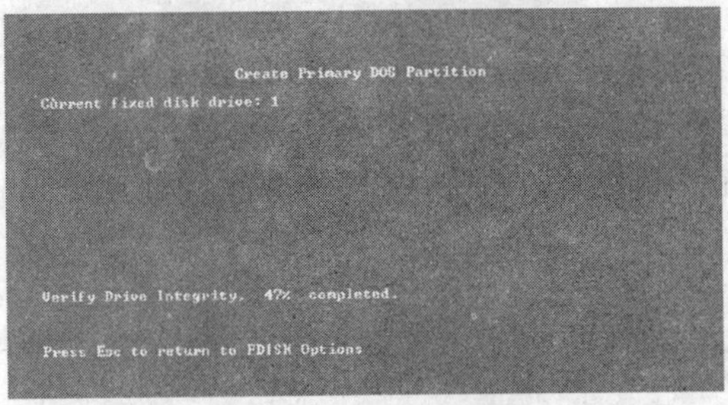

图 2.3.5　逻辑分区选项

图 2.3.6 的意思是：你是否希望将整个硬盘空间作为主分区并激活？主分区一般就是C 盘，随着硬盘容量的日益增大，很少有人硬盘只分一个区，所以按"N"并按回车。如图2.3.7 显示硬盘总空间，并继续检测硬盘。设置主分区的容量，可直接输入分区大小（以 MB为单位）或分区所占硬盘容量的百分比（%），回车确认（实际中如 C 盘有 5GB 就可以大致设为 5000MB），如图 2.3.8 所示。

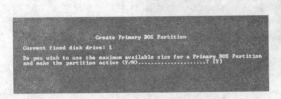

图 2.3.6　Fdisk 检测硬盘

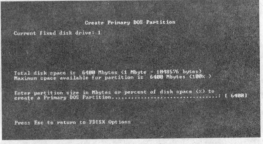

图 2.3.7　Fdisk 选择是否进行硬盘分区

分区 C 盘已经创建，按 ESC 键继续操作，如图 2.3.9 所示。

（2）创建扩展分区（extendel partition）

主分区完成之后，创立扩展分区，习惯上我们会将除主分区之外的所有空间划为扩展分区，直接按回车即可，如图 2.3.10 所示。当然，如果你想安装微软之外的操作系统，则可根据需要输入扩展分区的空间大小或百分比，如图 2.3.11 所示。

扩展分区创建成功，按 ESC 键继续操作，如图 2.3.12 所示。

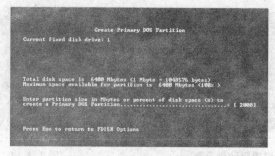

图 2.3.8 硬盘总空间界面

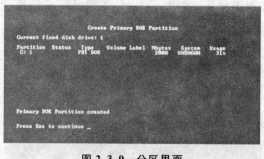

图 2.3.9 分区界面

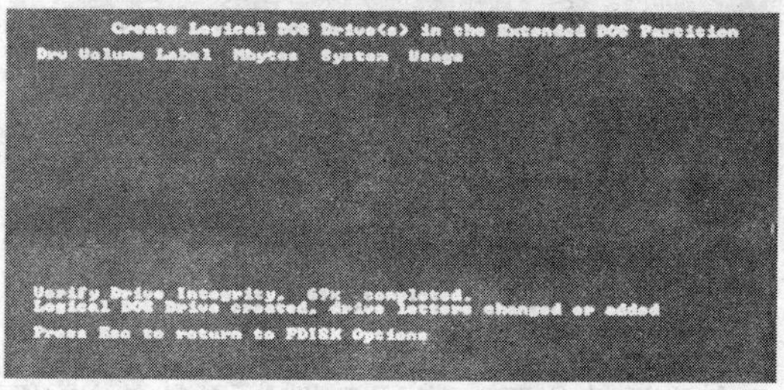

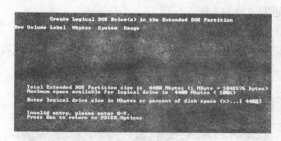

图 2.3.10 分区界面

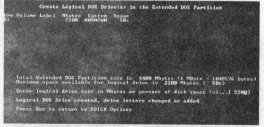

图 2.3.11 扩展分区界面 1   图 2.3.12 扩展分区界面 2

（3）创建逻辑驱动盘（logical drives）

图 2.3.13 画面提示没有任何逻辑分区，接下来的任务就是创建逻辑分区。前面提过逻辑分区在扩展分区中划分，在此输入第一个逻辑分区的大小或百分比，最高不超过扩展分区的大小。（实际中如 D 盘大小为 10GB，则输入 10000MB），如图 2.3.13 所示。

逻辑分区 D 已经创建，如图 2.3.14 所示。

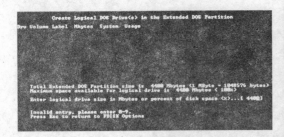

图 2.3.13 创建逻辑驱动盘界面　　　　　　　图 2.3.14 创建 D 区

以此类推,继续创建逻辑分区。如图 2.3.15,逻辑分区 E 已经创建,按 ESC 返回。
当然,还可以创建更多的逻辑分区,一切由自己决定。

(4)设置活动分区(set active partition)

如图 2.3.15 中,又回复至主菜单,选"2"设置活动分区。

只有主分区才可以被设置为活动分区。

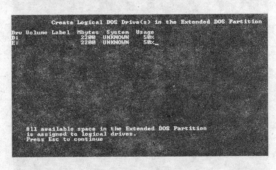

图 2.3.15 创建 E 区

选择数字"1",即设 C 盘为活动分区。当硬盘划分了多个主分区后,可设其中任一个为活动分区,如图 2.3.16 所示。

C 盘已经成为活动分区,按 ESC 键继续,如图 2.3.17 所示。

图 2.3.16 设置活动分区界面　　　　　　　图 2.3.17 活动分区界面

(5)注意事项

必须重新启动计算机,这样分区才能够生效,重启后必须格式化硬盘的每个分区,这样分区才能够使用。

(6)删除分区

如果打算对一块硬盘重新分区,那么首先要做的是删除旧分区,因此仅仅学会创建分区是不够的。

删除分区,在 Fdisk 主菜单中选"3"后按回车键。

删除分区的顺序从下往上,即"非 DOS 分区"→"逻辑驱动盘"→"扩展分区"→"主分区"。注意:除非安装了非 Windows 的操作系统,否则一般不会产生非 DOS 分区。所以在此选先选"3"。

输入欲删除的逻辑分区盘符,按回车确定,如图 2.3.18 所示。

敲入该分区的盘符(卷标),无则留空,如图 2.3.19 所示。

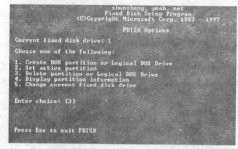

图 2.3.18　删除分区界面

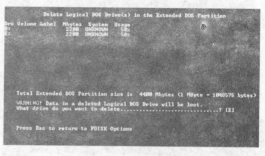

图 2.3.19　分区界面

按"Y"确认删除。

按上述操作,可将所有逻辑分区删除,如图 2.3.20~图 2.3.23 所示。

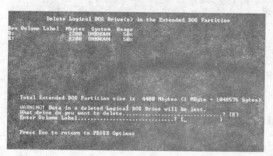

图 2.3.20　删除分区界面 1

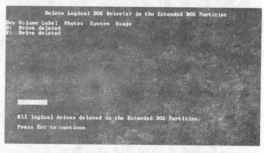

图 2.3.21　删除分区界面 2

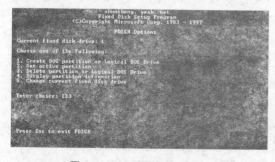

图 2.3.22　删除分区界面 3

图 2.3.23　删除分区界面 4

返回到主菜单,再次选"3",预备删除扩展分区。

选"2"后回车。

确认删除,按"Y",如图 2.3.24 所示。

扩展分区已经删除。

返回到主菜单。

选"1",删除主分区,如图 2.3.25 所示。

图 2.3.24　删除分区界面 5

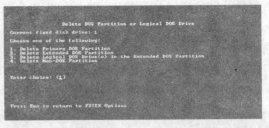

图 2.3.25　删除分区界面 6

按"Y"确认删除,如图 2.3.26 所示。

主分区已经删除,如图 2.3.27 所示。

图 2.3.26　删除分区界面 7

图 2.3.27　删除分区界面 8

至此介绍完分区的一般常用操作,重启后操作生效。

2. 使用 Format 对硬盘进行格式化

硬盘分区之后,还不能立即向硬盘存放文件,必须对硬盘实行一次高级格式化。对硬盘的高级格式化可以使用 Format 命令来完成。

Format 命令常用格式和参数如下:

命令格式:FORMAT〈盘符:〉[/S][/Q][/U]

参数[/S],将把 DOS 系统文件 IO. SYS 、MSDOS. SYS 及 COMMAND. COM 复制到磁盘上,使该磁盘可以作为 DOS 启动盘。若不选用/S 参数,则格式化后的磁盘只能读写信息,而不能作为启动盘;

参数[/Q],快速格式化,这个参数并不会重新划分磁盘的磁道和扇区,只将磁盘根目录、文件分配表以及引导扇区清成空白,因此,格式化的速度较快;

参数[/U],表示无条件格式化,即破坏原来磁盘上所有数据。不加/U,则为安全格式化。

例如,将 C 盘格式成系统盘的操作过程如下:

①用一张系统软盘或者用一张可引导光盘启动系统,直到看到系统提示符"A:\>"。

②在"A:\>"命令提示符下,输入格式化命令 format c:/s 并敲回车键。

③系统会给出提示信息"Proceed with Format (Y/N)?"要求进行确认,输入"Y"并敲回车键,C 盘的格式化就可以完成了。

3. 使用 Windows XP 安装光盘对硬盘进行分区和格式化

Fdisk 和 Format 作为 DOS 和 Windows 98 时代经典的分区和格式化工具,对于初学者学习分区和格式化的基本概念仍然非常有价值。随着 Windows XP 作为当代主流的桌面操作系统，这两款工具已经显得有些落伍，比如它们不能支持 NTFS 分区格式、命令行的界面操作比较复杂等。

Windows XP 安装程序自带分区和格式化功能，采用图形化界面操作，而且功能强大，并且与 Windows XP 系统安装集成一起，简化了用户安装操作系统的工作。下面介绍利用 Windows XP 安装程序对硬盘进行分区和格式化的步骤，详细过程可参考 Windows XP 的安装过程。

①将计算机设置为光驱引导启动，然后放入 Windows XP 安装光盘，进入 Windows XP 安装画面，如图 2.3.28 所示。

②根据安装程序提示信息操作。如果该硬盘上没有分区，将出现如图 2.3.29 所示画面，根据提示按"C"。

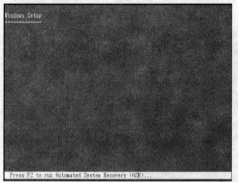

图 2.3.28　widows xp 安装初始界面　　　　图 2.3.29　分区界面

③出现如图 2.3.30 所示界面后，在方框内输入规划的分区大小（单位 MB）。然后按 Enter。

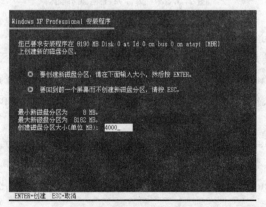

图 2.3.30　输入分区大小界面

④创建好的分区将出现如图 2.3.31 所示界面中。按照同样的方法可以创建其他分区，不过用户也可以等到 Windows XP 安装成功再划分其他分区，然后按 Enter。

⑤在如图 2.3.32 所示的界面中，选择分区文件系统格式，Windows XP 默认是 NTFS，建议采用默认的 NTFS 格式。按 Enter 后，接下来 Windows XP 开始安装。

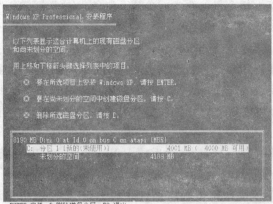

图 2.3.31　分区界面

图 2.3.32　文件系统格式界面

4. 使用专业硬盘分区工具对硬盘进行分区和格式化

专业硬盘分区工具是由一些软件公司开发的专门用于硬盘分区管理的工具软件,著名的有 Disk Genius、Partition Magic 等,这些软件提供了更人性化的界面、更丰富的功能,比较适合有一定经验的人使用。这些软件的具体使用方法,可以参考相关软件的帮助文档。

2.3.2.3 任务实施

活动一　使用 Fdisk 和 Format 对硬盘进行分区和格式化。分区方案自定,需要 Windows 98 安装光盘或者类型工具光盘。

活动二　使用 Windows XP 安装光盘对硬盘进行分区和格式化。分区方案自定,需要 Windows XP 安装光盘。

活动三　任选一款专业分区工具软件对硬盘进行分区和格式化。分区方案自定。

2.3.3 归纳总结

硬盘初始化是安装操作系统之前必须完成的一项工作。本模块详细介绍了硬盘初始化的基本概念,硬盘分区类型,文件系统格式种类及特点以及常用的硬盘分区工具和用法。通过本模块的学习,应能够根据要求熟练对硬盘初始化,为操作系统安装做好准备。

2.3.4 思考与训练

1. 选择题

①硬盘最多可以有_____个主分区。

　A. 1　　　　　　　　B. 2　　　　　　　　C. 3　　　　　　　　D. 4

②硬盘最多可以有_____个扩展分区。

　A. 1　　　　　　　　B. 2　　　　　　　　C. 3　　　　　　　　D. 4

③Windows 不支持的分区格式是_____。

　A. FAT16　　　　　　B. FAT32　　　　　　C. NTFS　　　　　　D. Ext2

2. 操作题

通过 Internet,查询常用的分区工具有哪些? 并尝试使用。

模块四　操作系统安装

技能训练目标:会根据用户需求,全新定制安装可运行的操作系统。

知识教学目标:熟悉操作系统的安装类型,熟悉操作系统的全新安装,了解操作系统的升级安装。

2.4.1 任务布置

①安装 Windows XP Professional。

②安装设备驱动程序。

2.4.2 任务实现

2.4.2.1 相关理论知识

一般安装 Windows 操作系统时,经常会涉及全新安装、升级安装、Windows 下安装、DOS 下安装等安装方式,各种安装方式的含义如下:

(1)全新安装:在原有的操作系统之外再安装一个操作系统,也就是通常所说的多操作系统并存。如果还想使用以前的操作系统,或者说对新版本的 Windows 系统不那么放心,而只是想先试用一段时间,那么选择"全新安装"方式是最为理想的了。该方式的优点是安全性较高,原有的系统不会受到伤害,常见的有 Windows 98/2000、Windows 98/XP、Windows Vista,Windows 7。

(2)升级安装:对原有操作系统进行升级,例如从 Windows 98 升级到 Windows 2000 或 Windows XP,该方式的好处是原有程序、数据、设置都不会发生什么变化,硬件兼容性方面的问题也比较少,缺点是升级容易恢复难。

(3)Windows 下安装:这是最简单的一种安装方式了,在 Windows 桌面环境中插入安装光盘运行安装程序,优点是界面熟悉、操作简单。

(4)DOS 下安装:这是"高手"使用的安装方式,需要在"漆黑一团"的 DOS 提示符下进行,因此能够掌握此安装方式的一般都是"高手"。通常,只需要在 BIOS 中设置为光驱引导,然后用 Windows 安装光盘启动系统,安装程序就能自动运行。

注意:如果是在 DOS 下重装系统,请备份并事先加载 smartdrv.exe(磁盘高速缓冲程序),否则安装速度会很慢。

2.4.2.2 相关实践知识

1. Windows XP 全新安装

(1)准备工作

准备好 Windows XP Professional 简体中文版安装光盘,并检查光驱是否支持自启动。可能的情况下,在运行安装程序前用磁盘扫描程序扫描所有硬盘检查硬盘错误并进行修复,否则安装程序运行时如检查到有硬盘错误会很麻烦。用纸张记录安装文件的产品密匙(安装序列号)。

(2)用光盘启动系统

重新启动系统并把光驱设为第一启动盘,保存设置并重启。将 XP 安装光盘放入光驱,重新启动电脑。当出现如图 2.4.1 所示界面时快速按下任意键,否则不能启动 XP 系统光盘安装。

(3)安装 Windows XP Professional

光盘自启动后,如无意外即可见到安装界面,将出现如图 2.4.2 所示界面,全中文提示"要现在安装 Windows XP,请按 ENTER"。

图 2.4.1 安装界面 1

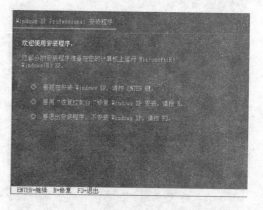

图 2.4.2 安装界面 2

按回车键后,出现如图 2.4.3 所示许可协议。

这里没有选择的余地,按"F8"后如图 2.4.4 所示。

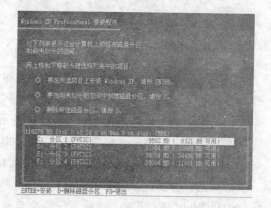

图 2.4.3 安装界面 3

图 2.4.4 安装界面 4

使用"向下或向上"方向键选择安装系统所用的分区,如果已格式化 C 盘请选择 C 分区,选择好分区后按"Enter"键回车,出现如图 2.4.5 所示界面。

此时对所选分区可以进行格式化,从而转换文件系统格式或保存现有文件系统,有多种选择的余地,但要注意的是 NTFS 格式可节约磁盘空间提高安全性和减小磁盘碎片但在 DOS 和 98/Me 下是看不到 NTFS 格式的分区,在这里选用 FAT 文件系统格式化磁盘分区(快),按"Enter"键回车,出现如图 2.4.6 所示格式化 C 盘的警告。

按 F 键将准备格式化 C 盘,出现如图 2.4.7 所示界面。

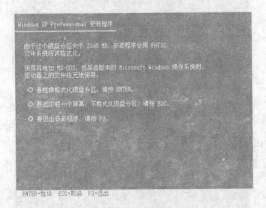

图 2.4.5　安装界面 5

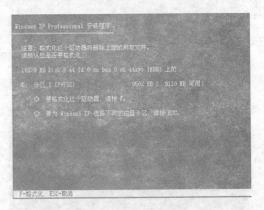

图 2.4.6　安装界面 6

图 2.4.7　安装界面 7

图 2.4.8　安装界面 8

由于所选分区 C 的空间大于 2048MB(即 2GB)，FAT 文件系统不支持大于 2048MB 的磁盘分区，所以安装程序会用 FAT32 文件系统格式对 C 盘进行格式化，按"Enter"键回车，如图 2.4.8 所示正在格式化 C 分区，只有用光盘启动或安装启动软盘启动 XP 安装程序，才能在安装过程中提供格式化分区选项；如果用 MS-DOS 启动盘启动进入 DOS 下运行 i386 winnt 进行安装 XP 时，安装 XP 时没有格式化分区选项。

格式化 C 分区完成后，出现如图 2.4.9 所示开始复制文件，文件复制完后，安装程序开始初始化 Windows 配置。然后系统将会自动在 15 秒后重新启动。

图 2.4.9　安装界面 9

重新启动后，出现如图 2.4.10 所示界面。

过 5 分钟后，当提示还需 33 分钟时将出现如图 2.4.11 所示区域和语言设置界面选用默认值就可以了，直接点"下一步"按钮。

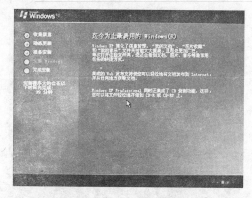

图 2.4.10　安装界面 10

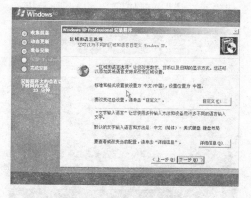

图 2.4.11　安装界面 11

出现如图 2.4.12 所示界面，这里输入想好的姓名和单位，这里的姓名是以后注册的用户名。

点"下一步"按钮，出现如图 2.4.13 所示界面，此时如果没有预先记下产品密钥（安装序列号）就会很麻烦，输入安装序列号。

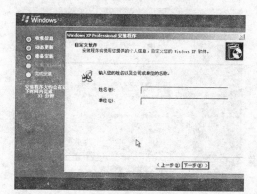

图 2.4.12　安装界面 12

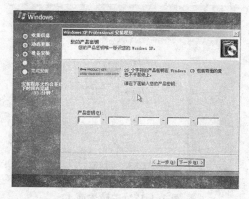

图 2.4.13　安装界面 13

点"下一步"按钮，出现如图 2.4.14 所示界面。

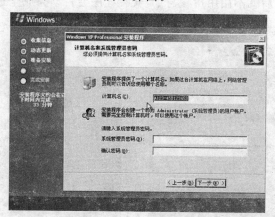

图 2.4.14　安装界面 14

安装程序会自动创建很长的计算机名称,可任意更改,输入两次系统管理员密码,并记住这个密码,Administrator 系统管理员在系统中具有最高权限,平时登录系统不需要用这个帐号。接着点"下一步"出现如图 2.4.15 所示日期和时间设置界面,选北京时间。

点"下一步"出现如图 2.4.16 所示界面。

图 2.4.15　安装界面 15

图 2.4.16　安装界面 16

开始安装、复制系统文件、安装网络系统,很快出现如图 2.4.17 所示界面。

选择网络安装所用的方式,选典型设置点"下一步"出现如图 2.4.18 所示界面。

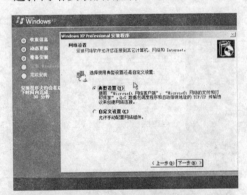

图 2.4.17　安装界面 17

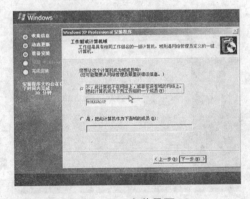

图 2.4.18　安装界面 18

点"下一步"出现如图 2.4.19 所示界面。

继续安装,到这里后就不用用户参与了,安装程序会自动完成全过程。安装完成后自动重新启动,出现启动画面,如图 2.4.20 所示界面。

图 2.4.19　安装界面 19

图 2.4.20　重启界面

第一次启动需要较长时间,请耐心等候,接下来是欢迎使用画面,提示设置系统,如图 2.4.21 所示。

点击右下角的"下一步"按钮,出现设置上网连接画面,如下图 2.4.22 所示。

图 2.4.21　Windows xp 欢迎界面　　　　　　　　图 2.4.22　网络连接界面 1

这里建立的宽带拨号连接,不会在桌面上建立拨号连接快捷方式,且默认的拨号连接名称为"我的 ISP"(自定义除外),进入桌面后通过连接向导建立的宽带拨号连接,在桌面上会建立拨号连接快捷方式,且默认的拨号连接名称为"宽带连接"(自定义除外)。如不想在这里建立宽带拨号连接,请点击"跳过"按钮。在这里选第一项"数字用户线(ADSL)或电缆调制解调器",点击"下一步"按钮。

目前使用的电信或联通(ADSL)住宅用户都有帐号和密码的,所以选"是,我使用用户名和密码连接",点击"下一步"按钮,如图 2.4.23 所示。

图 2.4.23　网络连接界面 2　　　　　　　　图 2.4.24　网络连接界面 3

输入电信或联通提供的帐号和密码,在"你的 ISP 的服务名"处输入喜欢的名称,该名称作为拨号连接快捷菜单的名称,如果留空系统会自动创建名为"我的 ISP"作为该连接的名称,如图 2.4.24 所示,点击"下一步"按钮。

已经建立了拨号连接,可以选择立即激活,不过即使不激活也有 30 天的试用期,选择"否,请等候几天提醒我",如下图 2.4.25 所示,点击"下一步"按钮,出现如图 2.4.26 所示界面,输入一个平时用来登录计算机的用户名。

图 2.4.25 网络连接界面 4

图 2.4.26 网络连接界面 5

点击"下一步"按钮,出现如图 2.4.27 所示界面,点击"完成"按钮,就结束安装。系统将注销并重新以新用户身份登录。

登录后界面如图 2.4.28 所示。

图 2.4.27 重新登录界面

图 2.4.28 新界面

2.4.2.3 任务实施

全新安装 Windows XP。需提供 Windows XP 安装光盘和硬件的驱动程序光盘。

2.4.3 归纳总结

本模块详细介绍了 Windows XP 的安装过程,通过本模块的学习,应能熟练地将 Windows XP 系统安装到计算机上,并安装好相应驱动程序。

2.4.4 思考与训练

①Windows XP 有几种安装方式?

②到计算机市场了解技术人员采用哪些安装方式? 然后在自己的计算机上使用这些方式。

项目描述

经过项目二的学习和实践,已经搭建完成了计算机的软、硬件平台,但如果要完成具体的工作,如压缩文件、下载文件、办公处理等,还需要安装应用软件。本项目通过实践三种典型的应用软件来练习如何在 Windows XP 上安装和使用常用应用软件,这些方法可以适用于安装其他应用软件。

模块一　压缩与解压缩、下载工具软件安装使用

技能训练目标:会利用网络,搜索压缩解压缩、下载工具软件;能下载与安装这些软件,并能使用这些软件。

知识教学目标:熟悉软件搜索方法,熟悉压缩解压缩、下载工具软件的安装过程,熟悉压缩解压缩、下载工具软件功能,熟悉压缩解压缩、下载工具软件的使用方法,了解压缩解压缩、下载工具软件下载过程与方法。

3.1.1 任务布置

①使用压缩软件压缩和解压缩文档。
②使用下载工具软件从 Internet 上下载资源。

3.1.2 任务实现

3.1.2.1 相关理论知识

1.压缩软件介绍

在如今存储器容量不断增大且价格日趋低廉的时候,人们也发现使用的各种软件及数据资料也在不停地扩大自身的体积。几 GB、几十 GB 的存储器渐渐离人们远去,迎来了几百 GB 的"大存储"时代,人们依旧未摆脱一个尖锐的矛盾:硬盘空间不足。硬件的发展速度永远赶不上软件的发展速度,这就使人们永远处于一个有限的空间里却要存放无限资源的困惑之中。改变存储器容量要比改变资源体积难得多、花费的多,所以人们只好倾向于进行一次"软瘦身",选择一款"高效能"的压缩软件。下面对经常使用的两款主流的压缩软件进行一个简单介绍。

(1)WinRAR

WINRAR 是目前流行的压缩工具,界面友好,使用方便,在压缩率和速度方面都有很好的表现,压缩率比较高。3.x 版本采用了更先进的压缩算法,是现在压缩率较大、压缩速度较快的格式之一。3.3 版本增加了扫描压缩文件内病毒、解压缩、"增强压缩"ZIP 压缩文件的功能,升级了分卷压缩的功能等。

（2）WinZIP

WinZIP 是 Windows 系统中最受欢迎的档案压缩工具，也是一个强大而易用的工具。它可以迅速压缩和解压用户的档案以节省磁盘空间或是减少电子邮件传输时间，此外WinZIP 支持 128 位和 256 位 AES 加密功能，让使用者传递具有高度机密性的数据能够不易让其他人轻易解档。并且支持目前最新版操作系统 Windows Vista 的 Aero 界面。WinZIP 是世界各国数以千计的政府机关、教育单位、银行电信、公司与组织及无数的普通用户所喜欢用的压缩工具。

2. 下载软件介绍

Internet 是一个巨大的信息资源库，每个人都可以在 Internet 上找到需要的资源。有些资料适合在线浏览，有些资源需要下载（可能需要付费），比如电影、软件、论文、书籍等。虽然 IE 等浏览器也支持下载功能，但这个功能实在太简单了，不支持断点续传，只适合下载小文件，对动辄几百 MB、几 GB 的文件来说，就需要使用专业的下载工具软件。

根据使用的技术不同，下载工具软件也分成好多种，下面简要介绍几种目前最流行的下载软件。

（1）迅雷

迅雷在下载影视剧方面影响力最大，它也可以高效地下载其他资源。迅雷使用的多资源超线程技术基于网格原理，能够将网络上存在的服务器和计算机资源进行有效的整合，构成独特的迅雷网络，通过迅雷网络，各种数据文件能够以最快速度进行传递。多资源超线程技术还具有因特网下载负载均衡功能，在不降低用户体验的前提下，迅雷网络可以对服务器资源进行均衡，有效降低了服务器负载。

（2）CuteFTP

CuteFTP 是一个基于 FTP 协议的软件，在基于 FTP 上传下载文件方面具有很高的影响力。如果用户是采用 FTP 服务器交换文件，那么 CuteFTP 是一款非常好的下载软件，并且它可以将文件上传到 FTP 服务器。

3.1.2.2 相关实践知识

1. 应用软件的安装方法

现在大多数应用程序软件都带有自动安装程序，只要将应用软件安装光盘放入光驱中，系统就会自动引导用户运行安装程序，在安装向导的引导下将应用程序安装到计算机中。对于不具有自动安装功能的应用程序，可以手动运行安装程序，一般情况下，安装文件放在安装盘的根目录下，安装文件的名称为 Install. exe 或 Setup. exe。在 Windows 环境下，还可以使用系统提供的"添加或删除程序"工具来进行安装，实现起来也很容易。具体讲，安装应用程序可以采用以下操作方法。

（1）将应用软件安装光盘放入光驱中，找到应用软件的安装程序并双击（有时系统会自动运行安装程序），出现安装向导，在安装向导的提示下一步步操作，正确输入个人信息、安装序列号，即可完成安装工作。

（2）选择"开始→设置→控制面板"命令，双击"添加或删除程序"图标，出现如图 3.1.1 所示的"添加或删除程序"对话框，单击"添加新程序"按钮，单击"光盘或软盘"按钮，在安装向导的引导下便可成功安装应用软件。

（3）从网络上下载的程序，大多是压缩文件，需要使用 WinRAR、WinZip 等压缩软件解压缩后，然后运行解压缩后的安装文件如 Setup. exe 进行安装。也有很多应用软件可以直接从官方网站下载后直接双击安装文件进行安装。

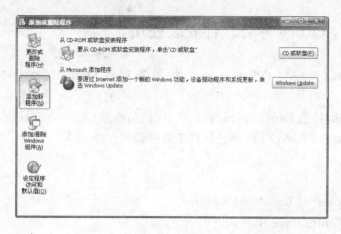

图 3.1.1　Windows 中添加新程序界面

3.1.2.3 任务实施

活动一　使用 WinRAR 软件压缩和解压缩文档。

①从 Internet 上下载 WinRAR 软件，并安装。

②使用 WinRAR 压缩指定文档（文档可由教师指定）。

③将压缩文档复制到另外一台计算机上，使用 WinRAR 进行解压缩。

活动二　使用迅雷下载视频文件。

①从迅雷官方网站下载迅雷软件，并安装。

②利用迅雷软件搜索和下载视频文件（可由教师指定）。

活动三　使用 CuteFtp 上传文件。

①从 Internet 上下载 CuteFTP 安装软件，并安装。

②利用 CuteFTP 将本地文档上传到 FTP 服务器（由教师搭建）。

3.1.3 归纳总结

本模块学习 WinRAR、迅雷、CuteFTP 等应用软件的使用，一方面练习简单应用软件的安装和使用方法，另一方法练习如何利用应用软件提高办公自动化的水平。

3.1.4 思考与训练

①通过 Internet，检索知名的压缩软件还有哪些？并予以试用。

②迅雷软件与 CuteFTP 软件的工作原理有何不同？

模块二 Office 办公软件安装使用

技能训练目标：会安装 Office 办公软件，并能利用 Office 软件完成办公文档等工作任务。

知识教学目标：熟悉 Office 办公软件的安装过程，熟悉 Office 办公软件功能，熟悉Office 办公软件的使用方法，了解 Office 办公软件下载过程与方法。

3.2.1 任务布置

①安装 Microsoft Office 和 WPS Office。
②使用 Microsoft Office 和 WPS Office。

3.2.2 任务实现

3.2.2.1 相关理论知识

1. Microsoft Office 办公软件介绍

Microsoft Office System 是有 Microsoft 公司开发的办公套件，知名度很高，市场占有率也很高。但早期价格昂贵，现在开始针对不同的用户推出价格不同的版本，价格降低很多。

Microsoft Office System 已经从个人效率提升产品套件发展成颇为复杂的集成系统。以许多用户已熟知的工具为基础，Microsoft Office System 包括旨在相互协作以帮助解决众多业务问题的程序、服务器、服务和解决方案。

居于 Microsoft Office System 核心地位的是 Microsoft Office 套件，这些套件可提供核心桌面生产力工具。这些程序中的新功能改进了员工与他人、合作伙伴和客户之间的协作方式，以及组织捕获和使用信息的方式。除了核心桌面版本外，2007 版本还包括以员工业已具备的生产力软件技能为基础的新程序、服务器和服务。

通过综合利用，Microsoft Office System 可帮助用户解决从个人效率管理到复杂项目管理的一系列业务需求。

最常使用的 Microsoft Office 套件包括 Microsoft Office Excel、Microsoft Office Outlook 、Microsoft Office PowerPoint、Microsoft Office Word 等。用户可以从微软的官方网站（http://office.microsoft.com/zh-cn/default.aspx）下载最新试用版。

2. WPS Office 办公软件介绍

WPS Office 是我国金山软件公司开发的一款办公套件，功能和界面几乎与 Microsoft Office 相同，而且提供免费的个人版供用户使用。

WPS Office 个人版是一款体积小、功能强的跨平台办公软件。包括 WPS 文字、WPS 表格、WPS 演示三大功能模块。它既可以在 Windows 操作系统上运行，还可以运行在主流的 Linux 操作系统上。它的主要功能有：金山词霸翻译、PDF 格式直接输出等十余项功能，它独有的金山词霸翻译框，可随时进行中英文互译，方便英文文档读写，5 秒钟就能将 Word、WPS 文档输出为 PDF 格式。

安装包仅 23MB，占用内存少，对系统、硬件要求低；一次安装，自动在线升级，永久免费；真正的绿色软件，安装卸载不到 1 分钟；通过 Vista 认证，具有强大的兼容性；能正常阅读、编辑 Word、Excel 和 PowerPoint 格式的文档；WPS 文字、WPS 表格、WPS 演示三大功能模块，与 Word、Excel、PowerPoint 一一对应；通过 Vista 的严格测试等。

用户可以从官方网站(http://www.wps.cn/)下载最新版本使用。

3.2.2.2 相关实践知识

1. WPS Office 的安装方法

①从 WPS 官方网站下载 WPS Office 2009 个人版，然后双击安装文件，出现安装界面，如图 3.2.1 所示。

②出现最终用户许可协议对话框，单击"我接受'许可证协议'中的条款"，如图 3.2.2 所示。

图 3.2.1　WPS 安装界面　　　　　　图 3.2.2　WPS 许可协议界面

③出现"选择组件"对话框，选择需要或不需要安装的组件，同时会显示需要的硬盘空间，如图 3.2.3 所示。

④出现"选择安装位置"，图中 3.2.4 所示为默认位置，用户可以修改安装路径。

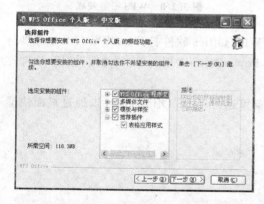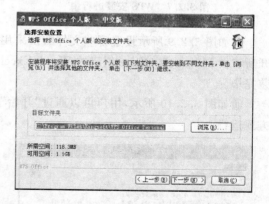

图 3.2.3　WPS 安装选择界面　　　　图 3.2.4　WPS 安装选择安装位置界面

⑤如图 3.2.5 所示出现"实用工具推荐"对话框，现在很多软件会捆绑一些实用小工具软件，用户可以根据需要选择安装，这些软件也可以以后安装。

⑥如图 3.2.6 所示，出现"选择'开始菜单'文件夹"，这里可以输入希望软件安装后在"开始菜单"出现的名称。然后单击"安装"按钮，开始安装 WPS。

图 3.2.5 WPS 安装实用工具界面 　　　图 3.2.6 WPS 安装 创建快捷方式界面

⑦如图 3.2.7 所示,系统提示软件正在安装。

⑧出现如图 3.2.8 所示界面后,提示已经完成安装工作。

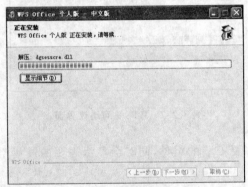

图 3.2.7 WPS 安装进行中 　　　　　图 3.2.8 WPS 安装安成

⑨如图 3.2.9 所示设置哪些文件默认采用 WPS Office 软件打开。WPS Office 可以打开所有由 Microsoft Office 创建的 Word、Excel、PowerPoint 文档。单击"关闭"按钮,软件安装完毕。

⑩如图 3.2.10 所示,用户可以通过"开始"菜单运行 WPS Office,也可以通过桌面快捷方式运行。

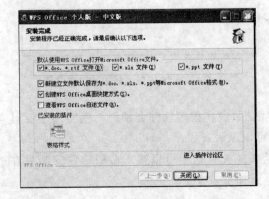

图 3.2.9 WPS 设置默认打开文件项页面

图 3.2.10 开启 WPS 方式

3.2.2.3 任务实施

活动一　安装 Microsoft Office 2003。将 Word、PowerPoint、Excel 三个套件安装到计算机上,其他套件不用安装。

活动二　安装 WPS Office 2009 个人版。从 WPS 官方网站上,利用模块一学过的下载软件将该软件下载到本地硬盘上进行安装,安装位置与 Microsoft Office 2003 的安装位置不同。

3.2.3 归纳总结

本模块学习如何安装 Microsoft Office 2003 和 WPS Office 2009 个人版,这两个软件是市场主流的两款办公软件。前者需要购买,后者免费使用。熟练安装和使用这两款软件是每个系统维护人员的必备技能。

3.2.4 思考与训练

①从 Microsoft 网站上,了解 Microsoft Office 软件的最新版本及它的其他功能。

②从 WPS 官方网站上,了解 WPS Office 软件的其他功能。

③用已有的文档文件测试 Microsoft Office 和 WPS Office 的兼容性。

项目四　系统测试与优化

项目描述

现在计算机硬件产品繁多,单凭肉眼观察或技术指标,很难全面了解硬件的性能。微机硬件测试最主要的目的,就是测定其物理特性及不同硬件组合的整体性能。结合测试软件的使用,可以在不打开机箱盖的情况下,详细了解计算机的基本硬件配置及其性能情况。

Windows 操作系统用得时间长了就会觉得越来越慢,启动一个程序需要很长时间,每运行一个程序,开多个窗口,计算机都要不停地对硬盘进行读/写操作,有时候连关闭程序都慢的让人无法忍受。这个时候,就应该优化一下系统了。

 # 模块一　硬件性能测试

技能训练目标:能对计算机各硬件进行测试,并形成各硬件配件性能指标文档。

知识教学目标:理解系统测试的目的与意义,了解计算机硬件测试内容与指标,了解针对 CPU、主板等单项测试软件,了解综合测试软件,熟悉计算机单项测试方法,熟悉计算机综合测试方法,熟悉计算机测试软件的搜索、下载、安装。

4.1.1 任务布置

①搜索、下载、安装计算机测试软件。
②测试计算机,并写出计算机性能分析报告。

4.1.2 任务实现

4.1.2.1 相关理论知识

1. 系统测试目的

用户在购买计算机时,总希望计算机具有最高性价比。但随着计算机设备的增多,对于这些设备的好坏,用户不能人为判断,这时就需要用测试软件来完成。

测试,是计算机组装后和使用前的一个重要环节,它可以使用户掌握以下信息:

(1)了解硬件的性能

虽然用户平时使用计算机能通过操作系统、应用软件和游戏等来感觉整台机器运行的速度,但这只是主观感觉,无法准确描述机器的性能。

(2)识别硬件的真伪

用户从市场上购买的硬件设备,不容易判断真伪,而测试软件却很容易识别其真伪。

(3)优化硬件和系统性能

不同的设备驱动对硬件设备的性能表现有很大影响。测试软件可以帮助用户分析各种驱动程序的优劣。

2. 计算机硬件测试内容与指标

电脑硬件测试一般包括两个方面：一个是硬件的基本性能指标，另外一个是硬件的测试性能指标，前者是硬件出厂前就已经确定了的，由硬件生产厂商决定，主要包括产品的型号和一些基本功能，而后者是通过测试软件结合具体的计算机平台得出的综合信息，反映了硬件在该环境下表现出来的实际能力。

1）CPU 的主要性能指标

（1）CPU 的基本技能指标

①CPU 类型：一般指明 CPU 的生产厂商和型号，主要反映了 CPU 的核心与制造工艺。

②CPU 的频率：一般决定了 CPU 的运算和处理能力，主要指明的是 CPU 的工作频率，由主频、外频、倍频三方面的信息构成。

③CPU 的高速缓存：一般指明 CPU 的高速缓存的相关信息。主要由 L1 Cache 和 L2 Cache 组成。

④工作电压：指的是 CPU 正常工作所需的电压。

⑤CPU 支持的指令集：指明了 CPU 对各种多媒体指令集的支持情况。

（2）CPU 性能测试内容

①CPU 的运算处理能力：测试 CPU 的整数和浮点运算能力。

②CPU 的多媒体处理能力：针对具体 CPU 对其内含的多媒体指令测试，如对 SSE、MMX、3DNow！等指令集进行测试。

2）主板的主要性能指标

（1）主板的基本性能指标

①类型：主要是主板的生产厂商和型号说明。

②芯片组：主要是主板采用的芯片组类型，一般包括南桥芯片组和北桥芯片组，这是反映主板性能的主要指标。

③总线速度：主要是说明主板能够支持的外频。

④支持的 CPU 类型：主要说明主板能支持哪些类型的 CPU。

⑤新技术：主板能够运用哪些方面的新技术，提高主板的效率，并使主板运行得安全、稳定。

（2）主板主要性能测试内容

①计算机整体性能测试：用整机性能来衡量一块主板性能的好坏。

②子系统性能：对主板连接的各个设备进行专门测试，根据这些设备的性能反映主板和这些设备搭配使用的性能好坏。

3）内存的主要性能指标

（1）内存的基本性能指标

①内存容量：主要说明内存的容量大小。

②数据带宽：指一次通过内存输入/输出的数据量，主要有 32/64 位等。

③存取时间：指从 CPU 读取到内存送出的时间，时间越短，存取越快。

④工作频率：反映了内存的传输速度，对同类型的内存来说，工作频率越高，数据传输越快。

（2）测试性能指标

①带宽测试：测试内存一次输入/输出数据量的大小。

②存储测试：测试内存存取数据的速度快慢。

4)显卡的主要性能指标

(1)显卡的基本性能指标

①显示芯片:这是显卡的核心部件,反映了一块显卡的性能好坏和处理能力高低。

②接口类型:目前显卡接口类型主要有 PCI、AGP、PCI Express 等,不同的接口类型的数据传输能力也不一样。

③显存:存储处理图像的区域,一般来说越大越好。

(2)测试性能指标

①分辨率:主要指显示画面的细腻程度。一般以画面的最大"水平点数"乘"垂直点数"来表示,如 1024×768。

②刷新率:指显示器每秒能够对整个画面重复更新的次数,单位为 Hz(赫兹)。一般来说这个数值要高于 72Hz,这样画面看起来才没有闪烁感。

③色深:指显示画面的色彩数。

④其他:一般测试软件会根据显卡的技术指标进行测试,例如 Direct 性能、OpenGL 性能等方面的测试。

5)显示器的主要性能指标

(1)显示器的基本性能指标

①显像管尺寸:一般指的是显像管对角线的尺寸。

②点距:指荧光屏上两个相邻的相同颜色的点之间的对角线距离。

③分辨率:指显示器画面解析度的高低。

④带宽:代表的是显示器的综合指标,指每秒能扫描图像的个数。

⑤场频:指每分钟屏幕刷新次数,单位为 Hz(赫兹)。

⑥行频:指电子枪每秒在荧光屏上扫描过的水平线数量。

(2)显示器测试性能指标

①分辨率:主要指显示画面的细腻程度。

②刷新率:指显示器每秒能够对整个画面重复更新的次数,单位为 Hz(赫兹)。

③色深:指显示画面的色彩数。

④失真:一般指的是几何失真和非线性失真。

⑤文本显示效果:指显示文本时字体的锐利程度和整体的清晰程度。

⑥图像显示效果:指显示图像时的色彩饱和度、色彩柔和度、图像层次感和清晰度。

6)硬盘的主要性能指标

(1)硬盘的基本性能指标

①硬盘容量:指硬盘总的容量大小,反映了硬盘存储数据的能力。

②单盘容量:指构成硬盘的单个盘片的容量,一般硬盘的总容量依赖于单盘容量的提高,同时提高单盘容量也能提高硬盘的数据传输速度。

③硬盘的转速:指硬盘内主轴电机的转速。

④平均寻道时间:指硬盘在盘面上移动读写头到指定磁道寻找相应目标数据所用的时间。

⑤平均访问时间:指磁盘磁头找到指定数据的平均时间。

⑥数据缓存:这是硬盘和外部总线交换数据的重要中介,其大小直接影响硬盘的数据传输速度。

⑦外部数据传输速率:指计算机通过数据总线从硬盘内部缓存中读取数据的最高速率。

⑧最大内部数据传输速率:指磁头至磁盘缓存间的最大数据传输率。

⑨接口技术:一般的硬盘通过提高接口技术来达到提高数据传输率。

⑩厂商新技术:硬盘厂商为了提高硬盘的稳定性和可靠性而采用的新技术

(2)硬盘测试性能指标

①硬盘数据传输平均速率:通过测试硬盘数据传输平均速率来体现硬盘的实际性能。

②平均寻道时间和访问时间:通过这两个方面的测试来体现硬盘的速度方面的实际性能。

7)光驱的主要性能指标

(1)光驱的基本性能指标

①读取速度:指的是光驱的标称速度,每个光驱上都标有多少倍速,这个数值越大,光驱读取数据的速度就越快。

②平均寻道时间:指光驱激光头从定位到开始读取盘片数据所需要的时间。

③数据传输技术:主流光驱一般采用 CAV(恒定角速度)读取方式,能有效地提高光驱随机读取性能,有的光驱采用了 PCAV(局部恒定角速度)读取方式,在读取光盘内圈数据时采用恒定线速度读取,读取外圈采用 CAV 方式读取,有效地提高了数据传输速度。

④缓存容量:和硬盘的缓存容量一样,其容量大小和速度直接影响光驱数据传输速度。

(2)光驱的测试性能指标

①CPU 资源占用率:指光驱在读取数据的时候占用 CPU 资源的百分比,这个数值要求越小越好。

②数据传输率:指光驱实际传输数据的速率,可以反映光驱的数据传输性能。

4.1.2.2 相关实践知识

1.计算机单项测试软件使用

(1)CPU 测试软件

CPU－Z 是一款家喻户晓的 CPU 检测软件,是平时使用最多的软件之一,其界面如图 4.1.1 所示。它支持的 CPU 种类相当全面,软件的启动速度及检测速度都很快。另外,它还能检测主板和内存的相关信息,其中就有常用的内存双通道检测功能。

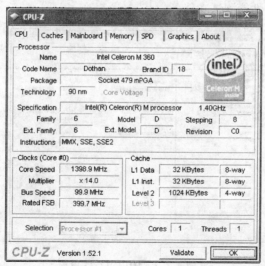

图 4.1.1　CPU－Z 界面

（2）显卡测试软件

3DMark 是 Futuremark 公司出品的著名的测试软件，3DMark 主要使用最新一代游戏技术衡量 DirectX 9 级别的 3D 硬件。3DMark 包括重新设计的 Canyon Flight 测试，以及全新 Deep Freeze 测试单元，考验系统的 Shader Model 3.0、HDR 渲染能力——新一代显卡最重要的两个指标。所有测试都需要支持 SM3.0 的 DirectX 9 硬件，除此之外，3DMark 还支持双核心处理器，并将 CPU 性能得分纳入 3DMark 总体分数之中，如图 4.1.2 所示。

（3）硬盘测试软件

HD Tach 是一款专门针对磁盘底层性能的测试软件，它主要通过分段拷贝不同容量的数据到硬盘进行测试，可以测试硬盘的连续数据传输率，如图 4.1.3 所示。通过使用这个软件可以得出硬盘最大、最小和平均的读写传输比率，以及 CPU 的占用率。

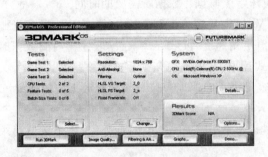

图 4.1.2　3DMark 界面

图 4.1.3　HD Tach 界面

2. 计算机综合测试软件使用

（1）HWiNFO32 综合测试软件

HWiNFO32 是一个专业的系统信息工具，支持最新的技术和标准。允许检查计算机的全部硬件，如图 4.1.4 所示。它主要可以显示出处理器、主板及芯片组、PCMCIA 接口、BIOS版本、内存等信息，另外 HWiNFO32 还提供了对处理器、内存、硬盘（WIN9X 里不可用）以及 CD－ROM 的性能测试功能。

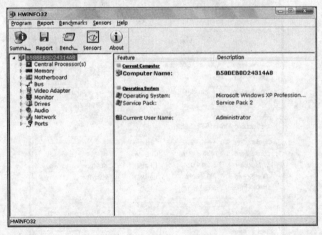

图 4.1.4　HWINFO32 界面

（2）Sisoftware Sandra 综合测试软件

Sisoftware Sandra 是一套功能强大的系统分析评比工具，拥有超过 30 种的分析与测试模组，主要包括有 CPU、Drives、CD/DVD－ROM、Memory、SCSI、APM/ACPI、鼠标、键盘、网络、主板、打印机等，还有 CPU、Drives、CD/DVD－ROM、Memory 的 Benchmark 工具，它还可将分析结果报告列表存盘，如图 4.1.5 所示。

图 4.1.5　Sisoftware Sandra 界面

4.1.2.3 任务实施

活动一　用计算机单项测试软件测试所使用计算机的 CPU、显卡、硬盘的性能，并提交测试结果和分析报告。

活动二　用计算机综合测试软件测试所使用计算机的综合性能，并提交测试结果和分析报告。

4.1.3 归纳总结

本模块学习如何测试计算机的性能。一般用户对计算机测试主要使用各种测试软件，本模块介绍了 CPU、显卡、硬盘等的测试工具，系统维护人员和用户可以利用这些工具测试相应设备功能。如果想知道计算机的综合性能，可以使用计算机综合测试软件。

4.1.4 思考与训练

①一台计算机的性能主要取决于哪些设备？

②不同用途计算机的测试标准是否一致？为什么？

模块二　系统优化

技能训练目标:会利用网络,搜索优化软件,能下载并安装优化软件,并能对系统进化优化处理。

知识教学目标:理解系统优化的目的与意义,熟悉计算机优化方法,熟悉系统优化软件搜索、下载、安装。

4.2.1 任务布置

①搜索、下载、安装系统优化软件。
②使用优化软件优化系统。

4.2.2 任务实现

4.2.2.1 相关理论知识

1. 系统优化的目的与意义

Windows 系统长时间运行后,用户会感觉运行速度变慢,打开一个窗口需要很长时间,而且有时会莫名其妙弹出一些错误警告窗口,这个时候,就有必要对系统进行优化。

在系统能够保持稳定运行的前提下,能使系统性能得到一定程度改善的方法,都可以称之为优化。系统优化的方法有很多,如手工优化和用系统优化工具优化。要达到优化的目的,其途径不外乎两种:硬件优化与软件优化。由于软硬件之间的相互依赖关系,两者之间的优化密不可分。

系统优化的目的在于以下几个方面:

①能够裁减系统使系统个性化。Windows 系统允许用户在某些方面进行修改设置,这样可以删除存在的垃圾文件和注册表键值,加快系统的运行速度,减少程序出错的可能。

②充分发挥现有计算机的性能。计算机技术发展日新月异,新买的计算机很快就不能满足某些新的软件要求,因此在现有的基础上,最大限度发挥计算机的性能可以减少用户投资。

③保护系统的安全,使其长期稳定地运行。有了优化还需要保护,如果人们经常使用计算机来上网和安装新程序,会使系统变得不安全而且很不稳定,没有保护措施就会增加被攻击和破坏而瘫痪的可能性。

4.2.2.2 相关实践知识

1. 系统优化方法

(1)Windows XP 系统设置优化方法

①将"我的文档"移出系统分区。先在其他分区上建立一个"My Documents"文件夹。鼠标右键单击桌面"我的文档",选"属性",在"target folder location(目标文件夹)"选"Move(移动)",再找到新建立的"My Documents"文件夹,点击"OK"即可。

②移出 IE 临时文件夹,(多系统可以共用同一临时文件夹)。先在其他分区建立"temporery internet files"文件夹。打开 IE,点击"工具—Internet 选项—Internet 临时文件—设置—移动文件夹",再选需要移动到的分区即可。同时还可以设置临时文件夹的大小,拉动滑块即可。也可以右击桌面 IE 图标,选"属性",其他步骤相同。

③设置虚拟内存,将虚拟内存移出系统分区。系统自己管理的虚拟内存占用空间较大。比如 768MB 物理内存,虚拟内存最大占用 2.4G。可以修改设置到其他分区,把虚拟内存设置为 512MB,系统运行完全正常。设置方法如下:"控制面板—系统—高级—(性能)设置—高级—(虚拟内存)更改"。先在欲设置虚拟内存的分区设置好虚拟内存大小,然后点击系统分区,不设置虚拟内存,选"无分页文件"即可。

④系统还原。系统还原默认占用系统分区的 12%,可以改得更小一些。方法是:右键单击桌面"我的电脑",选"属性—系统还原",选中系统分区,点击"设置",用拉杆调整系统还原大小,最小为 3%。也可以不使用系统还原,方法是勾选"在所有驱动器上关闭系统还原"。

⑤回收站。系统默认值为 10%,可以设置小一些。右击桌面"回收站",选"属性",用拉杆调整大小,甚至可以到 0%,即不使用回收站。

⑥系统临时文件。右键单击"我的电脑",选"属性—高级—环境变量",双击"TEMP"和"TMP",在对话框输入新文件夹位置。

⑦设置预读文件。在系统分区,双击打开 Windows 文件夹,再双击打开 Profetch 文件夹,删除"Layout. ini"以外的所有文件。然后运行自己经常要使用的程序。再将 Profetch 文件夹属性改为"只读"。以后就不会再向预读文件夹添加文件了。

⑧休眠。待机是将数据保存在内存中,而休眠是将内存状态复制到硬盘,然后关闭电源。休眠功能节电显著(待机供电需要几十瓦,而休眠只需几瓦),但是占磁盘空间较大,它会在系统分区生成一个"hiberfil. sys"文件,大小与物理内存相同。现在计算机内存都比较大,因此占用系统分区空间也大。同时,休眠也可能引起硬盘 IO 出现问题和启动速度慢等故障。如果不是必需,最好关闭这个功能。方法:"控制面板—电源选项—休眠",去掉"启用休眠"前面的对勾即可。

待机:按键盘上的"Sleep"键或点击"开始—关机",下拉菜单中的"待机"。

休眠:按键盘上的"Power"键或点击在关机菜单里"待机"同时按下"Shift"。

还可以在"电源选项属性"的"高级"选项卡中,将"在按下计算机电源按钮时"设置为"休眠",将"在按下计算机睡眠按钮时"设置为"待机"。这样,键盘上的"Power"键就是"休眠";"Sleep"就是"待机"。

⑨将 Outlook 信箱移至其他分区。Outlook 信箱用久了,占用空间也很大,可以移至其他分区。方法是:打开 Outlook,点击"工具—选项—维护—存储文件夹",再点击"更改",填入要更改至的新位置即可。

⑩应用程序安装到其他分区。安装应用程序够用即可,不要多装。如杀毒软件安装一个,再安装一个好的防木马软件即可;下载软件也只安装一个,不要同时安装网际快车、迅雷等,它们的下载速度差异不大,下载速度主要由网速决定。在安装时不安装至默认的系统分区,选择"浏览",可以选择其他分区。

(2)提高 Windows 系统内存效率的优化方法

优化内存,提高内存的使用效率,尽可能地提高运行速度,是用户所关心的问题。下面介绍在 Windows 操作系统中,提高内存的使用效率和优化内存管理的几种方法。

①改变页面文件的位置。其目的主要是为了保持虚拟内存的连续性。因为硬盘读取数据是靠磁头在磁性物质上读取,页面文件放在磁盘上的不同区域,磁头就要跳来跳去,自然不利于提高效率。而且系统盘文件众多,虚拟内存肯定不连续,因此要将其放到其他盘上。改变页面文件位置的方法是:用鼠标右键点击"我的电脑",选择"属性—高级—性能设置—

高级—更改虚拟内存",在驱动器栏里选择想要改变到的位置即可。值得注意的是,当移动好页面文件后,要将原来的文件删除(系统不会自动删除)。

②改变页面文件的大小。改变了页面文件的位置后,还可以对它的大小进行一些调整。调整时需要注意,不要将最大、最小页面文件设为等值。因为通常内存不会真正"塞满",它会在内存储量到达一定程度时,自动将一部分暂时不用的数据放到硬盘中。最小页面文件越大,所占比例就低,执行的速度也就越慢。最大页面文件是极限值,有时打开很多程序,内存和最小页面文件都已"塞满",就会自动溢出到最大页面文件。所以将两者设为等值是不合理的。一般情况下,最小页面文件设得小些,这样能在内存中尽可能存储更多数据,效率就越高。最大页面文件设得大些,以免出现"满员"的情况。

③禁用页面文件。当拥有了 512MB 以上的内存时,页面文件的作用将不再明显,因此可以将其禁用。方法是:依次进入注册表编辑器 HKEY_LOCAL_MACHINE\System\Current ControlSet\ControlSession\Manager Memory Management"下,在"Disable Paging Executive"(禁用页面文件)选项中将其值设为"1"即可。

④清空页面文件。在同一位置上有一个"Clear Page File At Shut down(关机时清除页面文件)",将该值设为"1"。这里所说的"清除"页面文件并非是指从硬盘上完全删除 pagefile. sys 文件,而是对其进行"清洗"和整理,从而为下次启动 Windows XP 时更好地利用虚拟内存做好准备。

⑤调整高速缓存区域的大小。可以在"计算机的主要用途"选项卡中设置系统利用高速缓存的比例(针对 Windows 98)。如果系统的内存较多,可选择"网络服务器",这样系统将用较多的内存作为高速缓存。在CD—ROM标签中,可以直接调节系统用多少内存作为 CD—ROM 光盘读写的高速缓存。

⑥监视内存。系统的内存不管有多大,总是会用完的。虽然有虚拟内存,但由于硬盘的读写速度无法与内存的速度相比,所以在使用内存时,就要时刻监视内存的使用情况。Windows 操作系统中提供了一个系统监视器,可以监视内存的使用情况。如果只有 60% 的内存资源可用,这时就要注意调整内存了,不然就会严重影响计算机的运行速度和系统性能。

⑦及时释放内存空间。如果系统的内存不多了,就要注意释放内存。所谓释放内存,就是将驻留在内存中的数据从内存中释放出来。释放内存最简单有效的方法,就是重新启动计算机。另外,就是关闭暂时不用的程序。还有要注意剪贴板中如果存储了图像资料,会占用大量内存空间。这时只要剪贴几个字,就可以把内存中剪贴板上原有的图片冲掉,从而将它所占用的大量的内存释放出来。

⑧优化内存中的数据。在 Windows 中,驻留内存中的数据越多,就越要占用内存资源。所以,桌面上和任务栏中的快捷图标不要设置得太多。如果内存资源较为紧张,可以考虑尽量少用各种后台驻留的程序。平时在操作计算机时,不要打开太多的文件或窗口。长时间地使用计算机后,如果没有重新启动计算机,内存中的数据排列就有可能因为比较混乱,从而导致系统性能的下降。这时就要考虑重新启动计算机。

⑨提高系统其他部件的性能。计算机其他部件的性能对内存的使用也有较大的影响,如总线类型、CPU、硬盘和显存等。如果显存太小,而显示的数据量很大,再多的内存也是不可能提高其运行速度和系统效率的。如果硬盘的速度太慢,则会严重影响整个系统的工作。

(3)Windows XP 的 NTFS 文件系统优化方法

Windows XP 支持 FAT、FAT32 和增强的 NTFS 等多种文件系统,在安装 Windows

XP 时,用户可以做出选择是采用 FAT32 文件系统还是 NTFS 文件系统,不选择 NTFS 的理由只有一个:那就是用户还需要用到一个不能读取 NTFS 分区的操作系统,如 Win9X、MS-DOS 等。

如果想深切地体会 Windows XP 的全面功能,那么强烈推荐采用 NTFS 文件系统,Windows XP 采用了 NTFS 5 的文件系统,增强的 NTFS 文件系统可以为用户提供更新的增强功能。选择了 NTFS 文件系统之后,用户还可以对 NTFS 进行优化以提高系统性能。

①簇的大小。根据 NTFS 卷要存储的文件的平均大小和类型来选择簇的大小,理想情况下,簇的大小要能整除文件大小(最接近的数值),理想的簇的大小可以将 I/O 时间降到最低,并最大限度地利用磁盘空间。注意无论在什么情况下使用大于 4KB 的簇都会出现一些负面影响,比如不能使用 NTFS 的文件压缩功能及浪费的磁盘空间增大等。

有几种方法可以判断文件的平均大小,一种方法是从"开始"菜单,选择"运行"命令,输入 cmd,然后回车进入命令提示符状态,在命令提示符下输入命令 chkdsk,可以得到这个卷上的文件数和已经使用的磁盘空间,用文件数去除以已经使用的磁盘空间大小,就可以得到理想的簇的大小。

另一种方法是使用性能监视器,方法如下:从"开始"菜单中依次选择"设置—控制面板—管理工具—性能"命令,然后追踪逻辑磁盘对象的平均磁盘字节/传输,使用这种方法可以得到更为精确的文件总和的大小和存储在这个卷上的数据类型。

②由 FAT 转换而来的 NTFS。从 FAT 转换到 NTFS 的卷将失去 NTFS 的一些性能优点,主文件表 MFT 可能出现碎片,而且不能在根卷上设置 NTFS 的文件访问权限。要检查主文件表 MFT 上是否有碎片,可以用这样的方法:从"开始"菜单中,依次选择"程序—附件—系统工具—磁盘碎片整理",对一个驱动器进行分析,然后单击"查看报告",将报告信息拖动到主文件 MFT 碎片部分,即可查看总的 MFT 碎片。

把一个 FAT 转换成 NTFS 后,簇的大小是 512KB,增加了出现碎片的可能性,而且在整理碎片时需要花更多的时间,所以最好在最初的格式化时就选择 NTFS 文件系统。

③碎片整理。即使上面所提到的主文件表 MFT 没有出现碎片,碎片整理也是必不可少的,当磁盘上出现碎片时,访问一个文件时就需要磁头做更多的运动,延长了读盘时间,极大地影响了系统性能,因此使磁盘上的碎片维持在一个较低的限度是提高 NTFS 卷的最重要因素,经常地运行碎片整理程序非常有必要。

2. 系统优化软件

(1)超级兔子

超级兔子诞生于 1998 年 10 月,作为一款拥有超过 10 年历史的老牌计算机功能辅助软件。1998 年成为第一个系统优化软件,2002 年成为第一款商业化共享软件,2005 年 8 月,超级兔子正式宣布免费,2006 年成为第一个反流氓先锋,2009 年成立北京公司商业化运营。超级兔子一直尽力为因特网用户提供最简洁、最高效的计算机优化解决方案,其界面如图 4.2.1 所示,新版超级兔子具有以下功能:

①全新计算机系统评测,给计算机系统来一次深度检测。

②精心打造的丰富计算机系统评测项目,全方位对系统进行深度检测,同时采用全新的评分机制,更直观地掌控计算机系统情况。

③增强可疑文件和插件检测。

图 4.2.1 超级兔子界面

④新增全新可疑文件库,全面查找系统中存在的可疑文件,保护系统安全。

⑤全新垃圾清理和注册表清理,释放更多磁盘空间,提升计算机系统性能。

⑥清理项目更全面,可清理指定扩展名文件,灵活的清理选项,全面清理注册表无效、冗余的文件,提升计算机系统性能。

⑦全新超级兔子界面,可以更方便的使用超级兔子各种功能。

⑧超级兔子界面全面优化,布局更合理,可更加清晰快捷的使用各种功能。

⑨增强网页防护功能,上网冲浪安全无忧。

⑩全面拦截可疑网页,防止木马和恶意网站入侵,上网更轻松。

⑪支持 Windows 7,全面保护新一代操作系统。

⑫为 Windows 7 提供更好更全面的安全防护,同类产品中率先支持 Windows 7 漏洞修复。

⑬增加手动升级功能,轻松一点即可检测新版本。

⑭可随时查询超级兔子新版本,及时掌握软件更新动态。

⑮优化升级机制,轻轻一按,超级兔子所有天使全部升级。

(2)Windows 优化大师

Windows 优化大师是一款功能强大的系统辅助软件,它提供了全面有效且简便安全的系统检测、系统优化、系统清理、系统维护四大功能模块及数个附加的工具软件。使用 Windows 优化大师,能够有效地帮助用户了解自己的计算机软硬件信息,简化系统设置步骤,提升计算机运行效率,清理系统运行时产生的垃圾,修复系统故障及安全漏洞,维护系统的正常运转。

4.2.2.3 任务实施

安装超级兔子和 Windows 优化大师,分别使用这两款软件对 Windows XP 进行修改设置,并提交修改报告及效果。

4.2.3 归纳总结

本模块主要学习如何通过修改 Windows 系统的默认设置来提高计算机系统的性能,这个过程称为系统优化。一般对系统进行优化需要做好数据备份,防止因为错误操作导致数据丢失。使用专用软件,可以提高系统优化的效率和安全性。

4.2.4 思考与训练

Windows 系统提示 C 盘空间不足,请提供一个解决方案,分析可能的原因,并提出对策。

项目描述

在学完本门课程后,除了掌握前面学过的计算机选购、计算机安装、计算机系统测试与优化等知识与技能外,还需要掌握哪些知识与技能呢? 首先,要掌握计算机日常维护的知识,包括计算机病毒的防护、数据的备份与恢复、注册表的维护;其次,要掌握计算机故障维修技能,包括要熟悉计算机常见故障的类型及原因,掌握计算机故障诊断与排除的基本方法,具备计算机软、硬件故障诊断与分析能力。经常使用计算机应该具备计算机各种故障的综合分析与处理能力。只有对计算机系统故障有一个全面、深入的了解,结合已经掌握的计算机维护与维修技能和经验,才可以解决日常工作中的各种故障问题。本项目就是从计算机维护的角度出发,全面了解计算机故障的分类及产生原因,通过实训,掌握计算机故障的常用处理方法。

模块一　病毒防护软件安装与使用

技能训练目标:能够使用杀毒软件保护计算机系统。

知识教学目标:了解计算机安全和病毒的基本概念,掌握杀毒软软件的安装与使用方法。

5.1.1 任务布置

①客户安装了 Windows XP 系统和上网软件,希望自己的计算机不被病毒感染,请为客户安装一款杀毒软件。

②安装完杀毒软件后,需要为客户的计算机进行相关的设置,并且进行软件使用培训。

5.1.2 任务实现

5.1.2.1 相关理论知识

1. 计算机病毒的概念

计算机病毒是一种隐藏在计算机系统的信息资源中,利用系统信息资源进行繁殖、生存,能影响计算机系统正常运行,并通过系统信息共享的途径进行传染的、可执行的一段程序。在《中华人民共和国计算机信息系统安全保护条例》中,计算机病毒被定义为"指编制或者在计算机程序中插入的破坏计算机功能或者破坏数据,影响计算机使用并且能够自我复制的一组计算机指令或者程序代码"。

2. 计算机病毒的分类

一般来说,计算机病毒可分为两大类:"良性"病毒和"恶性"病毒。所谓"良性"病毒,是指病毒不对计算机数据进行破坏，但由于其不断复制、传染，逐渐占据大量存储空间，而病毒程序的执行也增加了系统时间的开销，降低了系统的有效运行速度，最终造成计算机系统工作异常，如"小球"病毒等。"良性"病毒一般比较容易判断，如运行速度变慢、文件大小自动发生改变等。"恶性"病毒往往没有直观表现，但会对计算机数据进行破坏，造成整个计算机系统瘫痪，如"黑色星期五"、"CIH"等病毒。其中1998年出现的"CIH病毒"能改写计算机中的BIOS，使遭受攻击的计算机不能启动，除非重新刷新BIOS。"恶性"病毒感染后一般没有异常表现，但一旦发作，会对计算机系统造成毁灭性的破坏，损失很难挽回。

从计算机病毒的基本类型来分，可以分为系统引导型病毒、可执行文件型病毒、宏病毒、混合型病毒、特洛伊木马型病毒和Internet语言病毒。

(1)系统引导型病毒在系统启动时，先于正常系统的引导将病毒程序自身装入到操作系统中，在完成病毒自身程序的安装后，该病毒程序成为系统的一个驻留内存的程序，然后再将系统的控制权转给真正的系统引导程序，完成系统的安装。如曾经连续数年蝉联破坏力最强的米开朗琪罗(Michelangelo)病毒就是一个系统引导型病毒，它的潜伏期为一年，在每年的3月6日发病。米开朗琪罗病毒最擅长侵入计算机硬盘中的硬盘分区和引导区，以及软盘的引导区，而且它会常驻在计算机系统的内存中，虎视眈眈地伺机再感染用户所使用的软盘。米开朗琪罗病毒感染的途径，事实上只有一种，那就是使用不当的磁盘引导，如果该磁盘正好感染了米开朗琪罗，于是，不管是不是成功的开机，可怕的米开朗琪罗病毒都已借机进入了用户的计算机系统中的硬盘，平常看起来计算机都颇正常的，一到3月6日使用者一开机若出现黑画面，那表示硬盘资料已经没有。

(2)可执行文件型病毒依附在可执行文件或覆盖文件中，当病毒程序感染一个可执行文件时，病毒修改原文件的一些参数，并将病毒自身程序添加到原文件中。在被感染病毒的文件被执行时，由于病毒修改了原文件的一些参数，所以首先执行病毒程序的一段代码，这段病毒程序的代码主要功能是将病毒程序驻留在内存，以取得系统的控制权，从而可以完成病毒的复制和一些破坏操作，然后再执行原文件的程序代码，实现原来的程序功能，以迷惑用户。

可执行文件型病毒主要感染系统可执行文件(如Windows系统的com或exe文件)或覆盖文件(如ovl文件)中，极少感染数据文件。可执行文件型的病毒依传染方式的不同，又分成非常驻型病毒以及常驻型病毒两种。

非常驻型病毒是将自己寄生在＊.com，＊.exe或是＊.sys的文件中。当这些中毒的程序被执行时，就会尝试去传染给另一个或多个文件，如"DatacrimeII资料杀手"病毒。

常驻型病毒一旦启动便将自身留在内存中，随时准备对执行文件进行传染，并监视系统情况，由于这个原因，常驻型病毒往往对磁盘造成更大的伤害。一旦常驻型病毒进入了内存中，只要执行文件被执行，它就对其进行感染的动作，其效果非常显著。将它赶出内存的唯一方式就是冷开机(完全关掉电源之后再开机)。如"黑色(13号)星期五"(Friday13th)病毒，每逢13号星期五这天，黑色星期五病毒就会将任何用户想执行的中毒文件删除。该病毒感染速度相当快，其发病的唯一征兆是磁盘驱动器的灯会一直亮着。黑色星期五病毒登记有案的变种病毒有很多，如：Edge、Friday13th－540C、Friday13th－978、Friday13th－B、Friday13th－C、Friday13th－D、Friday13th－NZ、QFresh、Virus－B等。

(3)宏病毒是利用宏语言编制的病毒，宏病毒充分利用宏命令的强大系统调用功能，实现某些涉及系统底层操作的破坏。宏病毒仅感染Windows系统下用Word、Excel、Access、

PowerPoint 等办公自动化程序编制的文档以及 Outlook Express 邮件等,宏病毒不会感染给可执行文件。如"Taiwan NO. 1 文件宏病毒",当病毒发作时,会出现连计算机都难以计算的数学乘法题目,并要求输入正确答案,一旦答错,则立即自动开启 20 个文件,并继续出下一道题目,一直到耗尽系统资源为止。

(4)混合型病毒是以上几种的混合。混合型病毒的目的是为了综合利用以上 3 种病毒的传染渠道进行破坏。混合型病毒不仅传染可执行文件而且还传染硬盘主引导扇区,被这种病毒传染的病毒用 FORMAT 命令格式化硬盘也不能消除病毒。

混合型病毒的引导方式具有系统引导型病毒和可执行文件型病毒的特点。一般混合型病毒的原始状态依附在可执行文件上,通过这个文件作为载体而传播开来的。如"Flip 翻转"病毒。

(5)特洛伊木马型病毒也叫"黑客程序"或后门病毒,属于文件型病毒的一种,但有其自身的特点。此种病毒分成服务器端和客户端两部分,服务器端病毒程序通过文件的复制、网络中文件的下载和电子邮件的附件等途径传送到要破坏的计算机系统中,一旦用户执行了这类病毒程序,病毒就会在每次系统启动时偷偷地在后台运行。

当计算机系统连上 Internet 时,黑客就可以通过客户端病毒在网络上寻找运行了服务器端病毒程序的计算机,当客户端病毒找到这种计算机后,就能在用户不知晓的情况下使用客户端病毒指挥服务器端病毒进行合法用户才能进行的各种操作,从而达到控制计算机的目的。如"Explorezip 探险虫"病毒具有开机后再生、即刻连锁破坏的能力。

(6)Internet 语言病毒是利用 Java、VB 和 ActiveX 的特性来撰写的病毒,这种病毒虽不能破坏硬盘上的资料,但是如果用户使用浏览器来浏览含有这些病毒的网页,使用者就会在不知不觉中,让病毒进入计算机进行复制,并通过网络窃取宝贵的个人秘密信息或使计算机系统资源利用率下降,造成死机等现象,如"Nimda"病毒。

3. 计算机病毒的主要特性

(1)可执行性。计算机病毒是一段可执行程序,它和其他正常程序一样能够被执行。计算机病毒不是一个完整的程序,而是寄生在可以存放计算机程序的地方,当执行带病毒的程序或从带病毒的系统启动时,病毒就得到了执行的机会并被激活,这时候病毒才具有传染性和破坏性。

(2)传染性。传染性是衡量一种程序是否为病毒的首要条件。计算机病毒可以通过各种可能的渠道,如软盘、光盘和计算机网络迅速传染到其他计算机中。

(3)潜伏性。计算机病毒是设计精巧的计算机程序,进入系统之后并不一定马上表现出来,可以在较长的时间内(如几周、几个月甚至几年)隐藏在文件中,当病毒被激活时,就对其他文件或磁盘进行病毒传染,而不被人们发现。潜伏性越好,在系统中存在的时间就越长,病毒的传染范围就会越大。

(4)破坏性。计算机病毒破坏性的强弱,取决于病毒设计者的目的。它可以使计算机中的部分或全部数据丢失,甚至使计算机完全瘫痪。

(5)变异性。计算机病毒的变异性表现在两个方面:一方面,有些计算机病毒本身在传染过程中会通过设定的变换机制,产生出许多与原代码不同的病毒;另一方面,有些病毒制造者人为地修改病毒的源代码,这两种方式都可能产生出不同于原病毒代码的病毒——变种病毒。

4. 计算机感染病毒后的主要症状

从目前发现的病毒来看,除了误操作、系统本身不稳定、计算机被他人修改而出现的原因外,计算机中病毒的主要症状有以下几方面。

①系统不能启动。

②莫名其妙地丢失数据或文件。

③在没有对计算机进行操作时,硬盘不停地读写(指示灯不停地闪动)。

④运行速度慢,经常出现"死机"现象。

⑤可执行文件大小无故增大。

⑥生成不可见的表格文件或特定文件。

⑦磁盘坏簇莫名其妙地增多。

⑧磁盘可利用的空间变小,并出现许多来路不明的文件。

⑨系统出现异常动作,例如,突然死机,又在无任何外界介入的情况下自行启动。

⑩鼠标不能使用,键盘使用异常。

⑪磁盘的卷标名发生变化。

⑫异常要求用户输入口令。

⑬屏幕出现异常信息,如提示计算机将关闭。

⑭打印出现问题,使得打印不能正常进行。

5. 计算机病毒的主要危害

计算机病毒的危害体现了病毒的破坏性,主要表现在以下几个方面。

①破坏系统数据区。包括硬盘分区表、软盘和硬盘的引导扇区、文件分配表 FAT、文件目录等。

②破坏文件。可执行程序文件、Word 文档和模板是病毒传染的对象,破坏文件的方式包括修改文件、删除文件、覆盖文件、文件改名、部分数据丢失。

③破坏网络系统。给网络用户发送大量的垃圾邮件,造成因特网的阻塞,以及黑客攻击网站等。

④干扰系统正常运行。包括不执行发出的命令、内部堆栈溢出、死机或重新启动计算机、影响系统运行速度等。

⑤干扰内存分配。包括病毒本身占用内存、改变内存容量,使得运行时报告内存不足等。

⑥干扰键盘和鼠标。使键盘按键无效和鼠标操作异常。

⑦破坏 CMOS 信息。使计算机启动时出现错误。

⑧破坏系统 BIOS 和显卡 BIOS。使计算机启动时黑屏。

⑨干扰屏幕显示。屏幕表现为字符跌落、小球反弹、不正常问候语及提示画面。

⑩干扰打印。使打印机不能正常打印。

6. 常见计算机病毒及危害

(1)网银大盗

"网银大盗"是 2004 年上半年产生的以专门偷窃资金为目的的木马病毒。用户计算机感染该木马病毒后,首先会在用户计算机中创建 expl0er. exe 文件,还创建 expl0er. dll 挂钩和发信模块 dll 文件,并修改注册表,木马病毒在系统启动时运行。病毒运行后会调用 ex-pl0er. dll,设置消息挂钩。病毒主程序开启两个计时器,计时器 1 每隔 3 秒钟检查是否有常用反病毒和防火墙软件运行,一旦发现试图终止这些进程,同时还自动回写病毒注册表项和病毒文件。计时器 2 每隔 0.5 秒搜索用户的 IE 窗口,如果发现用户正在"个人网上银行"的登录界面,则尝试窃取注册卡号和密码。一旦成功,就把窃取到的信息保存到共享内存中。并且把共享内存中保存的用户账号和密码通过电子邮件发送给病毒作者。

(2)挪威客病毒

2004 年 1 月 27 日,"挪威客"(I—Worm/Mydoom)蠕虫病毒首次被发现。病毒运行后,在 Windows 目录下生成自身的拷贝,使用 Word 的图标,并在共享文件夹中生成自身拷贝,病毒修改注册表项,使得自身能够在系统启动时自动运行。病毒运行后随机删除从 C 到 Z 的所有盘符中以 mdb,doc,xls,sav,jpg,avi,bmp 为后缀名的文件,并在删除文件夹下生成 .ZIP 为后缀的病毒体。蠕虫程序利用自身的 SMTP 引擎,搜索有效的邮件地址,发送自身,发送蠕虫的邮件主题、发件人、甚至附件名称等都是随机变化的,病毒本身是一个可执行文件,可包含在一个 ZIP 压缩包里。计算机感染病毒后,会打开后门,开放 TCP 端口,允许攻击者连接此计算机并利用一个代理获得访问网络资源的权限,后门程序还可以下载和执行任意的文件。

(3)"雏鹰"病毒及其变种

"雏鹰"病毒可算是病毒家族里的百变金刚,到目前为止已出现数十个变种。该病毒利用电子邮件、文件共享软件、后门进行传播。感染病毒后,病毒将自身复制到名字包含"shar"字样的文件夹中,并把自己重命名,把自己伪装为计算器、电子表格文件、钟表、文本文件以及看图、播放、办公软件等图标,在感染每个新文件时进行变形,使查杀难度增加。并且修改注册表键值,使自身可以在系统启动时运行。病毒运行后,搜索用户系统内所有合法的电子邮件地址,并使用自带的 SMTP 向这些地址发送带毒的电子邮件,其伪造的发信人地址和收信用户的邮件地址具有相同的域名,以加密压缩包的形式,将自身隐藏在邮件附件中向外疯狂传播。病毒同时具有后门能力,在 TCP 端口 2745 打开后门,把在后门监听到的端口和 IP 地址发送给攻击者。后期变种的"雏鹰"病毒尝试结束绝大多数杀毒软件、防火墙、常用监控程序。

(4)"超级密码杀手"病毒

"超级密码杀手"是群发邮件蠕虫,"超级密码杀手"病毒企图发送自身到在被感染计算机上找到的所有邮件地址。利用 DCOM RPC 漏洞 TCP 端口 135 进行传播,还通过网络共享进行传播。邮件的发件人地址是伪造的,主题和邮件正文都是变化的。它不但带有自发信模块向外狂发带毒邮件,而且能破解系统的口令,并通过各种网络共享传播自身,更为严重的是,病毒入侵后,还会在电脑上开一个后门,黑客可以远程操纵进行任意操作。

(5)"QQ 通行证"木马

"QQ 通行证"是诱骗盗取用户 QQ 号和密码的一种木马病毒。该木马病毒入侵计算机后,会修改计算机系统的注册表,并释放一个动态库,这个动态库会伪装成腾讯的 QQ 密码保护修改资料的网页,诱骗用户填写自己的 QQ 号码和密码。骗取成功之后,会把用户密码发送到病毒作者的邮箱,完成盗号过程。

(6)QQ"缘"病毒

该病毒用 VB 语言编写,采用 ASPack 压缩,利用 QQ 消息传播。运行后会将 IE 默认首页改变为:http://www. * *115.com/,如果发现自己的 IE 首页被修改成以上网址,就是被该病毒感染了。该病毒会利用 QQ 发送例如"今天在网上下了本电子书,书名叫《缘》,写得不错,而且书的作者的名字很巧……点击下面这个地址可以下载这本书"等消息,消息里的链接是病毒网址。

(7)网游盗号木马

"网游盗号木马"是盗取用户网游账号和密码的一种木马病毒,该木马病毒入侵计算机后,会修改注册表实现自启动,然后通过内存读取和消息截获等多种方式记录用户系统中的网游账号密码,盗取网游账号,并将盗取的信息在后台发送给黑客,使网游玩家的利益受损。

7.计算机病毒的预防措施

对于计算机病毒一般采取预防为主。通常采用以下预防措施,切断计算机病毒的传播途径。

(1)安装和使用正版防病毒和防火墙软件保护计算机系统

(2)及时修补漏洞和关闭可疑的端口

病毒能够轻松地进入用户的计算机,很大程度上是因为用户的计算机上没有任何的安全防御措施,并且应该更新的补丁没有及时更新。因为病毒的作者必须要等待系统补丁发布以后才能对系统漏洞进行反编译,所以病毒一般是在补丁发布以后的一段时间才会出现。这个时候及时为系统打上补丁,成为关键中的关键。因为在病毒肆虐之前为系统打上补丁,可以从根本上消除蠕虫病毒所带来的安全隐患。安装 Windows 系统安全补丁请设置自动更新,如图 5.1.1 所示。

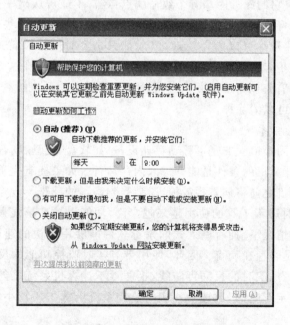

图 5.1.1 Windows 自动更新设置

(3)养成良好的计算机使用习惯

①将 Internet 浏览器的安全级别设置为"高"。

②必须使用外来软盘时,应先检测,确定无病毒后再使用。

③不要在系统引导盘上存放数据。

④对重要软件要做备份,当系统"瘫痪"时可最大限度地恢复系统。

⑤做到一人一机,不使用盗版的软件或来历不明的软件。

⑥写保护所有系统盘和文件。

⑦定期升级杀毒软件,经常使用杀毒软件检查计算机,及时发现和消除病毒。

⑧备份硬盘引导区、主引导区数据及其他重要的数据。

⑨不要打开来历不明的邮件及附件。

⑩随时注意计算机的异常现象,发现问题及时解决。

8. 计算机杀毒软件的选用

在众多的杀毒软件品牌中,如何选择一款适合于自身需求的杀毒软件是每一个用户都想解决的问题。要选择一款杀毒软件最重要的是按需购买,这样才能够从实用角度出发,在满足自身需要的同时减小杀毒软件对自己计算机性能的影响。一般选择杀毒软件产品应该考虑以下几点:

(1)杀毒能力要强

Internet 的发展使病毒的传播更加迅速。杀毒软件所能查杀的病毒数量、查毒率应该是查杀病毒产品性能的重要指标。除了能查杀的病毒足够多外,还应要求查杀病毒产品在杀毒时不破坏文件,运行可靠,杀毒时不出现死机现象,既安全又可靠。杀毒软件的核心涉及两个因素,一个是病毒查杀引擎,一个是病毒库,查杀引擎要速度快,高效,病毒库要新而全,现在的杀毒软件一般都是病毒库网络在线更新,查杀引擎的能力就很重要。一些杀毒软件虽然检出率很高,但它的病毒库却有个致命缺点:经常不能辨认出一个病毒产生的所有文件(病毒残留),对于一台已中了可以通过所产生文件还原的病毒,这些杀毒软件就一筹莫展了,还有一些杀毒软件号称可以内存杀毒,但大都只是实时监控加普通进程关闭的简单做法,杀不了 dll 进程守护,甚至不去检查调用的 dll 文件,江民杀毒在这方面做得很好,它会一个一个 dll 地检查,并有查到毒后反复内存清毒及必要时自动开机检查的功能,dll 进程守护的病毒木马基本上都可以清除掉。

(2)完善的实时监控系统

计算机病毒入侵的渠道无非是可移动存储设备(如软盘、光盘、U 盘等)、网络、电子邮件这几种,而病毒感染计算机的条件是能够进入内存运行。如果拥有完善的实时监控系统,那么就可以在感染计算机之前将病毒拦截掉,避免受到病毒的感染。现今,各种新兴的网络交换手段层出不穷,即时聊天工具的使用越来越广泛,功能也越来越强大,各种 Office 宏病毒也频频出现。在这种情况下,拥有嵌入式的杀毒软件能够用最快的速度对这些新兴的交换手段进行检查,判断是否存在病毒。因此,使用带有实时监控功能的反病毒软件,就可以为计算机构筑起一道动态、实时的反病毒防线,拒病毒于计算机系统之外。但是,实时监控系统对系统性能是有一定影响的,挑选一款实时监控系统资源占用较小的杀毒软件将减小给用户带来的不便。

(3)资源占用要少

现代的杀毒软件必须具备防火墙技术,要提供实时监控软件常驻内存,既然常驻内存,就要消耗系统资源,这就要求杀毒软件体积越小越好,特别是实时监控软件的内存占有量要低,否则会影响系统的运行。

(4)病毒库升级更新要及时

因为每时每刻都可能会有新的病毒出现,杀毒软件需要不断更新病毒库。下面是杀毒软件从少到多的升级频率,江民(每天一次),瑞星(每天两次),金山(每天三次),卡巴斯基(三小时一次),但注意并不是频率越高越好,事实上,一周下来大家更新的病毒总数其实是差不多的,只是反应的效率有快慢之分。

（5）应急恢复功能

应急恢复功能是一款优秀的杀毒软件所必须具有的功能。应急启动盘除了能启动计算机以外,还要能够正确备份和恢复主引导记录和引导扇区,以便在系统受病毒侵犯而崩溃时进行恢复。同时,具备 NTFS 文件系统查杀功能的应急启动盘也将给使用 NTFS 文件系统的用户带来很多便利。

（6）程序稳定性

杀毒软件是保护系统的,所以它自身不能经常出问题。曾经有些杀毒软件的监控做得不好,会突然失灵,也有杀毒软件在网络更新的时候会导致系统莫名其妙地死机,或者导致某些应用软件冲突无法使用等,这都属于程序不稳定。

（7）未知病毒防范能力

这一项至关重要,主动防御的精华所在就是阻止未知病毒的进入。大家都知道,应该是先有病毒再有相应的病毒库资料。那如果中的病毒的资料还没有编入病毒库,这时就要靠主动防御来大显身手了,主动防御也是今后杀毒软件的主要发展方向,这方面做得比较好的国外的是卡巴斯基、麦咖啡、NOD32,小红伞、大蜘蛛等,国内的江民 KV 也可以,技术不一样,但是目的是一样的,就是防范病毒库当中没有的病毒。

（8）其他选项

比如对杀毒软件的用户界面的评比及可操作性的测试,有的用户就相当在意,另外,为了加强系统安全,许多杀毒软件也提供了增强模块,比如系统漏洞检测,系统进程管理、网络连接端口管理等功能,相对来说这些不是核心需求。

9. 几种常用的杀毒软件介绍

（1）金山毒霸

金山毒霸 2005 是北京金山软件公司开发的一套功能强大的反病毒软件,它可以查杀超过 2 万种的病毒家族及其变种,对各类已知、未知病毒、可疑文件、木马以及其他有害程序进行全面查杀;全面支持 DOS、Windows、UNIX 等系统下的十几种压缩格式、多重压缩包的查毒以及 ZIP、RAR 等压缩格式,UPX 加壳文件的包内直接查杀;提供全面杀毒、闪电杀毒、快捷方式杀毒、屏保杀毒等多种查杀方式,随心所欲,使用更方便、更高效。金山毒霸的功能好比傻瓜相机,占内存不大,启动也很快,对于一般的家庭用户,这些已经够用了。目前,金山软件公司推出了最新的金山毒霸 2009,金山毒霸 2009 全面引入"云安全"概念,并实现三项重大突破:病毒库病毒样本数量增加 5 倍,日最大病毒处理能力提高 100 倍,紧急病毒响应时间缩短到 1 小时以内。

（2）瑞星杀毒软件

瑞星杀毒软件 2005 由北京瑞星科技股份有限公司开发,采用面向对象技术设计,拥有性能优异的真模块化结构,具有良好的灵活性和可扩展性,可以通过添加和修改软件模块实现对软件的更新,确保了在查杀病毒的过程中有更高的效率和稳定性。该产品集成了最新研制成功的"全网漏洞管理"软件,设计了网页、注册表、文件、邮件发送、邮件接收、漏洞攻击、引导区、内存八大监控系统,可以非常方便地自动查找、管理、修补整个网络内的系统漏洞,能够有效防御"冲击波"等网络病毒的危害。而安装瑞星杀毒软件 2005 并开启"漏洞攻击监控"之后,当有利用漏洞攻击的新病毒出现时,瑞星漏洞攻击监控就会及时进行拦截并报警。目前瑞星公司最新推出了的瑞星杀毒软件 2009,它是基于瑞星"云安全"（cloud security)计划和"智能主动防御"技术开发的新一代信息安全产品,采用了全新的软件架构和最新引擎,全面优化病毒特征库,极大提高运行效率,降低资源占用率。

(3)江民 KV 杀毒软件

KV2005 是北京江民公司开发的新一代计算机安全防护产品,它可以防杀全球近 9 万种病毒。其中防杀 2 万余种木马程序,查杀 5 000 余种 IM(即时通信)病毒。包括木马程序、黑客工具、间谍软件、蠕虫病毒、网页病毒、文件型病毒、引导区病毒等。扫描压缩文件:自动清除 ZIP、RAR、CAB、LZH 等 14 种压缩文件中的病毒。为用户的计算机安全提供了坚实的保障。

(4)卡巴斯基

世界著名的卡巴斯基反病毒软件是俄罗斯卡巴斯基实验室开发的技术先进、功能强大的新一代反病毒软件产品,被众多计算机专业媒体及反病毒专业评测机构誉为病毒防护的最佳产品。卡巴斯基具有全球技术领先的病毒运行虚拟机,保证最快速度的病毒库数据升级,卡巴斯基独创的引擎技术,杀毒非常细致,脱壳能力超强。缺点是用起来有点"卡",扫描慢(太细致的缘故),适合高端配置用户使用。

(5)Norton AntiVirus

Norton AntiVirus 是一套功能强大的防病毒软件,它可以保护计算机免受病毒、间谍软件、特洛伊木马、蠕虫病毒、僵尸网络和 Rootkit 的威胁,目前可侦测十几万种已知和未知的病毒,还可以通过主动多层防御系统防范最新威胁,可以在传统的定义可用之前检测新出现的间谍软件和病毒。另外,Norton AntiVirus 可以阻止网络钓鱼网站以保护个人信息安全,具有在线身份安全防护功能让用户安全地存储和管理个人信息。

5.1.2.2 相关实践知识

1. 常见计算机病毒的表现形式及对策

(1)恶意攻击网页的对策

恶意网页是一段可以自动执行、程序内嵌在网页代码的网页,它完全不受用户的控制。一旦浏览含有该病毒的网页,病毒就会发作。这种病毒代码被很多恶意者利用,给用户的系统带来不同程度的破坏。

①禁止使用计算机。浏览了含有这种恶意代码的网页其后果是:"关闭系统"、"运行"、"注销"、注册表编辑器、DOS 程序、运行任何程序被禁止,系统无法进入"实模式"、驱动器被隐藏。当遇到这种情况,就只有重装系统。

②默认主页修改。一些网站为了提高自己的访问量和做广告宣传,利用 IE 的漏洞,将访问者的 IE 进行修改。一般强制改掉用户的默认主页,为了不让用户改回去,甚至将 IE 选项中的默认主页按钮变为失效的灰色,对策与措施如下:

展开注册表到 HKEY_LOCAL_MACHINE\Software\Microsoft\Internet Explorer\Main,在右半部分窗口中将"Start Page"的键值改为"about:blank"即可。

展开注册表到 HKEY_CURRENT_USER\Software\Microsoft\Internet Explorer\Main,在右半部分窗口中将"Start Page"的键值改为"about:blank"即可。

如果进行了以上步骤后仍然没有生效,是程序加载到了启动项的缘故,就算修改了,下次启动时也会自动运行程序,将上述设置改回来,解决方法是:运行注册表编辑器 Regedit.exe,依次展开 HKEY_LOCAL_MACHINE\Software\Microsoft\Windows\Current-Version\Run 主键,然后将下面的"registry.exe"(名字不固定)删除,最后删除硬盘里的同名可执行程序。退出注册表编辑器,重新启动计算机即可。

③格式化硬盘。利用 IE 执行 ActiveX 的功能,让用户无意中格式化自己的硬盘。只要浏览了含有它的网页,浏览器就会弹出一个警告说"当前的页面含有不安全的 ActiveX,可能会对你造成危害",问是否执行。如果选择"是",硬盘就会被快速格式化,因为格式化时窗口是最小化的,用户可能根本就没注意,等发现就已经晚了,对策与措施如下:

对不明真相的提问不要随便回答"是"。该提示信息还可能是"Windows 正在删除本机的临时文件,是否继续",所以千万要注意! 此外,可将计算机上 Format. com、Fdisk. exe、Del. exe、Deltree. exe 等命令改名。

④篡改 IE 标题栏。在系统默认状态时由应用程序本身提供标题栏的信息。但是,有些恶意者为达到广告宣传的目的,将"Windows Title"的键值改为其网站名或更多的广告信息,从而达到改变 IE 标题栏的目的,对策与措施如下:

展开注册表到 HKEY_LOCAL_MACHINE\Software\Microsoft\Internet Explorer\Main\,在右半部分窗口找到"Windows Title",将该值删除,重新启动计算机。

⑤篡改默认搜索引擎。在 IE 浏览器的工具栏中有一个搜索引擎的工具按钮,可以实现网络搜索,被篡改后只要点击那个搜索工具按钮就会链接到想要去的网站,对策与措施如下:

运行注册表编辑器,依次展开 HKEY_LOCAL_MACHINE\Software\Microsoft\Internet Explorer\Search\CustomizeSearch 和 HKEY_LOCAL_MACHINE\Software\Microsoft\Internet Explorer\Search\SearchAssistant,将 CustomizeSearch 及 SearchAssistant 的键值改为某个搜索引擎的网址即可。

⑥IE 右键修改。有的恶意者为了宣传的目的,将右键弹出的功能菜单进行了修改,并且加入了一些乱七八糟的东西,甚至为了禁止下载,将 IE 窗口中单击右键的功能都屏蔽掉,对策与措施如下:

当右键菜单被修改时,打开注册表编辑器,找到 HKEY_CURRENT_USER\Software\Microsoft\Internet Explorer\MenuExt,删除相关的广告条文。

当右键功能失效时,打开注册表编辑器,展开到 HKEY_CURRENT_USER\Software\Policies\Microsoft\Internet Explorer\Restrictions,将其 DWORD 值"NoBrowserContextMenu"的值改为 0。

⑦篡改地址栏文字。IE 地址栏下方出现一些莫名其妙的文字和图标,地址栏里的下拉框里也有大量的地址,并不是以前访问过的,对策与措施如下:

对地址栏下的文字,可在 HKEY_CURRENT_USER\Software\Microsoft\InternetExplorer\ToolBar 下找到键值 LinksFolderName,将其中的内容删去即可。

对地址栏中无用的地址,可在 HKEY_CURRENT_USER\Software\Microsoft\Internet Explorer\TypeURLs 中删除无用的键值即可。

⑧启动时弹出对话框。一是系统启动时弹出对话框,通常是一些广告信息,例如欢迎访问某网站等。二是开机弹出网页,通常会弹出很多窗口,让用户措手不及,更严重的,甚至可以重复弹出窗口直到死机,对策与措施如下:

当弹出对话框时,可打开注册表编辑器,找到 HKEY_LOCAL_MACHINE\Software\Microsoft\Windows\CurrentVersion\Winlogon 主键,然后在右边窗口中找到"LegalNoticeCaption"和"LegalNoticeText"这两个字符串,删除这两个字符串就可以解决在启动时出现提示框的现象。

当弹出网页时,可单击"开始—运行",输入 msconfig,选择"启动"选项,把里面后缀为url、html、htm 的网址文件都勾掉。

⑨IE 窗口定时弹出。机器每隔一段时间就弹出 IE 窗口,地址指向一个指定的个人主页,对策与措施如下:

单击"开始—运行",输入 msconfig,选择"启动"选项,把里面后缀为 hta、url、html、htm的都清除,重新启动计算机。

(2)"QQ"病毒的防治

①"QQ 尾巴"病毒的清除。在运行中输入 msconfig,如果启动项中有"Sendmess.exe"和"wwwo.exe"这两个选项,将其禁止。在 C:\WINDOWS 一个叫 qq32.ini 的文件里,是附在 QQ 后的那几句广告词,将其删除。转到 DOS 下再将"Sendmess.exe"和"wwwo.exe"这两个文件删除。另外应该赶快下载 IE 的 iframe 漏洞补丁。由于"QQ 尾巴"木马病毒是利用 IE 的 iframe 传播的,即使不执行病毒文件,病毒依然可以经由漏洞自动执行,达到感染的目的。

②QQ"缘"病毒的清除。找到下列文件并删除掉:

C:\windows\system\noteped.exe

C:\windows\system\Taskmgr.exe

C:\windows\noteped.exe

C:\windows\system32\noteped.exe

其中 Taskmgr.exe 要先打开"Windows 任务管理器",选中进程"Taskmgr.exe",杀掉进程后才能删除。然后到注册表中找到"\HKey_Local_Machine\software\Microsoft\windows\CurrentVersion\Run",把"Taskmgr"删除。

③"QQ 狩猎者"病毒。先关闭 Windows Me、Windows XP、Windows 2003 中的"系统还原"功能;重新启动到安全模式下;将 regedit.exe 改名为 regedit.com,再用资源管理器结束 cmd.exe 进程,然后运行 regedit.com,将 EXE 关联修改为"%1"%*",再删除以下文件:C:\cmd.exe、%Windows%\Download Program Files\b.exe。打开注册表,删除主键HKEY_CLASSES_ROOT\sysfile\shell\open、HKEY_CLASSES_ROOT\tmpfile\shell\open 修改 HKEY_CLASSES_ROOT\exefile\shell\open\command 的键值为"%1"%*"。

(3)引导型病毒的清除

①引导型病毒的表现。引导型病毒一般都驻留在内存中,往往采用修改内存容量的方法,以欺骗操作系统,表现为系统报告的内存容量大小比实际内存容量少 1KB 或几 KB。

②引导型病毒的清除。

(a)硬盘中引导型病毒的清除。

第一步:用干净的系统盘启动计算机,确保内存中无病毒。

第二步:执行命令:

A:\>FDISK/MBR

此时硬盘主引导区中的病毒即被 FDISK 提供的主引导程序覆盖。

(b)软盘中引导型病毒的清除。

第一步:用干净的系统盘启动计算机,确保内存中无病毒。

第二步:找一张与待消毒盘相同规格的正常软盘(最好是一张新盘),将其插入 A:驱动器中。

第三步:执行命令:

C:\>DEBUG

—L100,0,0,1

第四步:在不退出 DEBUG 程序时,取出无毒软盘,插入待消毒软盘到 A:驱动器中。继续执行命令:

—W100,0,0,1

—Q

此时软盘引导区中的病毒即被正常的数据覆盖。

(4)宏病毒的清除

①宏病毒的表现。宏病毒主要感染 Word、Excel 等文件,通常表现为通用模板文件 Normal.dot 长度增加,或宏显示窗口中有"AutoOpen、AutoClose、AutoExit、AutoNew"等新宏出现。

②宏病毒的清除。

(a)清除 Word 通用模板中的宏病毒。

第一步:启动 Word。

第二步:选择"工具"菜单中的"宏"选项,打开"宏"显示窗口。

第三步:在"宏"窗口的"宏的位置"选项中选择"Normal.dot",此时如果在"宏名"框中有以"Auto"开头的新宏名出现(如 AutoOpen、AutoClose、AutoExit、AutoNew),可以确认为宏病毒。

第四步:删除 AutoOpen、AutoClose、AutoExit、AutoNew 等新宏,通用模板文件 Normal.dot 中的宏病毒即被清除。

(b)清除 Word 文件中的宏病毒。

第一步:启动 Word 程序,确定通用模板文件 Normal.dot 中不含宏病毒,否则应先将通用模板文件 Normal.dot 中的宏病毒清除。

第二步:在 Word 窗口中,打开待查的文档文件。

第三步:选择"工具"菜单中的"宏"选项,打开"宏"显示窗口。

第四步:在"宏"窗口的"宏的位置"选项中,分别选择"Normal.dot"、"所有的活动模板和文档"、"当前正在打开的文档文件"等不同选项,此时如果在"宏名"框中有以"Auto"开头的新宏名出现(如 AutoOpen、AutoClose、AutoExit、AutoNew),通常可以断定为宏病毒。

第五步:删除 AutoOpen、AutoClose、AutoExit、AutoNew 等新宏,并在退出 Word 程序时,选择"保存"操作,文档文件中的宏病毒即被清除。

(5)"震荡波"变种(Worm.Sasser.f)病毒的清除

①"震荡波"变种病毒的表现。"震荡波"病毒属于网络蠕虫,感染 Windows 系统,利用微软的 MS04—011 漏洞,通过因特网进行传播。能自动在网络上搜索含有漏洞的系统,在含有漏洞的系统的 TCP 端口 5554 建立 FTP 文件服务器,自动创建 FTP 脚本文件,并运行该脚本,该脚本能自动引导被感染的机器下载执行蠕虫程序,用户一旦感染后,病毒将从 TCP 的 1068 端口开始搜寻可能传播的 IP 地址,系统将开启上百个线程去攻击他人,造成计

算机运行异常缓慢、网络不畅通,并让系统不停地重新启动。

②"震荡波"变种病毒的清除。如果系统是 Windows XP,病毒的清除步骤如下:

第一步:先关闭系统的还原功能。

第二步:使用进程序管理器结束病毒进程:在任务栏单击右键,弹出菜单,选择"任务管理器",打开"Windows 任务管理器"窗口。在任务管理器中,单击"进程"标签,在列表栏内找到病毒进程"avserve2. exe",单击"结束进程"按钮,单击"是"按钮,结束病毒进程,然后关闭"Windows 任务管理器"。

第三步:查找并删除病毒程序。通过"我的电脑"进入系统目录(Windows),找到"na-patch. exe"文件,并删除;然后进入系统目录(Windows\system32),找到文件"＊_up. exe",并删除。

第四步:清除病毒在注册表里添加的项。打开注册表编辑器:单击"开始"—"运行"命令,输入 regedit,按 Enter 键;在左边的面板中,双击:HKEY_CURRENT_USER\SOFT-WARE\Microsoft\Windows\CurrentVersion\Run 在右边的面板中,找到并删除如下项目:"napatch"= ％SystemRoot％\napatch. exe。关闭注册表编辑器。

(6)"网络天空"变种(Worm. NetSky. ac)病毒的清除

①"网络天空"变种病毒的表现。"网络天空"变种病毒在被感染计算机的硬盘和网络映射驱动器上搜索电子邮件地址,利用其自带的 SMTP 引擎通过发送电子邮件传播。带毒电子邮件的主题、内容和附件名称随机变化,根据收信人邮件地址的域名的不同使用不同语言。病毒在被感染的计算机上打开后门端口,接收并运行黑客发送的任何程序文件并会在特定期间对某些网站发动拒绝服务攻击。

②"网络天空"变种病毒的清除。

第一步:若系统为 Windows XP,则先关闭系统的还原功能。

第二步:启动系统进入安全模式。

第三步:查找并删除病毒程序。通过"我的电脑"进入系统目录(Windows),找到文件"csrss. exe"并删除。

第四步:清除病毒在注册表里添加的项。打开注册表编辑器:单击"开始—运行"命令,输入 regedit,按 Enter 键;在左边的面板中,双击:HKEY_LOCAL_MACHINE\Software\Microsoft\ Windows\ CurrentVersion\ Run,在右边的面板中,找到并删除如下项目:"BagleAV"="％SystemRoot％\csrss. exe",关闭注册表编辑器。

(7)木马病毒的清除

①木马病毒的表现。计算机感染了木马病毒后,通常表现为计算机失去控制。如 CD—ROM 莫名其妙地自己弹出,鼠标左右键功能颠倒、失灵或文件被删除;在没有执行操作的时候,却在不停地读写硬盘;系统莫名其妙地对软驱进行搜索;没有运行大的程序,而系统的速度越来越慢,系统资源占用很多;严重时有蓝屏、死机、重新启动等现象。

②木马病毒的清除。

(a) 在 Win. ini 文件中病毒的清除。

第一步:将计算机与网络断开,防止黑客通过网络对计算机进行攻击。

第二步:编辑 win. ini 文件,清除"windows"项目下的"run="和"load="内容。

(b) 在 System. ini 文件中病毒的清除。

第一步:将计算机与网络断开,防止黑客通过网络对计算机进行攻击。

第二步:编辑 System. ini 文件,更改"BOOT"项目下的"shell = 木马"为"shell = ex-plorer. exe"。

(c) 在注册表中病毒的清除。

第一步:将计算机与网络断开,防止黑客通过网络对计算机进行攻击。

第二步:打开注册表编辑器:单击"开始—运行"命令,输入 regedit,按 Enter 键。在左边的面板中,双击:HKEY_LOCAL_MACHINE\Software\Microsoft\Windows\CurrentVersion\Run 在右边的面板中,找到并修改如下项目:

Explorer 键值改为 Explorer="C:\windows\explorer. exe"

第三步:若还有木马病毒,则打开注册表编辑器:单击"开始—运行"命令,输入 regedit,按 Enter 键;在 HKEY_LOCAL_MACHINE\Software\Microsoft\Windows\CurrentVersion\Run 下找到"木马"程序的文件名,然后退回到 MS-DOS 下,找到此"木马"文件并删除掉。

第四步:重新启动计算机,然后再到注册表中将所有"木马"文件的键值删除。

2. 卡巴斯基 2010 反病毒软件安装步骤

①安装之前要确定计算机没有安装反病毒软件,如果已经安装有反病毒软件请正确卸载之。

②双击下载到硬盘的卡巴斯基安装文件,就会显示如图 5.1.2 所示的提取 msi 安装程序。

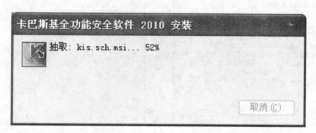

图 5.1.2 提取 msi 安装程序

图 5.1.3 是检测有没有新的安装程序,也就是比现在的安装程序更新的版本,这里可以跳过。如图 5.1.4 所示正在准备安装。

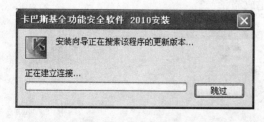

图 5.1.3 检测旧版本

图 5.1.4 准备安装

图 5.1.5 是安装界面,这里可以选择默认安装或者自定义安装,选择默认安装(如果要自定义安装只需要把自定义安装前的小方块勾上即可)。

③如图 5.1.6 所示,确认许可协议的界面,安装程序的许可协议这里点"我同意"。

图 5.1.5　安装方式界面　　　　　　　　图 5.1.6　确认许可协议

④如图 5.1.7 所示，开始安装，直接点"安装"就可以了，并选择加入卡巴斯基安全网络。如图 5.1.8 所示为卡巴斯基的安装过程。

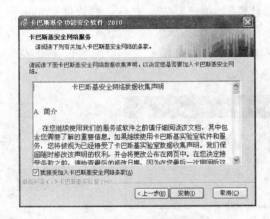

图 5.1.7　安装界面　　　　　　　　图 5.1.8　安装过程界面

⑤安装完成后需要激活程序，如图 5.1.9 所示。

这里选择"激活试用授权"因为是第一次安装我们可以免费使用一个月，也可以选择"稍后激活"等安装完后再激活，如图 5.1.10 所示完成激活。

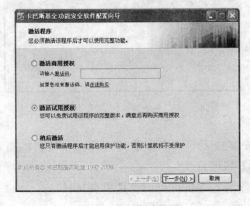
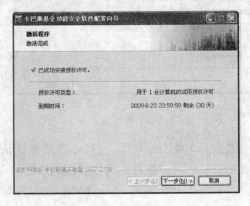

图 5.1.9　激活界面　　　　　　　　图 5.1.10　激活成功

已经免费获取到 30 天的授权，点"下一步"。如图 5.1.11 所示，卡巴斯基正在分析系统。

⑥如图 5.1.12 所示安装完后可以直接启动卡巴斯基，点击"完成"。

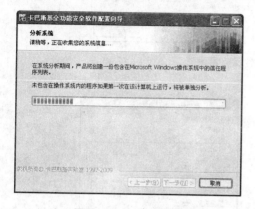

图 5.1.11　收集信息　　　　　图 5.1.12　完成界面

3. 卡巴斯基 2010 反病毒软件设置

如图 5.1.13 所示，下面对卡巴斯基优化和个性设置进行说明与介绍：

（1）安全保护设置

卡巴斯基的安全保护模式分为两种，交互模式和自动模式。交互模式是当卡巴斯基发现病毒或是恶意程序等问题后，会自动弹出对话框，让使用者自己来做出选择。自动模式是当卡巴斯基发现问题的时候，会自动处理遇到的问题。卡巴斯基默认设置为自动模式，该模式易用性较高；而交互模式则安全性较高。

①如图 5.1.14 所示，密码保护设置：用来防止卡巴斯基设置被恶意更改和恶意退出，一般情况下不需要启用。

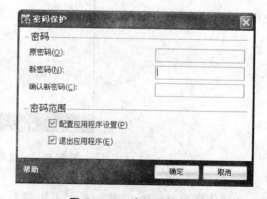

图 5.1.13　卡巴斯基设置界面　　　　图 5.1.14　密码保护设置

②文件反病毒设置：一般选择默认设置。如果您想要更高安全的文件监控，可以按照如图 5.1.15 开启更高级别的保护和更全面的扫描（启用更高级别的设置可能会降低效率和稍微增加误报）。

文件类型选择"所有文件"可以提供更加全面完整的扫描监控（默认按文件格式扫描，涵盖面较广，该选项可以减轻运行负担，从而起到优化作用），不建议勾选"扫描压缩文档"和"扫描安装包"，勾选后会降低效率，如图 5.1.16 所示。

图 5.1.15　文件反病毒设置

 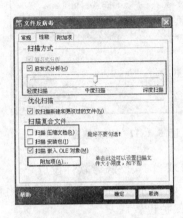

图 5.1.16　文件反病毒设置

附加项扫描模式建议选择"智能模式"或者"访问和修改时",如图 5.1.17 所示。

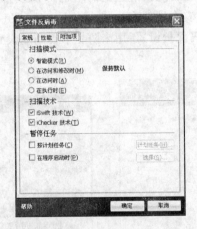

图 5.1.17　文件反病毒设置

③邮件反病毒设置:该模块是用来检测本地邮箱邮件,如果您没有使用本地邮箱,可以不安装该模块或不开启该模块,如图 5.1.18 所示。扫描方式建议选择启发式分析和深度扫描,附件过滤建议选择 *.bat,*.exe,*.swf,*.sys 等格式,也可以根据个人需求进行设置。

④应用程序控制设置:在卡巴斯基 2010 中,不但可以自定义"信任组"的接受策略,还可以通过下拉选单快速定义其他程序的默认级别。快速定义程序默认级别如图 5.1.19 所示。

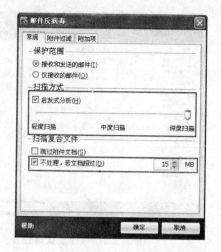 

图 5.1.18 邮件反病毒设置

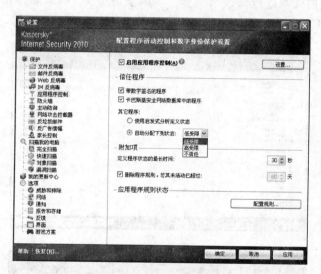

图 5.1.19 应用程序控制设置

各组权限说明,如图 5.1.20 所示。

受信任:允许操作系统,操作身份数据拥有高权限,但是信任组并非不受卡巴斯基的监控,他们会受到文件反病毒和 hips 的监控。

低受限:卡巴斯基会对其操作系统和提升权限进行智能分析后操作(默认为混合操作,包括阻止、允许和提示操作),对其操作身份数据的行为采取提示用户操作。

高受限:默认和低受限规则状态相同。

不信任:不可以操作系统和身份数据和权限修改。

⑤IM 反病毒设置:建议将启发级别修改为最高,其他选择默认,如图 5.1.21 所示。

⑥防火墙设置:单击保护设置中的防火墙标签进入防火墙设置,再单击右边的"设置"按钮,然后按照图中红框部分操作即可进行"过滤规则"、"网络"、"来源"等设置。

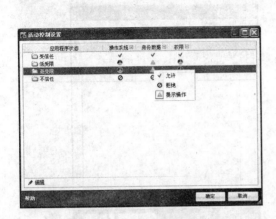
图 5.1.20　权限说明

图 5.1.21　IM 反病毒设置

　　可以对程序联网规则进行修改与调整。规则服务分为 DNS,邮件接收与发送,网络访问,接收与发送 IRC,DHCP,TCP,UDP,本地服务,ICMP 和远程桌面等,如图 5.1.22 所示。

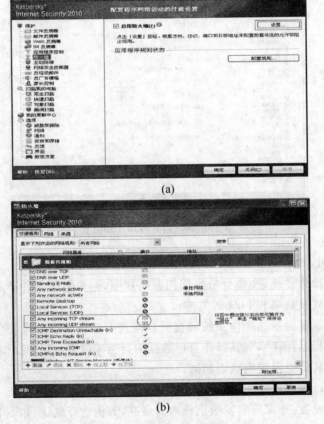

(a)

(b)

图 5.1.22　防火墙设置

　　⑦主动防御设置:建议选择默认设置(勾选全部威胁类型),如图 5.1.23 所示。
　　⑧网络攻击拦截器设置:建议将时间适当缩短为 20 分钟(默认为 60 分钟),如图 5.1.24 所示。

图 5.1.23　主动防御设置

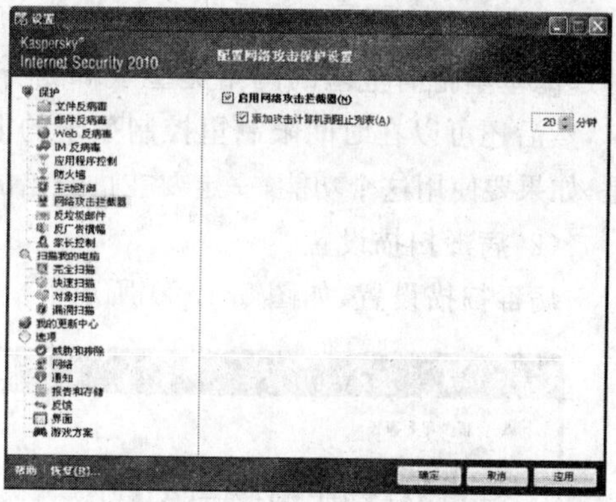

图 5.1.24　网络攻击拦截器设置

⑨反垃圾邮件设置:适用于本地邮箱,可以有效地拦截垃圾邮件。第一次使用建议进行学习,运行学习向导进行操作,如图 5.1.25 所示。

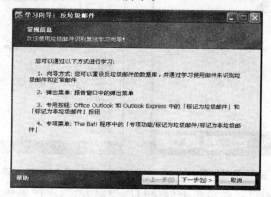

图 5.1.25　反垃圾邮件设置

⑩专家模式设置:建议勾选"RTF 格式附件分析",并将垃圾邮件比率分别调至 80 和 50,如图 5.1.26 所示。

⑪反广告横幅设置:建议开启启用广告拦截器(可能会降低效率),能够更大限度的拦截广告横幅,如图 5.1.27 所示。

图 5.1.26　专家模式设置

图 5.1.27　反广告横幅设置

⑫家长控制设置:家长为防止孩子上危险网站可以在这里设置,如图 5.1.28 所示。内容过滤基本把有危险的网站类型全都划分在内了,而且还可以自己手动添加白名单和黑名单,然后还可以在时间限制里控制孩子的上网时间和控制访问指定的网络,不过需要注意的是,如果要使用这个功能,一定要在最开始的防护里设置密码保护,以防孩子使用时脱离保护。

(2)病毒扫描设置

病毒扫描设置,如图 5.1.29 所示。

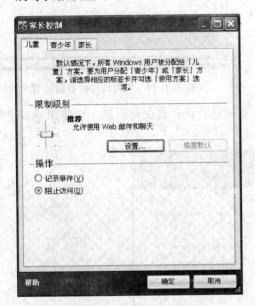

图 5.1.28　家长控制设置

图 5.1.29　病毒扫描设置

扫描任务快速运行:可以在桌面上创建扫描快捷方式,根据需要可以创建完全扫描、快速扫描和漏洞扫描三种。

①完整扫描和快速扫描设置:两者设置相同,现以完整扫描举例,如图 5.1.30 所示。

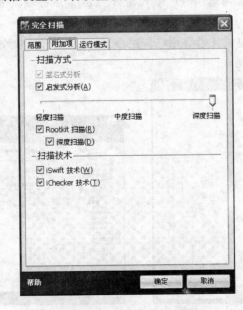

图 5.1.30　完整扫描设置

上面所示设置可以提供最高的侦查能力,但是扫描过程中可能会比较卡并且较慢,如果想提高扫描效率可以适当降低启发级别。如果检测到病毒时,选择清除操作,如果清除失败,则执行删除操作。图5.1.31是设置任务扫描,可以根据个人需要定制定期扫描。

②漏洞检测设置:该检测可以提供第三方软件漏洞和系统安全漏洞的检测(建议默认设置即可),如图5.1.32所示。

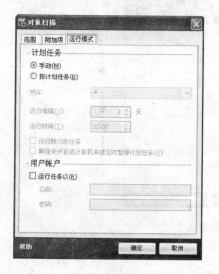

图5.1.31　任务扫描设置

图5.1.32　漏洞检测设置

(3)我的更新中心设置

有三种更新方式,使用卡巴斯基实验室更新服务器进行更新、使用代理服务器进行更新和使用离线文件进行更新。

使用卡巴斯基实验室更新服务器进行更新就直接选择默认设置,否则单击添加,使用代理则填写代理网址,使用离线文件则通过浏览找到离线文件包。图5.1.33、图5.1.34为更新中心设置。

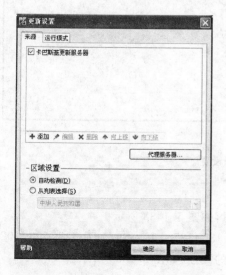

图5.1.33　更新中心设置(默认设置)

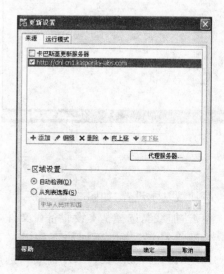

图5.1.34　更新中心设置(代理)

（4）其他选项设置

其他选项设置，如图 5.1.35 所示。建议选择"让出资源给其他程序"，这样会优化卡巴斯基的内存占用和 CPU 使用程序设置管理；这是一个加载，备份和恢复设置的功能。可以通过此功能方便的备份或加载个人设置，或者恢复默认设置。

图 5.1.35 其他选项设置

①基本设置备份。

第一，首先在硬盘中建立备份文件夹（非系统盘符），如 E:\ Kaspersky Settings Backup。

第二，打开如图 5.1.36 所示设置界面，单击"保存"，选择创建的备份文件夹目录下，命名后保存。

第三，基本设置备份完成。

(a)

(b)

图 5.1.36 备份设置

②加载基本设置，如图 5.1.37 所示。

单击"加载"，选择基本设置备份文件，打开即可，如图 5.1.38 所示。

③网络设置：建议添加如下端口：21，22，23，135，137，138，139，161，445，593，1025，1433，2745，3127，3389，6129，不需要勾选加密连接的扫描，如图 5.1.39 所示。

④通知设置：按需要选择通知类型和通知方式及声效，如图 5.1.40 所示。

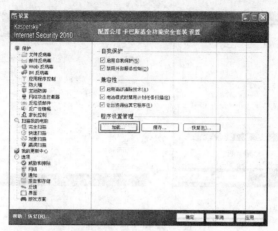

图 5.1.37　加载基本设置

图 5.1.38　加载备份文件

(a)

(b)

图 5.1.39　网络设置

　　⑤邮件通知设置:开启此功能,卡巴斯基可以通过邮件对您进行危险事件的通知,如图 5.1.41 所示。

(a)

(b)

图 5.1.40 通知设置

⑥报告和存储设置：建议报告保存一个星期即可，也可以根据具体需要进行调整。不建议勾选记录非关键事件。"清除"选项可以手动清理报告文件，如图 5.1.42 所示。

图 5.1.41 邮件通知设置

图 5.1.42 报告和存储设置

⑦反馈设置：建议加入卡巴斯基安全网络，如图 5.1.43 所示。

⑧界面设置：建议开启透明窗口，会让卡巴斯基显得更加美观。还可以到网上论坛里找到喜爱的皮肤进行更换，让卡巴斯基界面更加时尚，如图 5.1.44 所示。

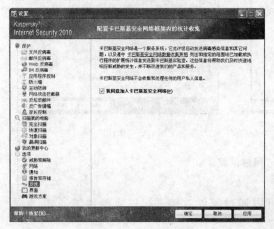

图 5.1.43 反馈设置

图 5.1.44 界面设置

5.1.2.3 任务实施

活动一　安装卡巴斯基 2010 反病毒软件:下载并且安装卡巴斯基 2010 反病毒软件,注意安装过程中的各个步骤,选择默认安装或者自定义安装,比较和分析其安装结果有何不同。

活动二　设置卡巴斯基 2010 反病毒软件。

①设置卡巴斯基 2010 反病毒软件的保护模式为交互模式,启用文件反病毒,安全级别设置为高级。

②设置卡巴斯基 2010 反病毒软件的保护设置,启用应用程序控制选项,并且开启远程桌面。

③优化卡巴斯基 2010 反病毒软件设置,使其明显提高病毒扫描效率。

④设置卡巴斯基 2010 反病毒软件为自动更新数据,并且更新数据库和程序模块。

⑤备份卡巴斯基 2010 反病毒软件的配置数据,保存为 backup.cfg。

活动三　应用卡巴斯基 2010 反病毒软件扫描和清除各种病毒。

5.1.3 **归纳总结**

本模块首先给出了要完成的任务:在安装了 Windows XP 系统的计算机上,客户为了保护计算机不被病毒感染,需要安装一款杀毒软件,并且进行相关的设置。然后围绕要完成模块任务,讲解了相关理论知识和实践知识,包括计算机病毒的概念、计算机病毒的分类、计算机病毒的主要特性、计算机感染病毒后的主要症状、计算机病毒的主要危害、计算机病毒的预防措施等,介绍了几种常用的杀毒软件和常见计算机病毒的表现形式及对策,最后就是完成任务的具体实践活动。通过这一系列的任务实现,让学生比较全面地了解计算机病毒的概念、主要特性、计算机感染病毒后的主要症状和危害,让学生掌握计算机病毒的防治方法和措施,使学生熟练掌握卡巴斯基 2010 反病毒软件地安装、设置与使用,可以针对计算机杀毒软件使用过程中出现的相关问题作出及时处理。

5.1.4 **思考与训练**

①上网察看蠕虫病毒的危害案例。

②练习其他防毒软件地安装与设置,如瑞星、诺顿等。

③在某单位上班的公司职员小张由于是非计算机专业毕业,对计算机的知识不了解,有一天他上班时发现系统非常缓慢,他怀疑是计算机病毒,请帮他解决问题(安装防毒软件并且帮助其打上系统所需的各种补丁)。

模块二 数据备份与恢复

技能训练目标:能够熟练使用 Ghost、EasyRecovery 等软件进行数据备份和恢复。

知识教学目标:了解数据备份的概念,熟悉数据备份技术,掌握数据备份与恢复方法。

5.2.1 任务布置

①用户安装了 Windows XP 系统,希望在系统崩溃后能快速恢复系统,为用户设计一个备份 Windows XP 系统的可行方案并给予实施。

②用户计算机的硬盘分区表不慎损坏,多年积累的重要资料全部无法读取,请帮他把资料找回来。

5.2.2 任务实现

5.2.2.1 相关理论知识

1. 备份的基础知识

(1)备份的意义

某高校的王处长星期一一大早就来到了办公室,根据安排,今天他将向校长汇报一个非常重要的事情,可是当他按下计算机电源开机时却傻了眼,Windows 系统无法启动了,王处长顿时大汗淋漓,他的材料全放在桌面上,昨晚弄到 12 点才回家休息,没有来得及备份,于是赶紧打电话求助于计算机系的张老师,但是于事无补,他的系统需要重新安装,这就意味着桌面上所有材料都无法找回。最终王处长为此受到非常严厉的批评,所有的辛苦也化成了泡影,令他懊恼不已。

这就是平时没有做好备份重要信息所带来的尴尬。

存储在计算机当中的数据随时有失效危险,造成数据失效的原因大致可以分为 4 类:自然灾害、硬件故障、软件故障、人为原因。其中软件故障和人为原因是数据失效的主要原因。在发生数据失效时,系统无法使用,但如果保存了一套备份数据,就能够利用恢复措施很快将损坏的数据重新建立起来。

(2)备份的内容

那么,用户需要备份哪些内容呢? 主要有以下三方面内容:

①重要数据的备份:包括硬盘主引导记录和分区表,文件分配表(FAT 表),文件根目录表(ROOT 表)等,主板 BIOS 程序。

②系统文件的备份:包括注册表、系统引导文件、config. sys、autoexec. bat、win. ini、system. ini 等系统配置文件以及开始菜单、桌面、收藏夹和文档菜单等个人设置信息,以及系统中安装的设备驱动程序,还有系统日志文件。

③应用程序的备份:包括用户已安装的各个应用软件以及他们的业务数据库。

(3)备份的时间和目的地

备份的时间原则上来讲没有任何限制,随时都可以备份。但是用户最好设置在非工作时间进行,以免影响计算机的正常运行。因为备份的过程是大量消耗 CPU 时间的,如果在工作时间内进行备份,会影响正常业务,这是应该避免的。按照用户业务需要和用户备份数据的重要性,还应该制定一个用户备份策略方案,依计划对用户数据定期执行——每日、每周甚至每月的备份工作。

对于大型网络应用而言,备份的数据应该存放在专用的备份服务器上,而且应该存放多份备份数据,比如磁盘阵列机、光盘库、磁带机等;而对于单机用户而言,备份的数据主要放在相对安全的存储媒体,比如存放在不同的磁盘、磁盘分区、移动硬盘、U 盘或者网络存储介质等。

(4)备份的类型和方式

①备份的类型。常见的备份类型有集中备份、本地备份。

集中备份一般应用在企业关键业务系统中,例如生产企业的 ERP 系统、财务信息系统等数据库服务器,这些企业迫切地需要一种性能稳定、可靠的备份产品对大量集中的关键业务数据进行全面、可靠的保护。集中备份一般要求支持多系统集中备份和跨系统多平台集中备份。比如支持对多种硬件平台(IBM、HP、Sun、Dell)、多种数据库系统(Oracle、DB2、MS SQI Server、MS Exchange 和 Lotus Notes)的统一集中备份,这样的备份系统能够充分利用统一备份的主机资源、存储资源、维护资源以及安全策略等,才能更好地保护用户的投资。

本地备份是与远程或者异地备份相对应的一种备份方式,可以是一个房间内的备份系统,可以是一幢大楼内的备份系统,甚至从广义上来讲,也可以是一个城市里的备份系统。

②备份的方式。备份的方式常用的有完全备份、增量备份、差分备份。

所谓完全备份,就是对整个服务器系统进行备份,包括服务器操作系统和应用程序生成的数据。这种备份方式的特点就是备份的数据最全面、最完整。当发生数据丢失时,只要用一份备份数据(即发生前一天的备份数据),就可以恢复全部的数据。但它也有不足之处:首先,由于是对整个服务器系统进行备份,因此数据量非常大,占用备份设备存储空间比较多,备份时间比较长。如果每天进行这种完全备份,则在备份数据中会有大量内容是完全重复的,例如操作系统、数据库与应用程序等。这些重复的数据占用了大量的存储空间,而一般备份系统的单位存储成本是比较昂贵的,这对用户来说就意味着增加成本。这种备份方式通常只是在备份的最开始采用。

增量备份指每次备份的数据只是相当于上一次备份后增加的和修改过的数据。这种备份的优点很明显:没有重复的备份数据,节省存储空间,又缩短了备份时间。但它的缺点在于当发生数据丢失时,恢复数据比较麻烦。举例来说,如果系统在星期四的早晨发生故障,那么现在就需要将系统恢复到星期三晚上的状态。这时,管理员需要找出星期一的完全备份数据进行系统恢复,然后再找出星期二的备份数据来恢复星期二的数据,最后再找出星期三的备份数据来恢复星期三的数据。很明显,这比第一种策略要麻烦得多。另外,在这种备份下,各磁带间的关系就像链子一样,一环套一环,其中任何一盘备份磁盘出了问题,都会导致整条链子脱节。这种备份方式适用于进行了完全备份后的后续备份。

差分备份就是每次备份的数据是相对于上一次全备份之后新增加的和修改过的数据,而并不一定是相对上一次备份。管理员先在星期一进行一次系统完全备份;然后在接下来的几天里,再将当天所有与星期一不同的数据(增加的或修改的)备份到备份设备上。差分备份无需每天都做系统完全备份,因此备份所需时间短,并节省备份设备存储空间,它的恢复也很方便,系统管理员只需两份备份数据,即系统完全备份的数据与发生数据丢失前一天的备份数据,就可以将系统完全恢复。这种备份方式也适用于进行了完全备份后的后续备份。

2. 常用数据备份设备

(1) 磁盘阵列

磁盘阵列又叫 RAID(redundant array of inexpensive disks，廉价磁盘冗余阵列)是见得最多，也是用得最多的一种用于提高硬盘系统容错能力与效率的数据备份技术。它是指将多个类型、容量、接口的专用硬磁盘或普通硬磁盘连成一个阵列，使其能以某种快速、准确和安全的方式来读写磁盘数据，从而达到提高数据读取速度和安全性的一种技术。

磁盘阵列读写方式的基本要求是，在尽可能提高磁盘数据读写速度的前提下，必须确保在一张或多张磁盘失效时，阵列能够有效地防止数据丢失。磁盘阵列的最大特点是数据存取速度快，其主要功能是可提高数据的可用性及存储容量，并将数据有选择性地分布在多个磁盘上，从而提高系统的数据吞吐率。另外，磁盘阵列还能够免除单块硬盘故障所带来的灾难后果，通过把多个较小容量的硬盘连在智能控制器上，以增加存储容量。磁盘阵列是一种高效、快速、易用的网络存储备份设备。

磁盘阵列需要有磁盘阵列控制器，在有些服务器主板中就自带有这个 RAID 控制器，提供了相应的接口。而有些服务器主板上没有这种控制器，这样，需要配置 RAID 时，就必须外加一个 RAID 卡(阵列卡)插入服务器的 PCI 插槽中。RAID 控制器的磁盘接口通常 SCSI 接口，不过目前也有一些 RAID 阵列卡提供了 SATA 接口，使 SATA 硬盘也支持 RAID 技术。

根据系统所提供的硬盘读取和写入能力以及数据存储安全性的不同，磁盘阵列有多种部署方式，也称 RAID 级别，不同的 RAID 级别，备份的方式也不同。RAID 可分为 6 个级别，即是 RAID 0、RAID 1、RAID 0+1、RAID 3、RAID 4 和 RAID 5，也可以是几种独立方式的组合，如 RAID10 就是 RAID0 与 RAID1 的组合。较常使用的有以下三种。

①RAID 0。从多个(最多 32 个)硬盘中各取一个相同容量的磁盘空间，组成一个独立的集合，并赋予一个驱动器代号，这具有同一代号的硬盘空间集合称为带区集。当写入数据时，数据先被分割成大小为 64KB 的数据块，然后并行写入到带区集中的每个磁盘中。系统读取磁盘数据时，将同时从各个磁盘并行发送读取数据块，经自动整合后形成一个完整的数据。

RAID 0 的最大优势是通过并行 I/O 快速读取和写入，提高了硬盘的读写性能，速度最快。但当带区集中的任何一个硬盘或分区损坏时，将造成所有数据的丢失，RAID 0 没有冗余功能。

②RAID 1。即通常所讲的磁盘镜像。它是在一个硬盘控制卡上安装两块硬盘，互为镜像，当任一磁盘介质出现故障时，可以利用其镜像上的数据恢复，从而提高系统的容错能力。操作中，一个设置为主盘(master)，另一个设置为镜像盘或者从盘(slaver)。当系统写入数据时，会分别存入两个硬盘中，两个硬盘中保存有完全相同的数据。一旦一个硬盘损坏，另一个硬盘会继续工作。RAID 1 具有很好的容错能力，但是当硬盘控制卡受到损坏时，数据将无法读取。为了克服一个硬盘控制卡管理两个硬盘时存在的安全问题，可将两个硬盘分别安装在不同的硬盘控制卡上，如果一块硬盘控制卡损坏，另一块硬盘控制卡还会继续工作，从而提高系统的容错能力，这种组合方式又叫做磁盘双工。RAID 1 的缺点是硬盘的利用率低。

③RAID 5。它是在 RAID 0 的基础上增加了对写入数据的安全恢复功能。数据块仍分散存放在带区集的所有硬盘中，同时每个硬盘都有一个固定区域(约有所使用硬盘分区的 1/3)来存放一个奇偶校验数据。当任何一个硬盘失效时，可利用此奇偶校验数据推算出故障

盘中的数据来,并且这个恢复操作在不停机的状态下由系统自动完成。RAID 5 在使整个硬盘的读取和写入性能得到明显改善的同时,还具有非常好的容错能力,但硬盘空间无法全部用来保存正常数据。

这种磁盘阵列备份方式适用于大多数对数据传输性能要求较高,同时又对存储数据可靠性有很高要求的中小企业选用。

(2)光盘塔

光盘塔是由多个 SCSI 接口的 CD—ROM 驱动器串联而成的,光盘预先放置在 CD—ROM 驱动器中。受 SCSI 总线 ID 号的限制,光盘塔中的 CD—ROM 驱动器一般以 7 的倍数出现。用户访问光盘塔时,可以直接访问 CD—ROM 驱动器中的光盘,因此光盘塔的访问速度较快。

由于所采用的是一次性写入的 CD—ROM 光盘,所以不能对数据进行改写,通常只适用于不需要经常改写数据的应用环境选用,如一次性备份和一些图书馆之类的企业。

(3)光盘库

光盘库是一种带有自动换盘机构(机械手)的光盘网络共享设备。它带有机械臂和一个光盘驱动器的光盘柜,它利用机械手从机柜中选出一张光盘送到驱动器进行读写。光盘库一般配置有 1~6 台 CD—ROM 驱动器,可容纳 100~600 片 CD—ROM 光盘。用户访问光盘库时,自动换盘机构首先将 CD—ROM 驱动器中光盘取出并放置到盘架上的指定位置,然后再从盘架中取出所需的 CD—ROM 光盘并送入 CD—ROM 驱动器中。

光盘库的特点是,安装简单、使用方便,并支持几乎所有的常见网络操作系统及各种常用通信协议。由于光盘库普遍使用的是标准 EIDE 光驱(或标准 5 片式换片机),所以维护更换与管理非常容易,同时还降低了成本和价格。又因光盘库普遍内置有高性能处理器、高速缓存器、快速闪存、动态存取内存、网络控制器等智能部件,使得其信息处理能力更强。

这种有巨大联机容量的设备非常适用于图书馆一类的信息检索中心,尤其是交互式光盘系统、数字化图书馆系统、实时资料档案中心系统、卡拉 OK 自动点播系统等。

(4)磁带机

磁带机是最常用的数据备份设备,按它的换带方式可分为人工加载磁带机和自动加载磁带机两大类。人工加载磁带机在换磁带时需要人工干预,因只能备份一盘磁带,所以只适用于备份数据量较小的中小型企业选用(通常为 8GB、24GB 和 40GB);自动加载磁带机则可在一盘磁带备份满后,自动卸载原有磁带,并加载新的空磁带,适用于备份数据量较大的大、中型企业选用。自动加载磁带机可以备份 100GB～500GB 或者更多的数据。自动加载磁带机能够支持例行备份过程,自动为每日的备份工作装载新的磁带。

(5)磁带库

磁带库是像自动加载磁带机一样的基于磁带的备份系统,它能够提供同样的基本自动备份和数据恢复功能,但同时具有更先进的技术特点。它的存储容量可达到数百 PB,可以实现连续备份、自动搜索磁带,也可以在驱动管理软件控制下实现智能恢复、实时监控和统计,整个数据存储备份过程完全摆脱了人工干涉。

磁带库不仅数据存储量大得多,而且在备份效率和人工占用方面拥有无可比拟的优势。在网络系统中,磁带库通过 SAN(存储局域网络)系统可形成网络存储系统,为企业存储提供有力保障,很容易完成远程数据访问、数据存储备份,或通过磁带镜像技术实现多磁带库备份,无疑是数据仓库、ERP 等大型网络应用的良好存储设备。

如 HP StorageWorks ESL9000 系列磁带库,它提供了高容量关键任务无人值守备份和恢复的巅峰解决方案,是满足大型服务器和集中式备份/恢复要求的完美选择。ESL9000 系列磁带库提供组件级冗余及高容量,可以实现多年的全自动操作。

(6) 光盘网络镜像服务器

光盘网络镜像服务器是继第一代的光盘库和第二代的光盘塔之后,最新开发出的一种可在网络上实现光盘信息共享的网络存储设备。光盘镜像服务器有一台或几台 CD-ROM 驱动器。网络管理员即可通过光盘镜像服务器上的 CD-ROM 驱动器将光盘镜像到服务器硬盘中,也可利用网络服务器或客户机上的 CD-ROM 驱动器将光盘从远程镜像到光盘镜像服务器硬盘中。光盘网络镜像服务器不仅具有大型光盘库的超大存储容量,而且还具有与硬盘相同的访问速度,其单位存储成本(分摊到每张光盘上的设备成本)大大低于光盘库和光盘塔,因此光盘网络镜像服务器已开始取代光盘库和光盘塔,逐渐成为光盘网络共享设备中的主流产品。

光盘镜像服务器本身就是一台 WWW 服务器,客户机可通过 WWW 浏览器直接对光盘镜像服务器直接镜像远程访问和检索。光盘镜像服务器一般支持多种网络操作系统,如 Windows 、Unix 和 NetWare 等,具有很强的可访问性。光盘镜像服务器还有很强的可拓展性,用户可根据实际需求通过给光盘镜像服务器增加硬盘来扩充服务器的容量。

光盘镜像服务器一般采用 BNC 和 RJ-45 标准网络接口,不需要任何网络文件服务器就可直接上网,不需要在网络服务器和客户端安装任何软件,用户仅须将网线接到网络 HUB 上,插上电源,输入 IP 地址信息后便可以使用。光盘镜像服务器的设置、升级和管理均可通过 Web 浏览器或网上邻居远程进行,无需网络管理员东奔西跑。光盘镜像服务器发生故障时,只影响到本身文件的访问,不会影响到整个网络的正常运行。

光盘镜像服务器将光盘的数据存储恢复和读取功能分离,凭借硬盘的高速存取能力来共享光盘信息资源,因此光盘镜像服务器的访问速度要比光盘库或光盘塔要快几十倍。光盘镜像服务器在容量和速度等性能指标方面均超过光盘库或光盘塔,但其单位容量成本却大大低于光盘库或光盘塔。光盘镜像服务器给学校、图书馆、档案馆、设计院所、医院、公司或政府机关等客户提供了一种性价比很高的光盘网络共享解决方案,光盘镜像服务器目前已开始取代光盘库和光盘塔,成为光盘网络共享的主流产品。目前,有公司又开发了具有不仅能镜像光盘文件,还可镜像硬盘、软盘,网站内容,而且具备 RAID 和刻录功能的文件镜像服务器。

3. 恢复步骤

当计算机信息系统发生严重灾难时,一般按照以下步骤来恢复信息系统:

①根据灾难发生的严重程度来决定需要恢复的计算机硬件系统。例如,如果是数据库服务器的存储设备(硬盘)发生了故障,那么就先把故障硬盘换下来,然后换上新的硬盘,检查计算机硬件系统是否正常。

②重新安装操作系统,一般要求安装的操作系统版本号与原来一致。

③重新配置操作系统,包括重新安装驱动程序,配置系统参数以及进行用户设置等。

④重新装入应用程序,进行参数配置,包括用户权限的分配与设置。

⑤根据已经做好的备份与恢复策略,按原先的计划用最新的备份数据来恢复系统。例如,如果原先采用的是完全备份＋增量备份的策略,那么还原时应该先恢复完全备份数据,然后再按照增量备份天数,依次把增量备份数据按顺序一天一天恢复进系统。

5.2.2.2 相关实践知识

1. 用 Norton Ghost 软件备份系统

Ghost 是著名的硬盘复制备份工具,因为它可以将一个硬盘中的数据完全相同地复制到另一个硬盘中,因此大家就将 Ghost 称为硬盘克隆软件。1998 年 6 月,Binary 公司被著名的 Symantec 公司并购,因此该软件的后续版本就改称为 Norton Ghost,成为 Norton 系列工具软件中的一员。1999 年 2 月,Symantec 公司发布了 Norton Ghost 的新版本,该版本包含了多个硬盘工具,并且在功能上作了较大的改进,使之成为一个真正的商业软件。之后该软件经过多次升级换代,目前已经成为计算机用户无法割舍的备份与恢复工具。

1)Ghost 软件的主要功能

(1)磁盘对磁盘复制

①把磁盘上的所有内容备份成映像文件。

②从备份的映像文件复原到磁盘。

(2)分区对分区复制

①把分区内容备份成映像文件。

②从备份的映像文件克隆到分区。

③硬盘间直接克隆。

④将映像文件克隆到硬盘。

2) Ghost 软件的应用

运行 Ghost 程序,首先出现的 Ghost 界面,如图 5.2.1 所示。

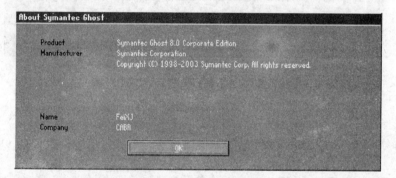

图 5.2.1　Ghost 界面

单击 OK 按钮,进入 Ghost 操作界面,出现 Ghost 菜单,主菜单共有 4 项,从下至上分别为 Quit(退出)、Options(选项)、Peer to Peer(点对点,主要用于网络中)、Local(本地)。一般情况下只用到 Local 菜单,其下有三个子菜单:Disk(硬盘备份与还原)、Partition(磁盘分区备份与还原)、Check(硬盘检测),用得最多的是前两项功能,下面介绍具体操作。

(1)分区备份

①Partition 菜单简介。Partition 菜单下有三个子菜单。

To Partion:将一个分区(称源分区)直接复制到另一个分区(目标分区),注意操作时,目标分区空间不能小于源分区。

To Image:将一个分区备份为一个镜像文件,注意存放镜像文件的分区不能比源分区小。

From Image:从镜像文件中恢复分区(将备份的分区还原)。

②分区镜像文件的制作。运行 Ghost 后,选择"Local—Disk—Partition—To Image"命令,如图 5.2.2 所示。

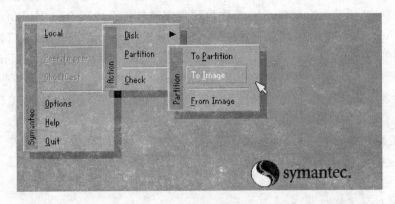

图 5.2.2 从分区到镜像

出现选择本地硬盘窗口,如图 5.2.3 所示,当前只有一个硬盘,直接按 Enter 键。

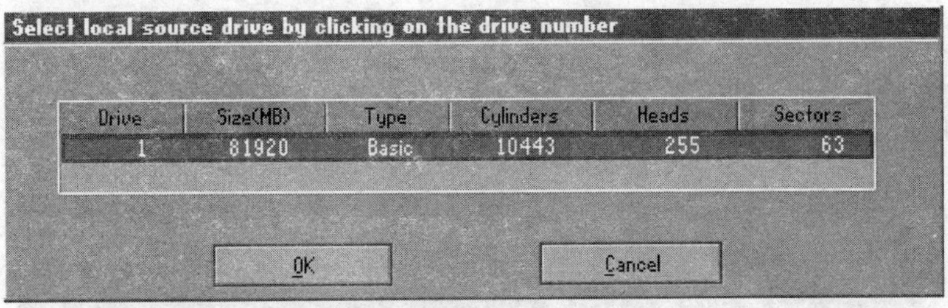

图 5.2.3 选择要备份分区的硬盘

出现选择源分区窗口(源分区就是你要把它制作成镜像文件的那个分区),选择要制作镜像文件的分区,按 Enter 键确认,按 Tab 键将光标定位到 OK 键上(此时 OK 键变为白色),如图 5.2.4 所示,再按 Enter 键。

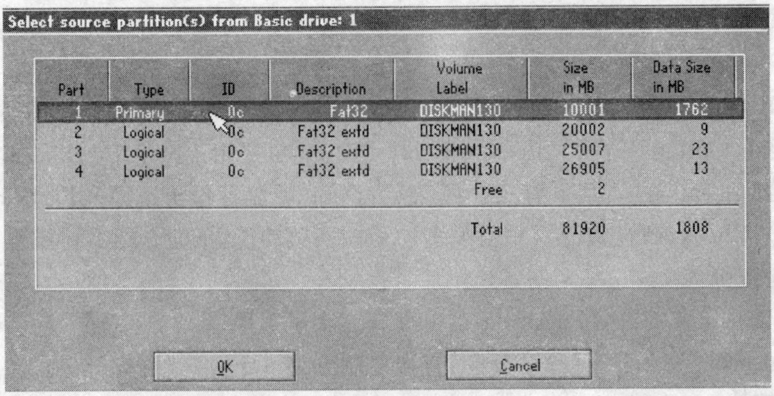

图 5.2.4 选择要制作镜像文件的分区

接着要求指定镜像文件的存储目录,默认存储目录是 Ghost 文件所在的目录,在"File name"处输入镜像文件的文件名,也可带路径输入文件名,如图 5.2.5 所示,输好文件名后,再按 Enter 键。

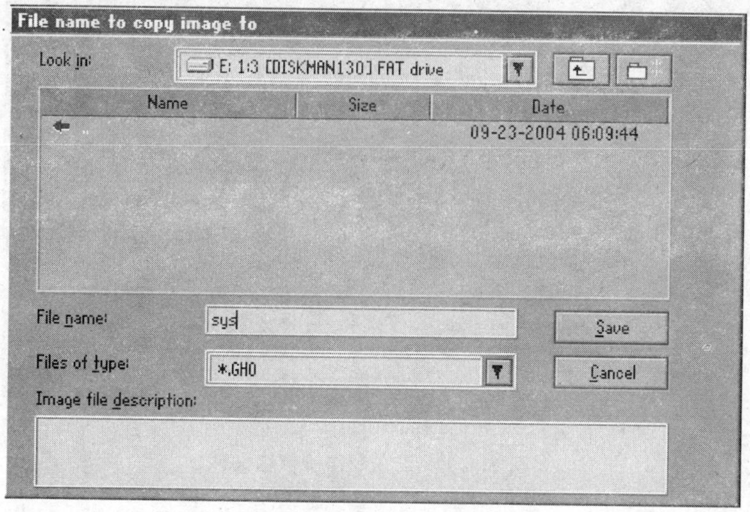

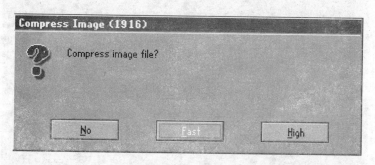

图 5.2.5 选择存放位置

接着出现"是否要压缩镜像文件"对话框,如图 5.2.6 所示,有"No"(不压缩)、"Fast"(快速压缩)、"High"(高压缩比压缩)三种选择,压缩比越低,保存速度越快。一般选 Fast 即可,然后按 Enter 键。

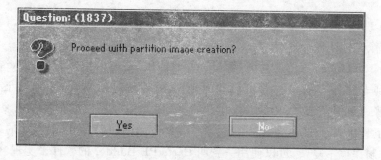

图 5.2.6 压缩选项

接着会出现一个压缩提示窗口,如图 5.2.7 所示,选择"Yes"按钮,按 Enter 键确定。

图 5.2.7 压缩提示窗口

Ghost 开始制作镜像文件,如图 5.2.8 所示。

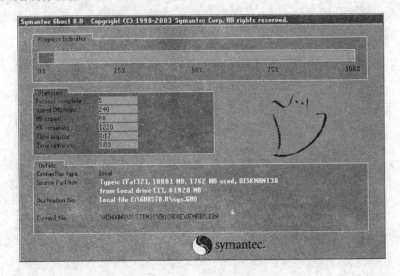

图 5.2.8　正在制作镜像像文件

建立镜像文件成功后,会出现提示创建成功窗口,如图 5.2.9 所示。

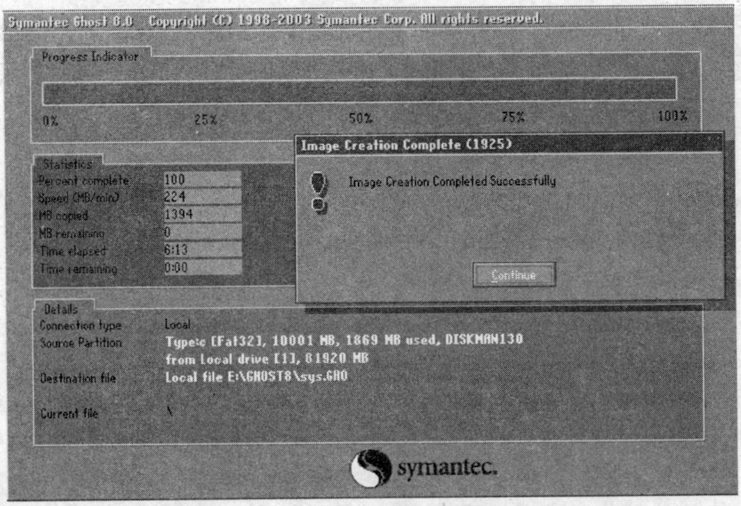

图 5.2.9　镜像制作成功

按 Enter 键即可回到 Ghost 界面。

(2)从镜像文件还原分区

使用 Norton Ghost 备份了系统后,为了方便使用,还可以把 Norton Ghost 程序和备份的系统刻录到光盘上,这样有一张可启动的光盘,就能随时还原系统了。但这种刻录方法,只是刻录成普通数据光盘,该光盘并不能自动化,因此最好制作成全自动恢复光盘,并集成一些常用的工具在光盘内,如果用户有兴趣学习这方面的知识,可以到网上的站点查找这方面的信息,其制作也不复杂,可以使用一款叫 Barts PE Builder 的软件来实现,使用它把需要制作的文件添加进来,再制成光盘用的 ISO 映像文件就可以了。

制作好镜像文件后,就可以在系统崩溃后还原,这样又能恢复到制作镜像文件时的系统状态。下面介绍镜像文件的还原。

在 DOS 状态下,进入 Ghost 所在目录,输入 Ghost 命令,按 Enter 键,即可运行 Ghost 程序。

在 Ghost 主菜单中,选择"Local—Partition—From Image"命令,如图 5.2.10 所示。

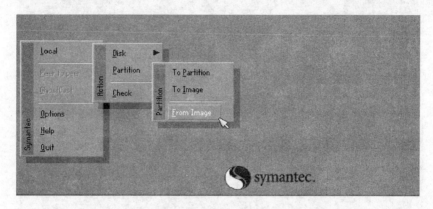

图 5.2.10　选择"Local—Partition—From Image"命令

打开"镜像文件还原位置"对话框,如图 5.2.11 所示,在"File name"处输入镜像文件的完整路径及文件名或用鼠标选择镜像文件所在路径,然后按 Enter 键。

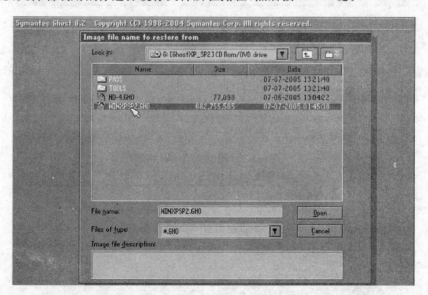

图 5.2.11　选择镜像文件

出现从镜像文件中选择源分区窗口,直接按 Enter 键。又出现选择本地硬盘窗口,如图 5.2.12 所示,再按 Enter 键。

出现选择从硬盘选择目标分区窗口,用光标键选择目标分区(即要还原到哪个分区),如图 5.2.13 所示,按 Enter 键。

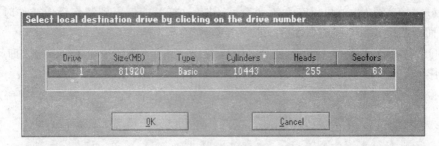

图 5.2.12　选择本地硬盘

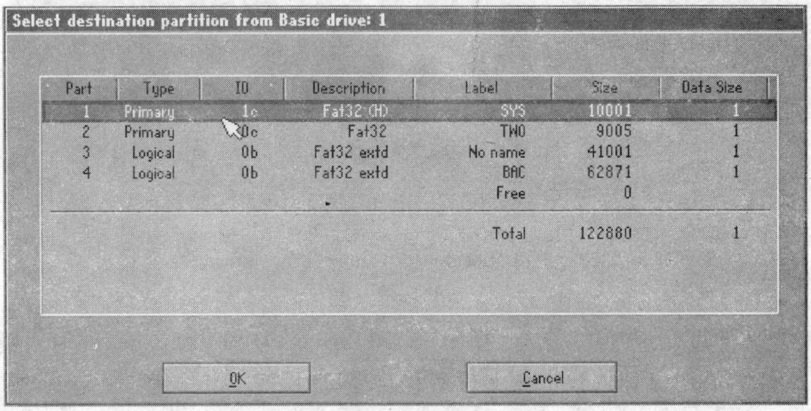

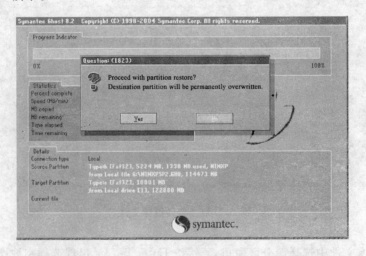

图 5.2.13　选择目标分区

　　出现提问窗口,如图 5.2.14 所示,选择"Yes"按钮,按 Enter 键确定,程序开始还原分区,如图 5.2.15 所示。

图 5.2.14　询问窗口

　　还原完毕后,出现还原完毕对话框,如图 5.2.16 所示,选择"Reset Computer 按钮",然后按 Enter 键重启计算机即可。

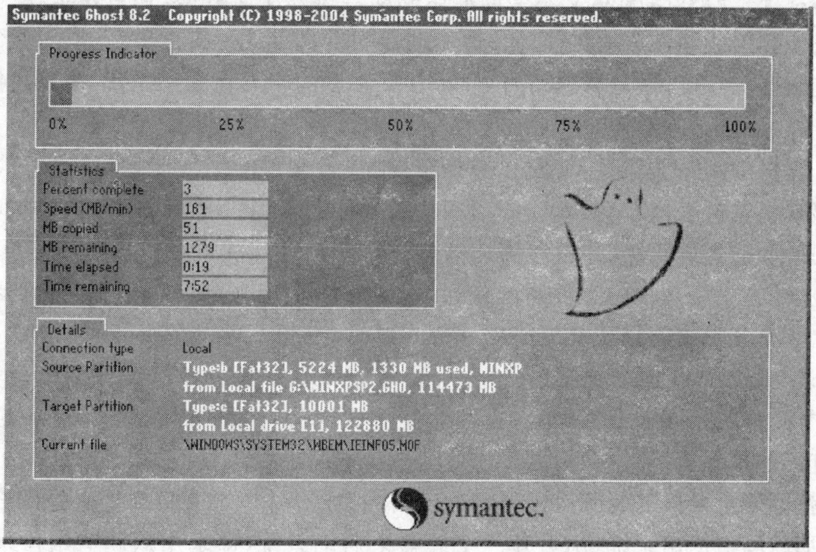

图 5.2.15　还原过程

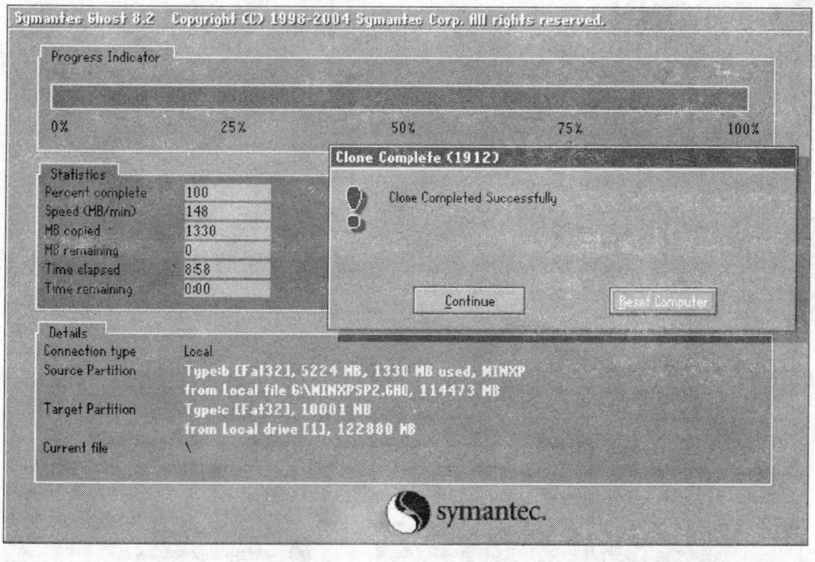

图 5.2.16　还原完毕

（3）硬盘的备份及还原

在 Ghost 的 Disk 菜单的子菜单项中,可以实现硬盘到硬盘的直接对拷、硬盘到镜像文件、从镜像文件还原硬盘内容的操作。

在多台计算机的配置完全相同的情况下,可以先在一台计算机上安装好操作系统及软件,然后用 Ghost 的硬盘对拷功能将系统完整地"克隆"到其他计算机中,这样装操作系统比传统方法快了很多。

2. 用 EasyRecovery 软件修复硬盘数据

EasyRecovery 软件是一款功能非常强大的硬盘数据恢复工具,能够恢复丢失的数据以及重建文件系统。EasyRecovery 不会向原始驱动器写入任何数据,它主要是在内存中重建文件分区表使数据能够安全地传输到其他驱动器中。可以从被病毒破坏或是已经格式化的硬盘中恢复数据,也可以恢复被破坏的硬盘中像丢失的引导记录、BIOS 参数数据块、分区表、FAT 表等,并且支持长文件名。

当从计算机中删除文件时,它们并未真正被删除,文件的结构信息仍然保留在硬盘上,除非新的数据将之覆盖。EasyRecovery 使用 Ontrack 公司复杂的模式识别技术找回分布在硬盘上不同地方的文件碎块,并根据统计信息对这些文件碎块进行重整。接着 EasyRecovery 在内存中建立一个虚拟的文件系统并列出所有的文件和目录。哪怕整个分区都不可见、或者硬盘上只有非常少的分区维护信息,EasyRecovery 仍然可以高质量地找回文件。

能用 EasyRecovery 找回数据、文件的前提就是硬盘中还保留有文件的信息和数据块。但在删除文件、格式化硬盘等操作后,再在对应分区内写入大量新信息时,这些需要恢复的数据就很有可能被覆盖了!这时,无论如何都是找不回想要的数据了。所以,为了提高数据的修复率,就不要对要修复的分区或硬盘进行新的读写操作,如果要修复的分区恰恰是系统启动分区,那就马上退出系统,用另外一个硬盘来启动系统(即采用双硬盘结构),其界面如图 5.2.17 所示。

(1) EasyRecovery 的主要功能

①修复主引导扇区(MBR)。

②修复 BIOS 参数块(BPB)。

③修复分区表。

④修复文件分配表(FAT)或主文件表(MFT)。

⑤修复根目录。

⑥硬盘经过如下操作时,EasyRecovery 也可以修复数据:受病毒影响,格式化或分区,误删除,由于断电或瞬间电流冲击造成的数据毁坏,由于程序的非正常操作或系统故障造成的数据毁坏。

图 5.2.17　EasyRecovery 界面

（2）安装 EasyRecovery

EasyRecovery 软件可从 Ontrack 公司的主页 http://www.ontrack.com 下载最新的版本。下载的文件为自解压安装程序包，直接双击运行就可以开始 EasyRecovery 的安装过程。在安装过程的第一个窗口界面显示欢迎信息，点击"下一步"进入下一步安装步骤。

接下来的窗口显示一些版权信息，点击"I Accept"进入到安装程序选择安装路径的界面，如只是让其安装到默认路径，点击"下一步"就可以了。

安装程序会在开始菜单的程序组中建立"EasyRecovery Professional Edition"的快捷启动组。如果要卸载 EasyRecovery，可以由其程序组中的"Uninstall EasyRecovery Professional Edition"来卸载 EasyRecovery。

（3）使用 EasyRecovery

EasyRecovery 非常容易使用，该软件提供的 Wizard 可让用户只通过简单的三个步骤就可以实现数据的修复还原。

①扫描。运行 EasyRecovery 后的初始界面如图 5.2.18 所示。

除了欢迎信息，还提示了接下来将要进行得操作，如按了"Next"按钮后，EasyRecovery 将会对系统进行扫描，并可能需要一些时间。

接下来，点击"Next"按钮，等一会就可以看到如图 5.2.19 所示的界面。

图 5.2.18　EasyRecovery 初始界面

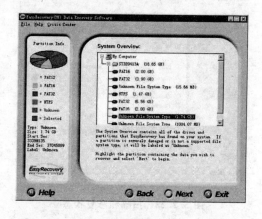

图 5.2.19　EasyRecovery 选择分区

主窗口中显示了系统中硬盘的分区情况，其中有几个 unknown file system type，这是当初用 Fdisk 误删除的几个 FAT 分区。先选中需要修复的 1.74G 大小的分区，再点击"Next"按钮进入第二步。

②恢复。图 5.2.20 显示了所选分区在整个硬盘中的分布情况，并且可以手工决定分区的开始和结束扇区。一般情况下不需要动这些数据，点击"Next"进入如图 5.2.21 所示界面。

这个窗口用来选择文件系统类型和分区扫描模式。文件系统类型有：FAT12、FAT16、FAT32、NTFS 和 RAW 可选。RAW 模式用于修复无文件系统结构信息的分区。RAW 模式将对整个分区的扇区一个个地进行扫描。该扫描模式可以找回保存在一个簇中的小文件或连续存放的大文件。

分区扫描模式有 typical scan 和 advanced scan 两种。Typical 模式只扫描指定分区结构信息，而 Advanced 模式将穷尽扫描全部分区的所有结构信息，当然花的时间也要长些。

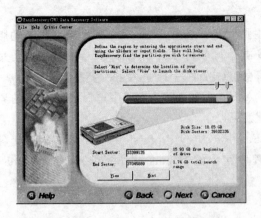 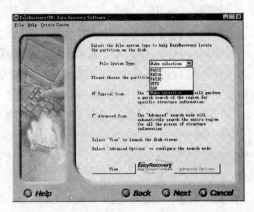

图 5. 2. 20　EasyRecovery 恢复界面　　　　图 5. 2. 21　选择文件系统类型和分区扫描模式

选 RAW 和 typical scan 模式来对分区进行修复。点击"Next"按钮进入到对分区的扫描和修复状态,如图 5. 2. 22 所示。这个过程的速度于计算机速度和分区大小有关。完成后就进入到了第三步,显示如图 5. 2. 23 所示界面。

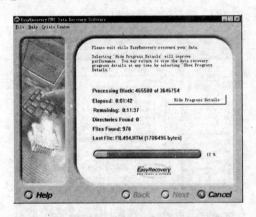 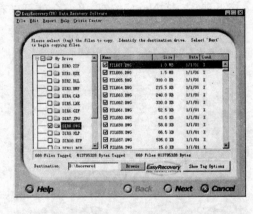

图 5. 2. 22　扫描和修复状态　　　　　　图 5. 2. 23　文件标记

③标记和复制文件。从图 5. 2. 23 窗口中可以看得出,EasyRecovery 将修复出来的文件按后缀名进行了分类。可以对需要保存的文件进行标记,比如标记文档文件(. doc)、图形文件(. dwg)等重要数据文件。在"Destination"框中填入要保存到的地方(非正在修复的分区中)。点击"Next",会弹出一个窗口提示是否保存Report,点击"Yes"并选中一个目录保存即可。这时,EasyRecovery 开始恢复文件,如图 5. 2. 24 所示。等标记过的文件复制完毕成后,就可以到 D:\Recovered 目录下找到修复出来的文件了。

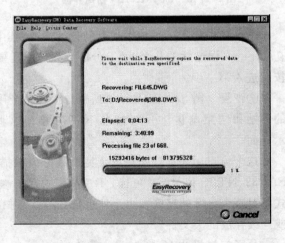

图 5. 2. 24　恢复过程

5.2.2.3 任务实施

活动一　用 Ghost 软件备份和还原系统数据。

在实训室的计算机上利用 Ghost 软件给 Windows XP 系统(安装在 C 盘)备份,反复地练习系统备份,直到非常熟练为止。然后对 C 盘的系统文件进行删除破坏,使得计算机不能正常引导系统,最后要求正确地还原备份,使系统恢复正常。

活动二　用 EasyRecovery 软件修复硬盘中被误删除的数据。

①在实训室的计算机上把 D 盘中的文件彻底删除,然后使用 EasyRecovery 软件把刚才删除的文件恢复过来,反复练习,直到熟练为止。

②在实训室的计算机上把 D 盘格式化,然后使用 EasyRecovery 软件把 D 盘上的文件恢复过来,反复练习,直到熟练为止。

5.2.3 归纳总结

本模块首先给出了要完成的任务。设计一个备份 Windows XP 系统的可行方案并实施,以及为用户恢复硬盘中重要的数据资料。然后围绕要完成模块任务,讲解相关理论知识和实践知识:包括数据备份的概念、备份的内容、备份的类型和方式、常用数据备份设备有磁盘阵列、光盘库、磁带机、光盘网络镜像服务器,恢复步骤,Norton Ghost 软件安装与使用方法,EasyRecovery 软件的安装与使用方法。接着就是完成任务的具体实践活动。通过这一系列的任务实现,让学生比较全面地了解数据备份的重要意义,以及如何利用 Ghost 软件备份系统和恢复系统,如何使用 EasyRecovery 软件恢复误操作导致丢失的数据。使学生了解数据备份的知识,熟练掌握数据备份与恢复的相关技能。

5.2.4 思考与训练

①上网查询目前比较好用的系统备份工具,并比较其优劣。

②小刘最近新买了一台笔记本电脑,并且安装了操作系统,他打算将系统做一个备份,请你帮助他对系统进行备份。

③某天早晨小张上班时发现系统无法启动,幸好他用 Ghost 做了备份,放在 D 盘的根目录下,请帮助他重新恢复该系统。

模块三 注册表维护

技能训练目标：掌握注册表的基本设置方法，能够使用注册表编辑器进行 Windows XP 系统的常用优化和维护操作。

知识教学目标：了解 Windows XP 注册表的基本概念，了解注册表的功能，熟悉 Windows XP 注册表的组成结构。

5.3.1 任务布置

①用户使用 WMP 播放器播放电影后，"文件"菜单中会留下曾经打开过的文件名，请清除这些历史记录，并且保证下次播放时不会留下任何痕迹。

②请通过注册表的设置，加快计算机的关机速度。

5.3.2 任务实现

5.3.2.1 相关理论知识

1. 注册表的概念

Windows XP 的注册表实际上是一个庞大的二进制的数据库，它包含了计算机软、硬件的有关配置和状态信息，应用程序和资源管理器外壳的初始条件、首选项和卸载数据，计算机的整个系统的设置和各种许可，文件扩展名与应用程序的关联，硬件的描述、状态和属性，计算机性能纪录和底层的系统状态信息，以及各类其他数据。

2. Windows XP 注册表功能

在 Windows XP 操作系统中，注册表作为保存计算机软、硬件的有关配置和状态信息的数据库，与 Windows XP 操作系统及驱动程序间有着密切关系，扮演着操作系统与驱动程序连接者的角色，以及操作系统与应用程序连接者的角色。在应用程序安装时，安装程序会向注册表中写入相关的运行设置。在应用程序运行时，就会从注册表读取所需要的设置数据，以便找到所需程序或者动态链接库。

当操作系统访问硬件设备时，BIOS 设置程序会报告给 Windows 的设备，Windows 会将适当的设备驱动程序装载到系统中，操作系统根据存储在注册表的 HEKY_LOCAL_MACHINE-HARDWARE 中的信息获得设备驱动程序的文件名、存放路径、版本号以及其他信息。

当用户准备运行应用程序时，注册表提供应用程序信息给操作系统，这样操作系统就能找到应用程序，找出数据文件的位置，并且调用相关设置。

用户还可以通过修改注册表来订制个性化的桌面。通过修改注册表来完成对某些软硬件参数的更改；可以通过删除注册表中的垃圾信息，来提高计算机的运行速度和性能；恢复受损的注册表来解决系统故障和错误。

总之，注册表可以起到纠正系统错误、解决系统故障、提高运行速度和性能、加强系统安全性，以及实现远程管理等。

3. 注册表的结构

Windows XP 注册表数据库包括两个文件：system. dat 和 user. dat。前者是用来保存计算机的系统信息，如安装的硬件和设备驱动程序的有关信息等。后者则是用来保存每个用户特有的信息，如桌面设置、墙纸或窗口的颜色设置等。

Windows XP 为用户提供了一个注册表编辑器(Regedit. exe)的工具,它可以用来查看和维护注册表。由图 5.3.1 可以看到,注册表编辑器与资源管理器的界面相似。左边窗格中,由"我的电脑"开始,以下是五个分支,每个分支名都以 HKEY 开头,称为主键(KEY),展开后可以看到主键还包含次级主键(subKEY)。当单击某一主键或次主键时,右边窗格中显示的是所选主键内包含的一个或多个键值(value)。主键中可以包含多级的次级主键,注册表中的信息就是按照多级的层次结构组织的。每个分支中保存计算机软件或应建设之中某一方面的信息与数据。

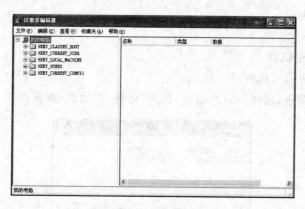

图 5.3.1 注册表编辑器

注册表中各主键的功能如下:

HKEY_CLASSES_ROOT :定义了系统中所有已经注册的文件扩展名、文件类型、文件图标等与应用的关联及 OLE 信息。如果要用添加新的文件扩展名、更改系统图标,或者查看打开某类型文件的程序,就可以在此单元下编辑相关项。

HKEY_CURRENT_USER :定义了当前登录用户控制面板选项和桌面等的设置,以及映射的网络驱动器。其子项包含着环境变量、个人程序组、桌面设置、网络连接、打印机和应用程序首选项。用户对 IE 选项的控制(如屏蔽主页、代理、安全自定义、IE 临时文件大小)、隐藏控制面板、禁止将打开的文档存入历史记录、资源管理器、隐藏桌面图标等操作,都是在该配置单元里进行修改。

HKEY_LOCAL_MACHINE :定义了本地计算机(相对网络环境而言)的软、硬件的全部信息。该单元中存放的是控制系统和硬件的设置,如内存、驱动程序、安全数据库、系统配置等信息。它涉及的面比较广,是注册表里修改最频繁的地方。这里保存有键盘使用的语言以及各种中文输入法、Windows 应用程序卸载信息等。用户给鼠标右键添加新的命令、屏蔽 3721 等 IE 插件、清理已删除程序残留的注册信息和"开始"菜单的修改等操作,都在该配置单元里进行,而且这些修改都会应用于计算机上的所有用户。

HKEY_USERS :定义了所有登录用户的信息,其中部分分支将映射到 HKEY_CUR-RENT_USER 关键字中。包括当前登录用户的默认配置和设置,如桌面、背景、开始菜单程序项、字体等信息。该配置单元的大部分设置都可以通过"控制面板"来修改。

HKEY_CURRENT_CONFIG :定义了计算机的当前硬件配置情况,如显示器、打印机等可选外部设备及其设置信息等,对硬件进行的修改如更改显示器的屏幕刷新频率,都保存在这里。

注册表通过键和子键来管理各种信息。但是注册表中的所有信息都是以各种形式的键值项数据保存的。键值相当于文件目录结构中的文件,也称"值"。键值具有三个属性:键值类型,相当于图标标识。键值名,相当于文件名。键值数据,相当于文件内容。

在注册表编辑器右窗格中显示的都是键值项数据,这些键值项数据可以分为三种类型:

①字符串值。在注册表中,字符串值一般用来表示文件的描述和硬件的标识。通常由字母和数字组成,也可以是汉字,最大长度不能超过 255 个字符。

②二进制值。在注册表中二进制值是没有长度限制的,可以是任意字节长。在注册表编辑器中,二进制以十六进制的方式表示。

③DWORD 值。DWORD 值是一个 32 位(4 个字节)的数值。在注册表编辑器中也是以十六进制的方式表示。

5.3.2.2 相关实践知识

1. 打开注册表编辑器

打开注册表编辑器可执行以下操作:

①单击"开始"按钮,选择"运行"命令,打开"运行"对话框,如图 5.3.2 所示。

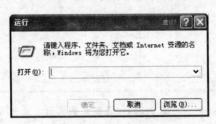

图 5.3.2 "运行"对话框

②在该对话框中的"打开"文本框中输入"regedit"或"regedt32",单击"确定"按钮,即可打开"注册表编辑器"窗口,如图 5.3.1 所示。

③在该窗口的左边窗格中显示的是注册表项,右边窗格中显示的是某个注册表项的值项,包括名称、类型和数据。

2. 使用注册表查找功能

查找是注册表中最经常使用的功能之一。使用查找功能,用户可以方便快速找到需要的注册表项,对其进行各种操作。查找注册表可执行以下操作:

①打开"注册表编辑器"窗口。

②在左边的注册表项窗格中选择一个注册表项作为查找的起点。

③选择"编辑—查找"命令,或按快捷键 Ctrl＋F 键,打开"查找"对话框,如图5.3.3 所示。

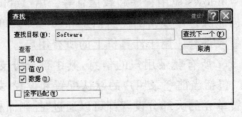

图 5.3.3 "查找"对话框

④在"查找目标"文本框中输入要查找的名称,在"查看"选项组中选择"项"复选框,则设定要查找的目标为项的名称;若选择"值"复选框,则设定要查找的目标为值项的名称;若选

择"数据"复选框,则设定要查找的目标为值项的值;若选中"全字匹配"复选框,则只查找和查找目标完全一致的内容。

⑤单击 Enter 键或单击"查找下一个"按钮,即可开始进行查找。

⑥查找完毕后,查找到的内容将突出显示到可视范围内。

例如,要查找 HKEY_CURRNT_CONFIG 项下的 Windows 子项,可执行以下操作:

(a)选中 HKEY_CURRNT_CONFIG 注册表项。

(b)单击"编辑"—"查找"命令,或按快捷键 Ctrl+F 键,打开"查找"对话框。

(c)在"查找目标"文本框中输入 Windows。

(d)在"查看"选项组中选择"项"复选框,选中"全字匹配"复选框。

(e)单击 Enter 键,或单击"查找下一个"按钮,即可开始进行查找。

(f)查找结束后,用户即可看到该子项所在的位置为:HKEY_CURRNT_CONFIG/Software/Microsoft/Windows,如图 5.3.4 所示。

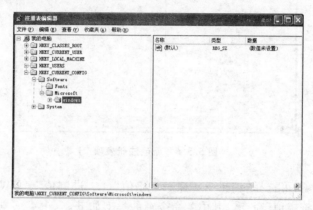

图 5.3.4　查找到 Windows 子项

3. 使用注册表收藏夹

使用注册表收藏夹,可以方便用户将一些经常使用到的注册表项添加到收藏夹中,避免反复查找,以节省时间提高工作效率。将注册表项添加到收藏夹,可执行以下步骤:

①选中要添加到收藏夹的注册表项。

②单击"收藏夹—添加到收藏夹"命令,打开"添加到收藏夹"对话框,如图 5.3.5 所示。

图 5.3.5　"添加到收藏夹"对话框

③在该对话框中,用户可以使用默认的注册表项的名称,也可以给该项起一个名称以区别收藏夹中的其他项。

④单击"确定"按钮,即可将该项添加到收藏夹中。

⑤下次要使用该注册表项时,只需单击"收藏夹"菜单,在其下拉菜单中选择需要的

项即可。

4. 新建和修改注册表项和值项

用户可以在注册表编辑器中新建注册表项或值项，也可以对已有的注册表项或值项进行修改。

(1)新建注册表项和值项

新建注册表项和值项，可执行下列操作：

①打开"注册表编辑器"，选定要新建注册表项或值项的注册表项。

②若要在该注册表项下面新建一个子项，可选择"编辑—新建—项"命令，即可新建一个子项，该新建的子项被命名为"新项♯?"(其中"?"从 1 开始依次递增)，如图 5.3.6 所示。

图 5.3.6　新建注册表项

③若要新建值项，可选择"编辑—新建—字串值"、"二进制值"、"DWORD 值"、"多字符串值"或"可扩充字符串值"命令。其中各命令项的类型如下：

字串值：若新建该类型的值项，则类型为 REG_SZ。

二进制值：若新建该类型的值项，类型为 REG_BINARY。

DWORD 值：新建该类型的值项，类型为 REG_DWORD。

多字符串值：若新建该类型的值项，类型为 REG_MULTT_SZ。

可扩充字符串值：若新建该类型的值项，类型为 REG_EXPAND_SZ。

(2)修改注册表项和值项

修改注册表项就是修改注册表项的名称，即重命名注册表项；修改注册表的值项，就是修改注册表值项的名称和值项的值。

①修改注册表项。修改注册表项的操作步骤如下：

第一，打开"注册表编辑器"，选择需要更改的注册表项。

第二，若要修改注册表项的名称，可选择"编辑—重命名"命令，或单击右键，在弹出的快捷菜单中选择"重名名"命令。

第三，当名称变为可编辑状态后，输入新的名称即可。

②修改注册表值项。修改注册表值项的操作步骤如下：

第一，打开"注册表编辑器"，双击需要更改的值项的名称，或单击右键，在弹出的快捷菜单中选择"修改"命令。

第二，若要修改的值项的型为"字串值"，则弹出"编辑字符串"对话框，如图 5.3.7 所示。

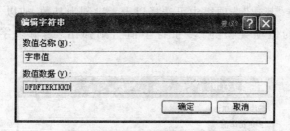

图 5.3.7 "编辑字符串"对话框

第三,在该对话框中的"数值名称"文本框中可更改该值项的名称;在"数值数据"文本框中可更改值项的数据。修改完毕后,单击"确定"按钮即可。

第四,若要更改的值项类型为"二进制值",则弹出"编辑二进制数值"对话框,如图5.3.8所示。

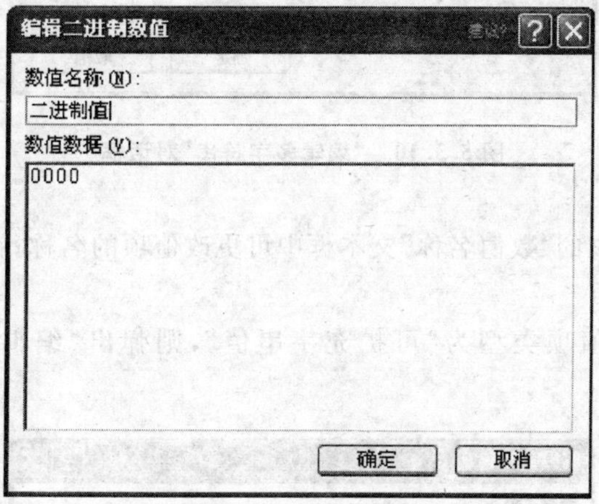

图 5.3.8 "编辑二进制数值"对话框

第五,在该对话框中的"数值名称"文本框中可修改值项的名称;在"数值数据"文本框中可改变值项的数据。

第六,若要修改的值项为"DWORD 值"类型,则弹出"编辑 DWORD 值"对话框,如图5.3.9所示。

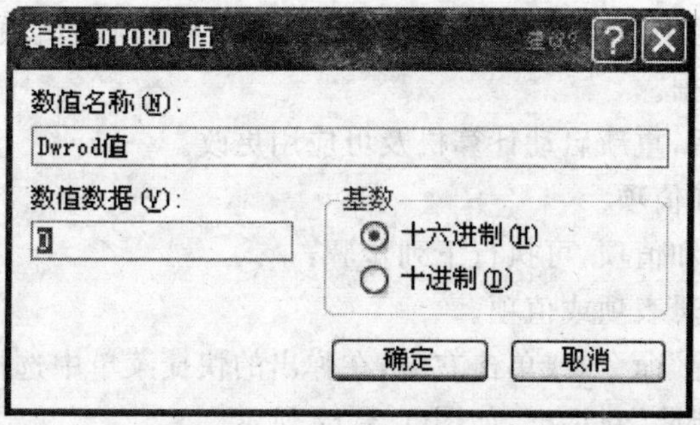

图 5.3.9 "编辑 DWORD 值"对话框

第七,在该对话框中的"数值名称"文本框中可更改值项的名称;在"数值数据"文本框中可更改值项的数据；在"基数"选项组中可选择以十六进制为基数，或以十进制为基数。

第八，若要修改的值项类型为"多字符串值"，则弹出"编辑多字符串"对话框，如图 5.3.10 所示。

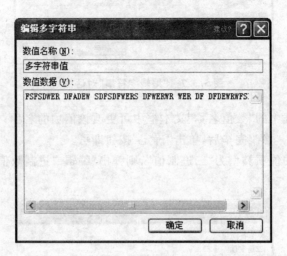

图 5.3.10 "编辑多字符串"对话框

第九，在该对话框中的"数值名称"文本框中可更改值项的名称；在"数值数据"文本框中可修改值项的数据。

第十，若要更改的值项类型为"可扩充字串值"，则弹出"编辑字符串"对话框，如图 5.3.11 所示。

图 5.3.11 "编辑字符值"对话框

第十一，在该对话框中的"数值名称"文本框中可输入更改的值项名称；在"数值数据"文本框中可更改值项的数据。

第十二，修改完毕后，重新启动计算机及可应用更改。

(3)删除注册表项和值项

若要删除注册表项和值项，可执行下列步骤：

①选定要删除的注册表项或值项。

②选择"编辑—删除"命令，或单击右键，在弹出的快捷菜单中选择"删除"命令。

③弹出"确认数值删除"对话框，如图 5.3.12 所示。

④单击"是"按钮，即可将该注册表项或值项删除。

⑤设置用户的注册表访问权限

在 Windows XP 中可设置多个用户账户，为了维护注册表的安全，就需要设置以不同身

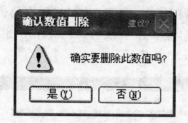

图 5.3.12 "确认数值删除"对话框

份登录的用户对注册表的不同访问权限。例如,以计算机管理员身份登录的用户可以修改注册表中所有系统信息,而以有限用户或来宾身份登录的用户对注册表的访问则受到限制。

设置用户对注册表的访问权限可执行以下操作:

第一,打开"注册表编辑器",选定要设置访问权限的注册表项。

第二,选择"编辑—权限"命令,或单击右键,在弹出的快捷菜单中选择"权限"命令。

第三,打开"注册表项权限"对话框,如图 5.3.13 所示。

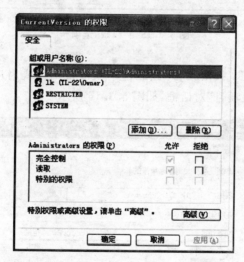

图 5.3.13 "注册表项权限"对话框

第四,在该对话框中的"组或用户名称"列表框中选择要设置访问权限的组或用户名称。若在该列表框中没有要设置访问权限的组或用户的名称,可单击"添加"按钮,打开"选择用户或组"对话框,如图 5.3.14 所示,将其添加到列表框中。

图 5.3.14 "选择用户或组"对话框

第五,在"组或用户权限"列表框中显示了该组或用户的访问权限。若要对该组或用户设置特别权限或进行高级设置,可单击"高级"选项卡,打开"组或用户的高级安全设置"对话框,选择"权限"选项卡,如图 5.3.15 所示。

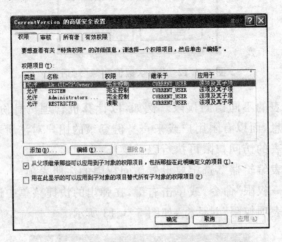

图 5.3.15 "权限"选项卡

第六,在该选项卡中的"权限项目"列表框中双击某个组或用户名称,或单击"编辑"按钮,打开"组或用户的权限项目"对话框,如图 5.3.16 所示。

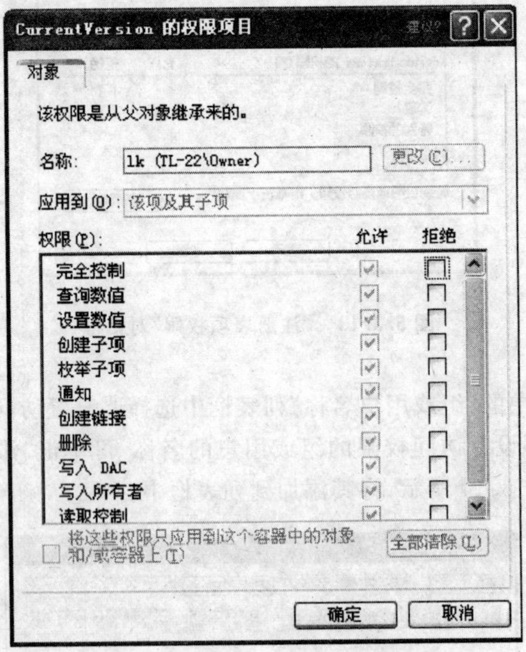

图 5.3.16 "组或用户的权限项目"对话框

第七,在该对话框中的"名称"框中显示了该组或用户的名称。在"权限"列表框中显示了该组或用户允许或拒绝访问的权限项目。用户可单击更改该组或用户的访问项目。

第八,设置完毕后,单击"确定"按钮即可在"组或用户的高级安全设置"对话框中的"权限项目"列表框中看到用户所做的更改,如图 5.3.17 所示。

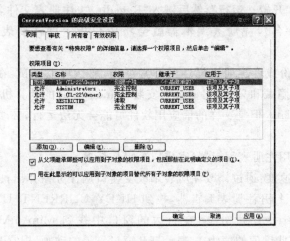

图 5.3.17　更该组或用户的访问权限项目

　　第九,若所做的是拒绝某组或用户对某权限项目的访问,则单击"应用"按钮,将弹出"安全"对话框,提醒用户是否要设置该组或用户的拒绝权限,如图 5.3.18 所示。

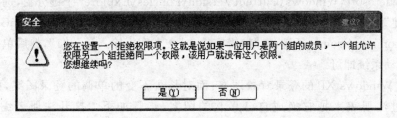

图 5.3.18　"安全"对话框

　　第十,单击"是"按钮即可。

　　第十一,重新启动计算机即可应用设置。

　　6. 注册表的备份与恢复

　　如果注册表遭到破坏,Windows 将不能正常运行,为了确保 Windows 系统安全,必须经常的备份注册表。

　　Windows 每次正常启动时,都会对注册表进行备份,System. dat 备份为 System. da0,User. dat 备份为 User. da0。它们存放在 Windows 所在的文件夹中,属性为系统和隐藏。

　　以下为两种备份注册表的方法:

　　①利用 Windows 中的注册表编辑器(Regedit. exe)进行备份。运行 Regedit. exe,单击"文件","导出注册表文件"命令,选择保存的路径,保存的文件为 * . reg,可以用任何文本编辑器进行编辑。

　　②利用第三方软件备份,如优化大师,超级兔子等。

　　当注册表损坏时,启动时 Windows 会自动用 System. dat 和 User. dat 的备份 System. da0 和 User. da0 进行恢复,如果不能自动恢复,可以利用注册表编辑器(Regedit. exe)进行恢复。

　　在注册表编辑器窗口选中单击"文件—导入"菜单并根据向导提示,即可使用已经备份的注册表内容覆盖当前的注册表内容了。

　　用户也可以单击"开始—运行",然后键入"Regedit /s 注册表文件名"(注册表文件名为要导入的注册表文件名),注册表编辑器就会将用户指定的注册表文件导入到系统注册表中。

　　如果没有进行备份或者注册表损坏的非常严重,那么可以试试:在 C:\下有一个 System. 1st 文件,属性为隐藏和只读,它记录着安装 Windows 时的计算机硬件软件信息,用这个文件覆盖 System. dat。但是这样的话应用软件可能会无法运行,必须重新安装。

5.3.2.3 任务实施

活动一　通过使用注册表编辑器,完成以下操作任务。

　　①加快窗口显示速度:通过修改注册表来改变窗口从任务栏弹出,以及最小化回归任务栏的动作,步骤如下。打开注册表编辑器,找到 HKEY_CURRENT_USER\Control Panel\Desktop\WindowMetrics 子键分支,在右边的窗口中找到 MinAniMate 键值,其类型为 REG_SZ,默认情况下此键值的值为 1,表示打开窗口显示的动画,把它改为 0,则禁止动画的显示,接下来从开始菜单中选择"注销"命令,激活刚才所作的修改即可。

　　②去掉"更新"选项:对于某些用户来说,Windows XP 的 Windows Update 功能似乎作用不大,可以去掉它,操作步骤如下。打开注册表编辑器,找到 HKEY_CURRENT_USER\Software\Microsoft\Windows\CurrentVersion\Policies\Explorer 子键分支,选择"编辑"菜单下的"新建"命令,新建一个类型为 REG_DWORD 的值,名称为 NoCommonGroups,双击新建的 NoCommonGroups 子键,在"编辑字符串"文本框中输入键值"1",然后单击"确定"按钮并重新启动系统即可。

　　③修改 Windows XP 的登录背景图案:面对长久不变的单调的登录图案,可能日久生厌,可以通过注册表来把它换成自己喜欢的图案,步骤如下。打开注册表编辑器,找到 HKEY_USERS\. DEFAULT\Control Panel\Desktop 子键分支,双击 wallpaper,键入你选择好的图片的路径,如:c:\Documents and Settings\My Documents\My Pictures\mypic. bmp,点击"确定",然后找到 Tilewallpaper,双击它输入键值"1",重新启动系统即可看到效果。

　　④修改登录时的背景色:如果还想修改登录时的背景颜色,可以按以下步骤操作。打开注册表编辑器,找到 HKEY_USERS\. DEFAULT\Control Panel\Colors 子键分支,双击子键分支下的 Background 键值名,出现"编辑字符串"对话框,在"数值数据"文本框中输入代表颜色的键值(比如黑色的 RGB 值为 000,白色的 RGB 值为 255 255 255,系统默认值是 58 110 165),点击"确定"按钮,重新启动系统即可。

　　⑤设置启动信息或增加警告信息:如果在启动 Windows XP 时,希望显示一些自己定义的个性化信息,可以按以下步骤来操作。打开注册表编辑器,找到 HKEY_LOCAL_MACHINE_SOFTWARE\Microsoft\Windows NT\CurrentVersion\Winlogon 子键分支,双击在它下面的 LegalNoticeCaption 键值名称,打开"编辑字符串"窗口,在"数值数据"文本框中输入信息对话框的标题,比如"你好,欢迎使用本机器",然后双击 LegalNoticeText,在随后出现的"编辑字符串"窗口中输入想要显示的警告信息,比如"请不要随意修改本机的设置,谢谢!",单击"确定"按钮,重新启动即可看到修改后的效果了。

　　⑥每次启动时保持桌面设置不变:可以通过修改注册表来保护桌面设置,无论做了什么样的修改,只要重新启动之后桌面就会恢复原样,步骤如下。打开注册表编辑器,找到

HKEY_CURRENT_USERS\Software\Microsoft\Windows\CurrentVersion\Polices\Explorer 子键分支,在它的下面找到 NoSaveSettings,其类型为 REG_SZ,将其键值改为"0",或者直接删除该键值项,重新启动系统使设置生效。

⑦任意定制按钮颜色:尽管 Windows XP 本身带有多种窗口显示方案,但用户想定义某一个部位的颜色,比如把按钮的颜色由黑色改为蓝色或红色,就可以修改注册表来实现,步骤如下。打开注册表编辑器,找到 HKEY_CURRENT_USER\Control Panel\Colors 子键分支,双击在它下面的 Bottontext,在打开的对话框中将其键值改为用户想要颜色的值,单击"确定"按钮,并重新启动系统即可看到效果了,此时按钮上的文字颜色将变成红色,此外还可以修改按钮的宽度和高度及背景等参数。

⑧禁止 Dr. Watson 的运行:Dr. Watson 是自带的系统维护工具,它会在程序加载失败或崩溃时显示,平时作用不大,可以通过注册表来取消它,步骤如下。打开注册表编辑器,找到 HKEY_LOCAL_MACHINE\SOFTWARE\Microsoft\Windows NT\CurrentVersion\AeDebug 子键分支,双击在它下面的 Auto 键值名称,将其"数值数据"改为 0,最后按 F5 刷新使设置生效。

活动二　在实训计算机上,备份注册表,然后试用至少两种方法来恢复系统注册表。

5.3.3　归纳总结

本模块首先给出了要完成的任务。要求清除 WMP 播放器这些历史记录,并且保证下次播放时不会留下任何痕迹。通过注册表的设置,优化计算机性能。然后围绕要完成模块任务,讲解了相关理论知识和实践知识:注册表的概念、注册表的功能、结构及注册表编辑器基本操作,最后就是完成任务的具体实践活动。通过这一系列的任务实现,让学生全面了解注册表的基本知识和注册表使用操作,熟练掌握注册表的基本设置方法,掌握相关技能,使学生能够使用注册表编辑器进行 Windows XP 系统的常用优化和维护操作。

5.3.4　思考与训练

①在 Windows XP 中可设置多个用户帐户,为了维护注册表的安全,就需要设置以不同身份登录的用户对注册表的不同访问权限。例如,以计算机管理员身份登录的用户可以修改注册表中所有系统信息,而以有限用户或来宾身份登录的用户对注册表的访问则受到限制。请根据本章所学内容,规划计算机用户对注册表的访问权限,并且进行实际设置操作。

②通过修改注册表,用户可以禁止运行某些具有危险性或不想让其运行的程序,以达到维护系统安全性的目的。请查阅相关资料,修改注册表,禁止运行某些程序(比如远程桌面连接程序 mstsc. exe)的目的。

③试述其他注册表备份和恢复的方法。

模块四　计算机故障诊断与排除

技能训练目标：掌握计算机软硬件故障诊断、分析和排除能力，掌握计算机主要部件常见故障分析处理能力。

知识教学目标：了解计算机故障的种类及产生原因；熟悉计算机故障的检查诊断步骤和原则，熟悉计算机常用维修方法和维修工具。

5.4.1 任务布置

①学校机房有几台计算机工作不正常，有的开机不显示、有的工作一段时间死机、蓝屏，请你诊断故障点并修复它们。

②某公司的维修部有几台故障计算机，请根据故障现象诊断并排除故障。

5.4.2 任务实现

5.4.2.1 相关理论知识

1. 计算机故障的种类及产生原因

计算机在使用过程中，由于人为因素、使用环境、硬件本身质量不佳、计算机病毒等都会给计算机的正常运行带来很大的影响。计算机故障主要分为硬件故障和软件故障两大类，在处理故障时，需要判断是软件故障还是硬件故障。

下面就引起计算机发生故障的各种原因进行分析。

（1）硬件本身质量不佳

粗糙的生产工艺、劣质的制作材料、非标准的规格尺寸等都是引发故障的隐藏因素。由此常常导致板卡上元件焊点的虚焊与脱焊，插接件之间接触不良，连接导线、断路等故障。

（2）人为因素影响

操作人员使用不当，如带电插拔设备、设备之间错误的插接方式、不正确的 BIOS 参数设置等均可导致硬件发生故障。

（3）温度影响

计算机对工作环境温度有一定要求，温度不能太高也不能太低，温度过高，计算机的散热不良，会影响机体部件的正常工作，会造成电路器件散热不良甚至烧毁；温度过低，也会造成器件失效和机械部分运转不正常，而且磁盘驱动器的读写易出现错误。计算机工作环境的较适宜的温度为 10～30℃。通常计算机机房应安装空调设备，以使计算机在规定的温度范围内正常工作。

（4）湿度的影响

空气的湿度与温度有关，在绝对湿度不变的情况下，相对湿度随温度升高而降低，随温度降低而升高。在相对湿度保持不变的情况下，温度越高，对设备的影响越大，这是因为水蒸气压力随温度升高而增大，水分子易于进入材料内部。计算机工作环境的湿度也须控制在一定范围内，通常在 40%～70% 较为适宜。湿度太高，容易造成漏电；湿度太低，又会造成静电荷的聚集，静电放电很容易导致存储器里的数据被抹除或电路芯片被烧毁。

（5）震动对计算机的影响

计算机不能在经常震动的环境中工作，计算机磁盘驱动器中的磁头和磁盘在工作中的距离是非常精密的,稍为强烈的震动即会损坏磁头和磁盘,使设备不能正常、稳定地工作。

(6)粉尘对计算机的影响

计算机设备中最怕灰尘的是磁盘存储器,若灰尘进入磁盘中,将会造成"读"、"写"错误,虽然看起来计算机的其他部件仍在正常运转,但已经失去意义。若灰尘沉积在集成块和其他电子元器件上,会降低其散热性能,导致集成块和其他电子元器件不能正常工作,甚至损坏。有些导电灰尘落入计算机设备中,会使有关材料的绝缘性降低而造成短路,相反,绝缘性灰尘则可能引起接插件触点接触不良。

(7)电磁干扰及无线电干扰对计算机的危害

电磁及无线电的干扰对计算机影响很大,它能使设备中的电子电路的噪声增大,使计算机设备的可靠性降低,并会引起误动作甚至使其瘫痪。

(8)病毒对计算机的影响

计算机病毒是具有自我复制能力和破坏性的计算机程序,它会影响和破坏正常程序的执行和数据的安全。

2. 计算机故障维修原则和步骤

1)计算机故障维修原则

知道了计算机故障产生的原因,那么应该如何检查和维修这些故障呢?一般而言,应该遵循先静后动、先软件后硬件、先外设后主机、先电源后部件、先简单后复杂的原则。

(1)先静后动

计算机发生故障后,不要盲目地开机拆箱,对计算机硬件进行插拔和修理,这样很容易导致故障定位不准,甚至产生新的故障。而应该先向使用者了解情况,分析问题可能在哪里,判断故障大致原因,把故障定位在一定范围内,再依据现象直观检查,最后才动手检查和维修。

(2)先软件后硬件

故障发生后,一定要先排除软件方面的原因,如系统注册表损坏、BIOS 参数设置不当、硬盘主引导扇区损坏等,如果故障不能消失,然后再考虑硬件原因,否则很容易走弯路。

(3)先外设后主机

由于外设原因引发的故障往往比较容易发现和排除,可以先根据系统报错信息检查键盘、鼠标、显示器、打印机等外部设备的各种连线和本身工作状况。在排除外设方面的原因后,再来考虑主机。

(4)先电源后部件

电源功率不足、输出电压和电流不正常等都会导致各种故障的发生。因此,应该在首先排除电源的问题后再考虑其他部件。

(5)先简单后复杂

在遇到硬件故障时,应该从最简单的原因开始检查,如:

①计算机周围的环境情况,包括位置、电源、连接、其他设备、温度与湿度等。

②计算机所表现的现象、显示的内容,及它们与正常情况下的异同。

③计算机内部的环境情况,包括灰尘、连接、器件的颜色、指示灯的状态等。

④计算机的软硬件配置:安装了何种硬件,资源的使用情况如何;使用的是何种操作系统,又安装了何种应用软件;硬件的设备驱动程序版本等。

⑤各种电缆线、数据线的连接情况是否正常。

⑥各种插卡是否存在接触不良的情况。

在进行上述检查后而故障依旧,这时可考虑部件的电路部分或机械部分是否存在较复杂的故障。

2)计算机故障维修步骤

对计算机进行维修,应遵循一些步骤:对于自己不熟悉的应用或设备,应在认真阅读用户使用手册或其他相关文档后,再动手操作。如果要通过替换法进行故障判断,则应先征得用户的同意。如操作可能影响到用户所存储的数据,则要在做好备份或保护措施、并征得用户同意后,才可继续进行。对于随机性死机、随机性报错、随机性出现的不稳定现象,处理思路应该是以软件调整为主。如果一定要更换硬件,最好在维修站内进行硬件更换操作。下面是一些维修的基本步骤,供参考。

①了解情况。即在服务前,与用户沟通,了解故障发生前后的情况,进行初步的判断。了解用户的故障与技术标准是否有冲突。如果能了解到故障发生前后的详细的情况,将提高现场维修效率及判断的准确性。

②复现故障。即在与用户充分沟通的情况下,确认用户所报修故障现象是否存在,并对所见现象进行初步的判断,确定是否还存在其他故障。

③判断维修。即对所见的故障现象进行判断、定位,找出故障产生的原因,并进行修复。

④检验结果。维修后必须进行检验,确认所复现或发现的故障现象被解决,且用户的计算机不存在其他可见的故障。按照"维修检验确认单"所列内容,进行整机验机,尽可能消除用户未发现的故障。

3. 计算机常用维修方法和维修工具

根据故障的诊断步骤和原则,进行维修的方法是首先查找软件故障,然后再查找硬件故障。

1)常用维修方法

(1)软件故障的查找

①操作系统故障。主要是调整操作系统的启动文件、系统配置参数、病毒等。有些软件要求操作系统的版本较高,内存要大,看看软件是否和操作系统相符,系统文件的配置是否正确,内存的大小是否合适。

②程序故障。查找程序本身是否有程序开发时固有的错误,程序安装时是否缺少文件、安装方法是否正确、运行环境是否合适、操作步骤是否正确,有无相互排斥的软件影响等。

③病毒的影响。病毒发作时,软件不能运行,系统速度降低,打印机不能打印,网络无法连接。尽管有杀毒软件,但一时难以查清,当发现计算机出现莫名其妙的故障时,就应该考虑是否有病毒。

(2)硬件故障的查找

①观察法。观察法就是通过看、听、摸、闻等方式检查机器的故障。

看:看接插件是否已经接上或接反,主板、硬盘等设备的跳线是否接错,指示灯是否正常显示,机箱是否变形,板卡安装是否已到位。系统板卡的插头、插座是否歪斜,电阻、电容引脚是否相碰,表面是否烧焦,芯片表面是否开裂,主板上的铜箔是否烧断和断裂等。

听:听计算机的开机报警音(见表 5.4.1、表 5.4.2)、CPU 散热风扇、电源风扇、显卡风扇是否有异常声音,软驱、硬盘的读盘时声音是否有异常,显示器、变压器等设备的工作声音。

表 5.4.1　AWARD BIOS 开机报警音及其意义

报警音	提示信息
1 短	系统正常启动
2 短	常规错误,请进入 CMOS SETUP 重新设置不正确的选项
1 长 1 短	RAM 或主板出错
1 长 2 短	显示错误(显示器或显卡)
1 长 3 短	键盘控制器错误
1 长 9 短	主板 Flash RAM 或 EPROM 错误,BIOS 损坏。
不断地长响	内存没插稳或已损坏
不停地响	电源或显示器或显卡没连接好
不停地短响	电源故障
无声音无提示	电源故障

表 5.4.2　AMI BIOS 开机报警音及其意义

报警音	提示信息
1 短	内存错误
2 短	内存 ECC 校验错误
3 短	系统基本内存(前 64K)检查失败
4 短	系统时钟出错
5 短	中央处理器(CPU)错误
6 短	键盘控制器错误
7 短	系统实模式错误,不能切换到保护模式
8 短	显卡没插好或显卡上的内存有问题
9 短	ROM BIOS 检验错误
1 长 3 短	内存错误
1 长 8 短	显示测试错误

摸:CPU 散热片是否过热、内存条是否过热,拨插拔设备是否松动,用手按压管座的活动芯片和元器件的焊接点,看芯片是否松动或焊接不好而使元器件接触不良。

闻:闻机箱内是否有异味,主机、板卡中是否有烧焦的气味,如焦味、臭味(芯片烧毁时会发出臭味)等,以便于发现故障和确定故障点。

观察法是维修判断过程中的第一要法,它贯穿于整个维修过程中。

②插拔法。将扩展卡、信号线拔出后再插回,可以排除扩展卡和信号线的接插松动造成的故障。由于 CPU 散热风扇、电源风扇运行时会造成轻微但持续的震动,长久之后就会使扩展卡与插槽、信号线接插件与插座之间的松动,这类故障发生极具偶然性,接插件松动后不一定马上出现故障。一旦插拔后故障消失,说明故障原因在此。

需要注意的是,利用插拔法检查设备故障时应关闭计算机,因为热插拔会导致计算机部件损坏。

③替换法。根据故障现象,用同型号的(也可能是不同型号的)好配件来替换可疑部件或设备,是目前最常用的维修方法。替换的顺序一般为:按先简单后复杂的顺序进行替换,如先内存、CPU,后主板,替换时应检查与怀疑有故障的配件相连接的连接线、信号线等,然后替换怀疑有故障的配件,最后是替换供电配件和与之相关的其他配件。故障率高的配件应先进行替换。

④隔离法。将可能妨碍故障判断的硬件或软件屏蔽起来,将怀疑相互冲突的硬件、软件隔离开以判断故障是否发生变化。隔离法对于软件来说,是停止其运行,或者是卸载;对于硬件来说,是在设备管理器中,禁用、卸载其驱动,或干脆将硬件从系统中去掉。

⑤升温/降温法。通过人为地提高或者降低计算机部件温度,检查计算机各部件运行情况,从而发现事故隐患。升温/降温法对于部件性能变差而引起的故障很适用。逐个加温即

可发现是哪个部件发生故障，但一般不要超过 70℃，若温度过高，会损坏部件。人为降低计算机的运行温度，如果计算机的故障出现率大大减少，则说明故障出在高温或不能耐高温的部件中。使用该方法可以缩小故障诊断范围。常用的降温方法有：选择环境温度较低的时段，如早上或较晚的时间，使计算机停机 12～24 小时以上；用电风扇对着故障机吹，以加快降温速度；用酒精棉球接触有关元器件。

⑥敲打法。一般用在怀疑计算机中的某配件有接触不良的故障时，用手轻轻拍打机箱，通过振动、适当地扭曲来使故障复现，从而判断故障原因。

⑦清洁法。灰尘可以引起计算机故障，注意观察故障机内、外部是否有较多的灰尘，如果是，应先除尘、后维修。对使用环境较差，或使用较长时间的机器，应首先进行清洁。可用毛刷等清洁工具轻轻刷去主板、外设上的灰尘，因为灰尘容易导致接触不良，影响正常工作。另外，由于板卡上一些插卡或芯片采用插脚形式，因为震动和工作环境等原因，常会造成引脚氧化，接触不良。可用橡皮擦擦去表面氧化层，重新插接好后开机检查故障是否排除。

清洁的工具有橡皮擦（擦拭金手指）、酒精、小毛刷、吸尘器、皮老虎、抹布等。

⑧测量法。在计算机不通电和通电的情况下，用万用表来测量某一点的电平。首先在不通电的情况下，用万用表等测量工具对元器件进行测量，然后在通电情况下再进行测量，比较两次测量的结果，以此来确定某一元器件是否损坏。

⑨诊断卡判断法。目前计算机市场销售一种计算机主板故障诊断卡，在断电情况下打开机箱，将诊断卡插入到 PC 槽或 ISA 槽中，开机查看诊断卡数码管显示的十六进制数据，然后对照随卡携带的说明书，查找显示码对应的故障，从而诊断计算机故障的部位。

2）常用维修工具

①电烙铁、吸锡器：一般采用恒温的电烙铁，功率在 30W 左右。目前吸锡器有手动和电动两种，但对于平贴式元件只能采用热烘枪。

②螺丝刀：应选用长把和短把带磁性的十字螺丝刀各一把，小一字螺丝刀一把。

③尖头镊子：它可以用来夹持小物件，如螺丝和跳线等，选用不锈钢镊子。

④扁嘴钳或尖嘴钳：用来拧紧固定主板的铜螺柱和拆卸机箱上铁挡片。

⑤毛刷、吹尘或吸尘器：毛刷用来清扫计算机内部的灰尘，然后用吹尘或吸尘器清除灰尘。

⑥无水酒精、清洗盘：用于软盘驱动器磁头或腐蚀部位的清洁。有专用的软驱清洗盘和光盘清洗盘。

在计算机维修过程中，还应该准备以下常用工具软件：系统启动盘。常用操作系统软件：主要是常用的操作系统软件，如 MS－DOS、Windows XP、Windows Vista 等。测试诊断软件：CPU 测试软件 CPU－Z、显卡测试软件 3D MARK、主板测试软件 Everest、显示器测试软件 Nokia Monitor Test 等。实用工具软件：硬盘分区软件 Disk Man、DM、Partition Magic 等。病毒检测软件：卡巴斯基、瑞星等。常用应用软件

4. 计算机的日常维护注意事项

做好计算机的日常维护，减少计算机故障的产生，应从以下几个方面做好计算机的维护工作。

（1）合理放置

不要在计算机周围放置电视、音响组合、电风扇等带有磁性的家电。安放计算机的房间应清洁卫生，否则因灰尘过多会导致计算机不能正常工作，另外，不要将计算机放在潮湿的

地方,因为会使电气触点的接触性能变差。

　　(2)开关机顺序

　　开机顺序:先外设后主机;关机顺序:先主机后外设。计算机关机后,距下一次开机的时间,至少应有 10 秒钟。因为关机后立即加电会使电源装置产生突发的冲击电流,可能造成电源装置中的器件损坏,特别要注意,当计算机工作时,应避免进行关机操作。在计算机运行过程中,不能随便移动各种设备,不要插拔各种接口卡,也不要装卸外部设备和主机之间的信号电缆。如果需要做上述改动的话,则必须在关机且断开电源线的情况下进行。

　　(3)部件的定期清洁除尘

　　①板卡的清洁。计算机在工作的时候,会产生一定的静电场、磁场,加上电源和 CPU 风扇运转产生的吸力,会将悬浮在空气中的灰尘颗粒吸进机箱并滞留在板卡上。如果不定期清理,灰尘将越积越多,严重时,甚至会使电路板的绝缘性能下降,引起短路、接触不良、霉变,造成硬件故障。因此应定期打开机箱,用干净的软布、不易脱毛的小毛刷、吹气球(或打气筒)等工具进行机箱内部的除尘。对于机器表面的灰尘,可用潮湿的软布和中性高浓度的洗液进行擦拭,擦完后不必用清水清洗,残留在上面的洗液有助于隔离灰尘,下次清洗时只需用湿润的毛巾进行擦拭即可。

　　②鼠标的清洁。由于鼠标衬垫和桌面上常有灰尘落下,使鼠标小球在滚动时,将灰尘带进鼠标内的转动轴上缠绕而转动不畅,影响鼠标使用,这就要打开鼠标底部滚动球小盖进行除尘。

　　③键盘的清洁。键盘在使用一段时间后,也会有灰尘落在键帽下而影响接触的灵敏度。可以将键盘翻转过来,适度用力拍打,将嵌在键帽下面的灰尘抖出来。

　　④风扇的清洁。打开电源后如果发现电源中有厚厚的一层灰,先用毛刷、皮吹子清理,然后揭开风扇上的商标标签,把里面的一个金属(或橡胶的)小圆片揭开,往里面滴几滴缝纫机油。

　　(4)注意人体静电现象

　　人或多或少总会带有一些静电,如果不加注意,很有可能导致计算机硬件的损坏。如果用户需要插拔计算机中的部件时,例如声卡、显卡等,那么在接触这些部件之前,应该首先使身体与接地的金属或其他导电物体接触(如金属的机箱、水管等),以释放身体上的静电,以免静电破坏计算机。

　　(5)光驱的维护

　　光驱由于使用频率较高,寿命一般较短。影响光驱寿命的主要是激光头,激光头的寿命实际上就是光驱的寿命。要保持光驱的良好性能,避免故障,延长光驱的使用寿命,日常的保养和维护尤其重要。若要延长光驱的使用寿命,则应注意几下几点。

　　①尽量避免光盘长时间置于光驱内。光驱内一旦有光盘,不仅计算机启动时要有很长的读盘时间,而且光盘也将一直处于高速旋转状态。这样既增加了激光头的工作时间,也使光驱内的电机及传动部件处于磨损状态,无形中缩短了光驱的寿命。建议使用者要养成关机前及时从光驱中取出光盘的习惯。现在大容量硬盘逐渐普及,对于经常使用的光盘,可将其内容复制到硬盘上运行。

　　②尽量不用计算机光驱观看 VCD 影碟。VCD 影碟大多质量得不到保证,光驱在播放过程中不得不频繁启动纠错功能,反复读取。如果长时间光驱连续读盘,对光驱寿命及性能的影响很大。用户可将需要经常播放的节目复制到硬盘,以确保光驱长寿。

③清洁激光头。光驱使用一段时间之后,空气中的灰尘,特别是光盘上的灰尘、油污,很容易黏附在光驱激光头的凸镜上,使得光通量减少,读盘灵敏度下降。这些现象对激光头和驱动电机及其他部件都有损害。所以,使用者要定期对光驱进行清洁保养或请专业人员维护。若打开光驱清洗激光头,应用镜头纸或棉球蘸上少量的清水,擦拭激光头,擦拭时要尽量轻。如果光驱还不能读盘,则需要调整激光头附近的可调电阻,加大激光的亮度,从而提高光驱的读盘能力。调整时应边调整边试验,适可而止,因为通过激光头的驱动电流过大,容易烧坏激光头。

④确保光盘质量。盗版光盘质量较差,若光驱长期读取,激光头需要多次重复读取数据。这样电机与激光头增加了工作时间,从而大大缩短了光驱的使用寿命。如果发现光盘难以读取数据,需要即刻中止操作,退出盘片。

⑤对光盘表面的清洗。光驱里面精密的光学部件,最怕的是灰尘污染。灰尘来自于光盘,所以光盘是否清洁与光驱的寿命有直接的关系。光盘在装入光驱前应做必要的清洁,对不使用的光盘要妥善保管,以防灰尘污染。在清洗光盘时,可以用柔软的绒布蘸上专用的CD清洗剂,对光盘的表面擦拭,注意应从光盘中央往边缘或从光盘边缘往中心擦拭。

⑥正确开关盘盒。打开或关闭光驱盘盒时,要用手指轻轻按前面板上的出盒与关盒按键。按键时手指不能用力过猛,以防按键失控。不要习惯用手直接推回盘盒,这对光驱的传动齿轮会造成损害,可以通过程序进行开关盘盒。

(6)硬盘的维护

在实际工作中,经常会遇到由于误操作、病毒、磁道损坏等原因致使硬盘上的部分或全部数据丢失、文件遭到破坏、应用软件甚至整个系统不能正常工作的情况。其实,计算机出现的故障有时是由硬盘损坏所引起的,因此硬盘在使用时必须加以正确维护,否则会出现故障或缩短使用寿命,甚至殃及所存储的信息,硬盘在使用中应注意以下问题。

①保持工作环境清洁。硬盘对工作环境要求比较苛刻,须在无尘环境下才能正常工作。因此要保持环境卫生,减少空气中的含尘量。

②防止硬盘震动。硬盘是十分精密的设备,不工作时,磁头与盘片是接触的。硬盘在进行读写操作时,一旦发生较大的震动,就可能造成磁头与数据区相撞击,导致盘片数据区损坏或划盘,甚至丢失硬盘内的文件信息。在硬盘的安装、拆卸过程中要加倍小心,严禁摇晃、磕碰。

③不要随意关掉电源。硬盘进行读写操作时,处于高速旋转状态中,若突然关掉电源,则会导致磁头与盘片猛烈摩擦,从而损坏硬盘。所以在关机时,一定要注意面板上的硬盘指示灯,当硬盘指示灯熄灭之后才能关机。

④定期清理垃圾文件。计算机在安装一些大型软件时,系统中会添加各种 dll 文件,而在卸载的时候又不能将硬盘中的文件全部清理干净,硬盘空间会被这些垃圾文件所充斥,因而导致计算机启动速度减慢。所以,应定期清理垃圾文件。目前常用清理垃圾文件的软件有 Clean Sweep 2000、优化大师、超级兔子等。

⑤定期进行碎片整理。文件碎片一般不会在系统中引起问题,但文件碎片过多会使系统延迟读文件的时间,引起系统性能下降,严重的还要缩短硬盘寿命。为此,整理碎片、恢复高速运行就变得刻不容缓。常用的碎片整理工具有:微软自带的碎片整理工具,以及 Norton 管理工具中的 Speed disk 等。

5.4.2.2 相关实践知识

1. 计算机常见故障分析处理

在进行计算机故障诊断与维修时,首先要分清故障类型,下面介绍各类计算机故障的判断和排除方法。

1)死机类故障

死机是一种严重而又较常见的计算机故障现象,也是难于找到原因的故障现象之一。由于在"死机"状态下无法用软件或工具对系统进行诊断,因而增加了故障排除的难度。因为其故障点可大可小,而且产生死机的原因有很多种。

(1)故障现象及涉及部件

①系统不能启动。

②显示"黑屏"或者"蓝屏"。

③画面"定格"无反应(同时鼠标和键盘也无法输入)。

④经常出现非法操作(或强行关闭某程序)。

⑤在进入操作系统前就已失去反应。

⑥软件运行非正常中断。

可能涉及的环境或部件有市交流电,电源、硬盘、光驱、主板、CPU、内存、显卡、其他板卡,BIOS 中的设置等。

(2)故障分析与处理

计算机系统是由硬件系统和软件系统组成的,死机的原因也离不开这两大因素。从硬件上讲,硬件质量故障或其他不稳定的因素使得系统检测不到相应的设备,从而造成空的输入响应而形成死循环就会造成死机;从软件上讲,系统在调用 dll 动态链接数据库件时出现问题,即 dll 文件找不到预先指定的输出设备,或者该 dll 文件不能被装载到指定的内存位置时也可能造成死机。下面详细来分析引起死机的原因,主要有以下几点:

①散热不良。电子元件的主要成分是半导体硅,这是一种工作状态受温度影响很大的元素,在温度升高的时候,其表面将发生电子迁移现象,从而改变当前工作状态。显示器、电源和 CPU 在工作中发热量非常大,如果散热不良,就容易发生死机现象,因此要保持良好的通风。

②灰尘过多。机器内灰尘过多进入到某个板卡的插槽中就可能引起该板卡接触不良而出现死机或其他故障;灰尘过多也会对 CPU 和显卡等重要硬件的散热问题造成影响,从而引起蓝屏或黑屏死机故障。

③移动不当。是指计算机在移动过程中受到很大振动从而导致接触不良,引起计算机死机。

④设备不匹配。如果主板主频和 CPU 主频不匹配,可能就不能保证运行的稳定性。

⑤软、硬件不兼容。对于一些特殊软件,可能存在软、硬件兼容方面的问题。

⑥CPU 超频。超频提高了 CPU 的工作频率,同时,也可能造成其性能不稳定。

⑦内存条故障。主要由内存条松动、虚焊或内存芯片本身质量所致。

⑧硬盘故障。主要是硬盘老化或由于使用不当造成坏道、坏扇区。

⑨设置不当。这里说的设置包括 BIOS 中对硬件的设置和系统中的软件设置。每种硬件有自己默认或特定的工作环境,不能随便超越它的工作权限进行设置,否则就会因为硬件达不到设置要求而造成死机。此时将 BIOS 设置为默认值一般可以解决问题。

⑩软件或硬件冲突。冲突通常包括硬件冲突和软件冲突两方面。硬件冲突主要指中断冲突,最常见的是声卡和网卡的冲突。同样,软件也存在这个情况,当一次运行多个软件的时候,很容易发生同时调用同一个 dll 或同一段物理地址,从而发生冲突。此时系统无法判断该优先处理哪个请求,从而造成紊乱而导致死机。

⑪硬件故障及漏洞。由于目前硬件质量的良莠不齐,一些小品牌的产品往往没经过合格的检验程序就投放市场,成为造成死机的原因。这种质量问题有时候是非常隐蔽的,不容易看出。还有的硬件故障是因为使用时间太久而产生的,一般来说,内存条、CPU 和硬盘等在超过 3 年后可能出现隐蔽死机的问题。另外,硬件本身的 Bug 是造成死机的另一个重要原因。

⑫错误操作。对于初级用户而言,一些错误的操作也会造成死机,如热插拔硬件、在计算机运行过程中发生较大震动、随意删除文件、安装了超过基本硬件设置的软件等都可能造成死机。

⑬系统文件被破坏。这里说的系统文件主要是指对系统启动或运行起关键性支撑作用的文件,缺少了它们,整个系统将无法正常运行,死机也就在所难免。造成系统文件被破坏的原因可能是病毒和黑客程序破坏或初级用户误删除等。

⑭动态链接库文件 dll 丢失。在 Windows 系统中,动态链接库文件相当重要,对于一个 DLL 文件,可能会有多个软件在运行时需要调用它。删除一个应用软件的时候,该软件的反安装程序会记录它曾经安装过的文件,并准备将其逐一删去,这时就容易出现被删掉的动态链接库文件同时还会被其他软件用到的情形。如果丢失的链接库文件是比较重要的核心链接文件,那么就会出现死机,甚至系统崩溃。一般可以用工具软件,如"超级兔子"对无用的 DLL 文件进行删除,以避免误删除。

⑮病毒及黑客程序的破坏。病毒的破坏作用不必多说,安装病毒防火墙并保证病毒库最新是基本的保证手段;黑客程序也是严重危害系统安全的软件,所以也需要安装网络防火墙软件,防止被黑客攻击。

⑯资源耗尽。分两种情形,一是执行了错误的程序或代码,使系统形成了死循环,于是有限的资源被投入到无穷无尽的重复运算中,最后由于运算过大而导致资源耗尽死机;二是在操作系统中运行了太多的程序,也会造成因资源耗尽而死机。

⑰其他原因。如电压波动过大,光驱读盘能力下降,光盘质量不良,网络速度慢而又想一次复制过大的文件等都会造成死机。

知道了死机的原因,那么故障排除过程就变得非常简单,就是运用计算机故障诊断与维修方法,找到故障点,如果是软件原因,就修正软件、查杀病毒或者更改设置;如果是硬件原因,就更换硬件。从预防的角度来讲,平时用户应该正确安装好各种系统补丁,定时或者不定时对计算机的软硬件进行维护和检查,确保计算机系统性能的稳定。

2)加电类故障

加电类故障是指从通电(或复位)到自检完成这一段过程中计算机所发生的故障。

(1)故障现象及涉及部件

①主机不通电(如电源风扇不转或转一下即停等)、有时不能加电、开机掉闸、机箱金属部分带电等。

②开机无显,开机报警。

③自检报错或死机、自检过程中所显示的配置与实际不符等。

④反复重启。

⑤不能进入 BIOS,刷新 BIOS 后死机或报错,CMOS 掉电,系统时钟不准。

⑥机器噪声大,自动(定时)开机,电源设备问题等。

可能涉及的环境或部件有市交流电,电源、主板、CPU、内存、显卡、其他板卡,BIOS 中的设置,开关、开关线、复位按钮及接线等。

(2)故障分析与处理

加电类故障一般是由于计算机电源供应、主板电源连接、主板、CPU、内存、显卡等部件以及 BIOS 设置等原因引起的,按照以下步骤对计算机进行检查诊断,找到故障点,排除故障。

①用万用表检查输出的各路电压值是否在规定范围内。

②对于电源一加电,即停止工作的情况,应首先判断电源空载或接在其他机器上是否能正常工作。

③如果计算机的供电不是直接从市电来,而是通过稳压设备获得,要注意用户所用的稳压设备是否完好或是否与产品的电源兼容。

④在接有负载的情况下,用万用表检查输出电源的波动范围是否超出允许范围。

⑤在开机无显时,用 POST 卡检查硬件最小系统中的部件是否正常。对于 POST 卡所显示的代码,应检查与之相关的所有部件。如显示的代码与内存有关,就应检查主板和内存。

⑥在硬件最小系统下,检查有无报警声音。若没有,检查的重点应在最小系统中的部件上。检查中还应注意,当硬件最小系统有报警声时,要求插入无故障的内存和显卡,若此时没有报警音且有显示或自检完成的声音,证明硬件最小系统中的部件基本无故障,否则,应主要检查主板。所谓最小系统,就是只保留主板、CPU、内存、显卡等最基本的部件,然后开机观察,如果有故障,那么故障应来自现有的硬件中。

⑦如果硬件最小系统中的部件经 POST 卡检查正常后,再逐步加入其他的板卡及设备,以检查其中哪个部件或设备有问题。

⑧检查 BIOS 设置,通过 CMOS 检查故障是否消失,例如 BIOS 中的设置是否与实际的配置不相符(如磁盘参数、内存类型、CPU 参数、显示类型、温度设置等)或根据需要更新BIOS。

3)显示类故障

显示类故障不仅包含由显示设备或部件所引起的故障,还包含由其他部件不良所引起的在显示方面不正常的现象,维修时应进行观察和判断。

(1)故障现象和涉及的部件

①开机无显、显示器有时或经常不能加电。

②显示器异味或有声音。

③在某种应用或配置下花屏、发暗(甚至黑屏)、重影、死机等。

④显示偏色、抖动或滚动、发虚、花屏等。

⑤屏幕参数不能设置或修改。

⑥休眠唤醒后显示异常。

⑦亮度或对比度不可调节或可调范围小、屏幕大小或位置不可调节或可调范围较小。

可能涉及的部件有显示器、显卡及其设置、主板、内存、电源及其他相关部件。特别要注意计算机周边其他设备及地磁对计算机的干扰。

（2）故障分析与处理

显示类故障维修前应首先检查显卡驱动程序，要么安装最新的驱动程序，要么使用显卡附带的光盘进行驱动，此类现象有可能是驱动不兼容引起的。按照以下步骤对计算机进行检查诊断，找到故障点，排除故障。

①通过调节显示器的 OSD 选项，回到出厂状态来检查故障是否消失。

②显示器发出异常声响或异常气味，检查是否超出了显示器技术规格的要求（如刚用新显示器时，会有异常的气味；刚加电时由于消磁的原因而引起的响声、屏幕抖动等，但这些都属正常现象）。

③显卡的规格是否可用在该主板上。

④BIOS 中的设置是否与当前使用的显卡类型或显示器连接的位置匹配（即是用板载显卡还是外接显卡），对于不支持自动分配显示内存的板载显卡，需检查 BIOS 中显示内存的大小是否符合。

⑤在软件最小系统下，检查显示器/卡的驱动、显示器/卡的驱动程序是否与显示设备匹配。

⑥显示器的驱动是否正确，最好使用厂家提供的驱动程序。

⑦使用 Dxdiag.exe 命令检查显示系统是否有故障。

⑧在设备管理器中检查是否有其他设备与显卡有资源冲突，或是否存在其他软、硬件冲突。如有，先除去这些有冲突的设备。

⑨显示属性的设置是否恰当（如不正确的显示器类型、刷新速率、分辨率和颜色深度等，会引起重影、模糊、花屏、抖动、甚至黑屏）。

⑩显卡的技术规格或显示驱动的功能是否支持应用的需要。

⑪通过更换不同型号的显卡或显示器，检查它们之间是否存在匹配问题。

⑫通过更换相应的硬件检查是否由于硬件故障引起显示不正常，显示调整正常后，再逐个添加其他部件，以检查是哪个部件引起的显示不正常。

4）外部存储器故障外部

存储器包括硬盘、光驱、软驱及其介质等，而主板、内存等也可以因对硬盘、光驱、软驱访问而引起这些部件的故障。

（1）故障现象和涉及的部件

①硬盘不能分区或格式化、硬盘容量不正确、硬盘有坏道、数据损失等。

②BIOS 不能正确地识别硬盘、硬盘指示灯常亮或不亮。

③逻辑驱动器盘符丢失或被更改、访问硬盘时报错。

④光驱噪声较大、光驱划盘、光驱托盘不能弹出或关闭、光驱读盘能力差等。

⑤光驱盘符丢失或被更改、系统检测不到光驱等。

⑥访问光驱时死机或报错等。

⑦光盘介质造成光驱不能正常工作。

可能涉及的部件有硬盘、光驱、软驱及其设置，主板上的磁盘接口、电源、信号线。

（2）故障分析与处理

①硬盘故障可能的原因很多，有硬盘设置、硬盘连接、病毒、主板是否支持、硬盘介质损

坏以及 BIOS 设置等。按照以下步骤对计算机进行检查诊断,找到故障点,排除故障。

· 检查硬盘连线是否正确。

· 检查硬盘上的 ID 跳线是否正确。

· 加电后,硬盘自检时指示灯是否不亮或常亮。

· 加电后倾听硬盘运转声音是否正常。

· 硬盘电路板上的元器件是否有损坏或变形。

· 在软件最小系统下进行检查,并判断故障现象是否消失,这样做可排除其他驱动器或部件对硬盘访问的影响。

· 硬盘能否被系统正确识别,可将 BIOS 中 IDE 通道的传输模式设为"自动"。

· 显示的硬盘容量是否与实际相符,格式化容量是否与实际相符。

· 检查当前主板的技术规格是否支持所用硬盘的技术规格,如对于大容量硬盘的支持、对高传输速率的支持等。

· 检查磁盘上的分区是否正常、是否被激活、是否被格式化、系统文件是否存在或是否存在隐藏分区等。

· 对于不能被分区、格式化操作的硬盘,在无病毒的情况下,应更换硬盘。更换仍无效的,应检查软件最小系统下的硬件部件是否有故障。

· 必要时进行修复或初始化操作,或重新安装操作系统。

· 注意检查系统中是否存在病毒,特别是引导型病毒,用杀毒软件进行查杀。

· 检查系统是否开启了不恰当的服务。

· 当加电后,如果硬盘声音异常、根本不工作或工作不正常,应检查电源是否有问题、数据线是否有故障、BIOS 设置是否正确等,然后再考虑硬盘是否有故障。

· 应使用相应硬盘厂商提供的硬盘检测程序检查硬盘是否有坏道或其他故障。

· 关于硬盘保护卡所引起的问题,应安装硬盘保护卡,注意将 CMOS 中的病毒警告关闭、将 CMOS 中的映射地址设为不使用。

②光盘驱动器故障判断流程如下:

· 检查光驱数据线和电源线是否接错、松脱或接反。

· 检查光驱上的 IDE 跳线是否正确。

· 检查光驱连接线是否有破损或硬折。

· 检查光驱电源插座的接针是否有虚焊或脱焊现象。

· 加电后,光驱自检时指示灯是否不亮或常亮。

· 检查光盘质量和光驱的运转声音是否正常。

5)端口与外设故障

端口与外设故障主要涉及串并口、USB 端口、键盘、鼠标等设备的故障。

(1)故障现象和涉及的部件

①键盘工作不正常,功能键不起作用。

②鼠标工作不正常。

③不能打印或不能在某种操作系统下打印。

④外部设备工作不正常。

⑤使用 USB 设备不正常(如无法识别 USB 存储设备,不能连接多个 USB 设备等)

可能涉及的部件有主板、电源、连接电缆、BIOS 中的设置。判断故障前,需要准备相应端口的短路环测试工具以及测试程序。

（2）故障分析与处理

按照以下步骤对计算机进行检查诊断，找到故障点，排除故障。

①检查设备数据电缆接口是否与主机连接良好、针脚是否弯曲、短接等。

②连接端口及相关控制电路是否有变形、变色的现象。

③连接用的电缆是否与所要连接的设备匹配。

④查看外接设备的电源适配器是否与设备匹配。

⑤检查外接设备是否可加电。

⑥如果外接设备有自检等功能，可先行检验其是否完好，也可将外接设备接至其他机器检测。

⑦检查主板 BIOS 设置是否正确，端口是否打开，工作模式是否正确。

⑧检查系统中相应端口是否有资源冲突。接在端口上的外设驱动是否已安装，其设备属性是否与外接设备相适应。

⑨对于串、并口等端口，需使用相应端口的专用短路环，配以相应的检测程序进行检查。如果检测出有错误，则应更换相应的硬件。

⑩检查设备及驱动程序是否正确安装，安装时优先使用设备自带的驱动程序。

⑪USB 设备、驱动、应用软件的安装顺序要严格按照使用说明进行操作。

2. 计算机故障维修实例

1）主板故障

（1）主板引起死机

故障现象：刚开始的表现是开机几小时后出现死机，重新启动后又能正常工作；大约半个月后，死机发生得更为频繁，开机约几十分钟就死机；再过几天后，表现为刚开机几分钟就死机。

故障分析与处理：因刚开始时的故障表现是开机工作几个小时后死机，按照先软后硬原则，初步判断是操作系统 Windows 的性能不稳定，遂利用 Windows 安装光盘首先对原装系统进行修补，结果不起作用；接着对 C 盘格式化后重装 Windows 系统，结果还是不起作用；之后又怀疑 CPU 散热风扇不良，并尝试更换一质量良好的风扇，同时对机内除尘，亦无效果；后又怀疑主机电源不良，更换一质量良好的电源后，还是无效果。经过冷静分析后，认为故障可能是由主板引起，遂打开机箱并取下主板，在光线明亮处对主板进行认真、仔细地检查，结果发现在 CPU 插座周围，有 6 个绿色电解电容明显变形，特征是其底部鼓起且用手触碰可以晃动，据此可判断上述电解电容已经变质，接着用电烙铁焊下这 6 个电容，并用同型号电解电容替换，然后重新装上主板并连接好机内线路后，试机工作正常，未再出现死机现象。后用数字万用表测试上述 6 个电解电容的容量，发现其中 4 只已无容量（容量为 0），另外两只也已严重变质（容量变得很小）。

该机故障是由于主板 CPU 插座四周的电解电容变质引起。该部分电解电容是主板给CPU 供电的滤波电容，当这些电解电容变质或失效后，会大大降低 CPU 供电电压的质量和稳定性，影响更严重时，就会损坏 CPU。由于电解电容的变质损坏有一个较长的过程，所以该机死机的故障表现的前后不一致，即开机后经过多长时间死机的差别很大。

（2）更换主板后不能识别硬件

故障现象：一台使用 Windows 系统的计算机，当更换主板后出现显卡驱动程序不能正常安装,每次按提示安装驱动程序并重新启动系统后,依然提示显卡安装不正常,只能设置为 16 色。

故障分析与处理:引起这种故障主要是因为更换主板造成 Windows 系统设置冲突,造成总线控制设备驱动程序不能正常安装,其解决办法是在"控制面板"窗口中打开"系统"对话框,然后在"设备管理器"选项卡中删除带有黄色叹号"!"的项。

重新启动系统,系统会自动提示找到各种硬件,按照提示安装各种设备的驱动程序后即可排除故障。

2) CPU 及其风扇故障

(1)CPU 温度过高引起自动热启动

故障现象:计算机经常在开机运行一段时间后自行热启动,有时甚至一连数次不停,关机片刻后重新开机,恢复正常,但数分钟后又出现上述现象。

故障分析与处理:这种故障现象比较常见,主要原因一般是由散热系统工作不良、CPU 与插座接触不良、BIOS 中有关 CPU 高温报警设置错误等造成的。采取的对策主要也是围绕 CPU 散热、插接件是否可靠和检查 BIOS 设置来进行。例如:检查风扇是否正常运转(必要时甚至可以更换大排风量的风扇)、检查散热片与 CPU 接触是否良好、导热硅脂涂敷得是否均匀、取下 CPU 检查插脚与插座的接触是否可靠、进入 BIOS 设置调整温度保护点等。打开机箱,加电后仔细观察,发现 CPU 上的风扇没有转,断电后用手触摸小风扇和 CPU,感觉很烫,从而断定故障原因是 CPU 散热不畅,温度过高所致。小心拆下风扇,发现一端的接线插头松脱,将其插紧后加电运行,一切正常。

(2)CPU 风扇导致的死机

故障现象:一台计算机的 CPU 风扇在转动时忽快忽慢,在进行计算机操作时会死机。

故障分析与处理:死机的原因是由于 CPU 风扇转速降低或不稳定所导致,大部分 CPU 风扇的滚珠与轴承之间会使用润滑油,随着润滑油的老化,其润滑效果就越来越差,导致滚珠与轴承之间摩擦力变大,这就会导致风扇转动时而正常时而缓慢。

可更换质量较好的风扇,或卸下原来的风扇并拆开,将里面已经老化的润滑油擦除,然后再加入新的润滑油即可。

3) 内存故障

(1)内存条接触不良引起死机

故障现象:将两条 128MB 内存条升级为一条 512MB 内存条后,启动时发出蜂鸣声,并且显示器黑屏。

故障分析与处理:根据机器发出的蜂鸣声已可以判断出是内存条引起的黑屏现象。关机后检查内存条安装情况,发现内存插孔未与插槽的引脚完全接触,有单侧悬空的现象,重新将内存条安装好后开机,故障消失。

(2)不同内存混插出错

故障现象:一台装有一条 128MB 内存的计算机,增加一条 512MB 的内存后,系统经常出现死机现象。

故障分析与处理:此现象的问题出在内存的混合使用上,在添加内存前应先检查一下,主板是否支持增加的新内存,混合使用的内存速度是否一致。不同速度的内存混合使用时,最好把 CMOS 中有关内存速度设置设得低一些。如果还不能解决死机现象,可以试着交换内存的插槽,如果问题没有解决,只有将其中的 128MB 内存条取下,或者再用与增加的内存条型号相同的内存条替换原来的 128MB 内存。

4）硬盘故障

（1）系统不认硬盘的故障

故障现象：系统从硬盘无法启动，从软盘或光盘启动也无法进入 C 盘，使用 CMOS 中的自动监测功能也无法发现硬盘的存在。

故障分析与处理：这种故障原因大都出现在连接电缆或 IDE 端口上，我们可通过以下步骤来进行检查：重新插接硬盘电缆或者改换 IDE 口及电缆等进行替换试验，如果重新连接后的硬盘也不被接受，还应该检查硬盘的主从跳线，如果一条 IDE 硬盘线上连接两个硬盘设备，就要分清楚主从关系。还有可能的原因就是硬盘与其他设备之间存在冲突，如果新添加了配件，而在这之前使用硬盘没有问题，那一般问题就出在这里。最常见的就是与光驱和其他硬盘的冲突，一般可以通过检查跳线的主从来解决。还有可能的原因是硬盘供电电压不稳，这个原因导致的问题在主机上出现的比较少，因为主板电源供电一般是比较稳定而充足的，最多可能出现的地方是目前流行的移动硬盘，所以大部分移动硬盘提供额外的电源线。再有一个原因就是硬盘控制电路故障，平时使用没有出现过任何问题，在意外之后寻找不到硬盘的任何信息，也就是说自检信息中不存在这块硬盘，而硬盘本身还在正常运作，但是却有巨大的发热量，说明内部的芯片可能有故障，如果闻到特别的味道，那就是恶性的故障了，只能送到专业维修点或返回厂家维修了。

（2）硬盘跳线错误引起的故障

故障现象：一台计算机原装硬盘只有 40GB，想再加一个 120GB 的硬盘，因计算机本身用的是双硬盘线，于是将 120GB 的硬盘接在双硬盘线的第 2 个接口上，接好硬盘电源。重新设置 CMOS 后通电，屏幕显示："No operation system or disk error"。

故障分析与处理：用 CMOS 自动检测硬盘参数，发现两个硬盘一个也没有检测到，当去掉 120G 的硬盘后又恢复正常，于是确认是第 2 个硬盘的问题。拆下第 2 个硬盘后发现其跳线处在"Master"（主硬盘）状态，而原装硬盘也是处于"Master"状态，因为计算机不能同时默认两个主硬盘。将第 2 个硬盘的跳线设为"Slave"（从硬盘）状态，通电后再用 CMOS 检测，一切正常。

（3）硬盘控制器出错

故障现象：计算机启动时提示"HDD Controller Failure（硬盘驱动器控制失败）"。

故障分析与处理：造成该故障的原因一般是硬盘线接口接触不良或接线错误。先检查硬盘电源线与硬盘的连接，再检查硬盘数据信号线与多功能卡或硬盘的连接，如果连接松动或连线接反都会有上述提示。故障也可能是因为硬盘的类型设置参数与原格式化时所用的参数不符。由于 IDE 硬盘的设置参数是逻辑参数，所以多数情况下由软盘启动后，C 盘能够正常读写，只是不能启动。将硬盘的类型设置参数与原格式化时所用的参数设置一致即可消除故障。

（4）硬盘引导区损坏的故障

故障现象：一台计算机无法正常启动，无论是通过软驱、光驱还是硬盘，在启动时硬盘灯都是长亮状态。

故障分析与处理：进入 BIOS 后发现，BIOS 可正确检测到硬盘的参数，估计硬盘没有损坏，将硬盘作为从盘连接到其他计算机上后，启动计算机进入到 DOS 操作系统，用 dir 命令可查看到故障硬盘的目录和文件，看来硬盘的分区表也没有损坏，估计不能引导操作系统是因为硬盘的引导区遭破坏造成的。用 sys 命令向故障硬盘的 C 盘传送引导文件后,再将故障硬盘单独接在计算机上。重新开机后系统能正常进入操作系统,故障排除。

5）显卡与显示器故障

（1）显卡散热不良引起假死机

故障现象:该机开机十几分钟后,屏幕上的光标就不能移动且键盘操作也失灵,感觉就像是死机一样。

故障分析与处理:因该机开机后的表现极像死机,故开始处理时就按死机故障进行。本着先软件后硬件的原则,首先对 Windows 系统进行修复,结果故障现象依旧;观察到系统的整个启动过程很正常,怀疑硬件有问题,因 CPU 散热风扇若不良将会影响系统的正常工作,应先检查该风扇的散热情况。打开机箱后发现 CPU 散热风扇无异常（其转速没有明显变慢的迹象）,当再出现"死机"时,关机后用手摸 CPU 散热片的温度并不高,转向检查显卡有没有问题。当再次死机时,关机后马上用手去摸显卡的散热片,感觉烫手,说明它可能有问题。把显卡取下,仔细一看发现其散热片和风扇扇叶上积聚了一层较厚的灰尘,把风扇和散热片拆下后,用毛刷把上面的灰尘彻底清理干净,装好后试机工作正常,未再出现开机时间不长就"死机"的现象。

该机是由于显卡散热风扇上积聚了过多的灰尘而导致显卡芯片不能正常工作,结果使得屏幕上的光标不能移动、键盘也失灵,造成了一种"死机"的假象。

（2）显示卡能自检但黑屏

故障现象:一台计算机开机后屏幕无任何显示,但有自检声。

故障分析与处理:观察显示器指示灯发现灯为橘黄色,显然是显示控制信号未能正常传输至显示器,检查显示器与显示卡的连接情况,未发现接触不良现象。检查显示卡与主板插槽之间的接触,发现有松动现象,重新安装显示卡并拧紧螺丝后开机测试,显示正常。

（3）分辨率设置引起显示器花屏

故障现象:一台计算机屏幕的分辨率设置为 800×600 增强色（16 位）时使用正常,当把分辨率设为 1024×768、真彩色（24 位）时,屏幕出现花屏。

故障分析与处理:出现这种故障的原因是显示器不支持高分辨率,需要恢复到原来的状态,可通过启动安全模式来处理。重新启动计算机,按"F8"键进入安全模式,在安全模式下重新设置刷新速度,把"未知"改为"默认的适配器",确定后重新启动计算机。

6）声卡与音箱故障

（1）找不到已安装的声卡

故障现象:一块集成声卡的主板不能发声,重装声卡后 Windows 仍然不能找到已安装的声卡。

故障分析与处理:可能板载的声卡在 BIOS 中被禁用了,只需在 BIOS 的"Advanced Chipset Features"设置中将"Onchip Sound"选项由"Disabled"改为"Auto"即可。

（2）系统显示声卡正常,但声卡无声

故障现象:系统显示声卡正常运行,但声卡没有声音。

故障分析与处理:如果声卡安装过程一切正常,设备都能正常识别,一般来说出现硬件故障的可能性就很小。检查下面几个方面:与音箱或者耳机是否正确连接,音箱或者耳机是否性能完好,音频连接线有无损坏,Windows 音量控制中的各项声音通道是否被屏蔽,如果以上都很正常,依然没有声音,可以试着更换较新版本的驱动程序,并安装主板或者声卡的最新补丁。

（3）音箱与声卡连接不当产生噪音

故障现象：在使用音箱中发出的声音时总是带有噪音。

故障分析与处理：首先要检查音箱是有源音箱还是无源音箱，有源音箱上带有电源线，使用音箱时要把电源线接在外接电源上。无源音箱上无电源线，使用音箱时直接把音箱与声卡相连接即可。其次，要检查声卡上是否带有 Speaker Out 接口和 Line Out 接口，如果使用的是无源音箱，使用时最好把音箱接在 Speaker Out 接口上。如果使用的是有源音箱，使用时最好把音箱接在 Line Out 接口上。如果把无源音箱连接在 Line Out 接口上，则音量太小，而如果把有源音箱连接在 Speaker Out 上，使用时就可能出现声音带有噪音。因为有源音箱内置了功率放大器，而无源音箱不带功率放大器。声卡的 Line Out 接口不带功率放大器，而 Speaker Out 接口带有功率放大器。

7）光驱故障

（1）光驱无法使用

故障现象：一台计算机安装光驱后光驱无法使用。

故障分析与处理：对于光驱无法使用的情况，可以下从以下几方面来处理。检查驱动程序及系统设置是否正确，查看计算机的启动信息有没有检测到光驱，以及查看光驱的连线及跳线设置。通过检查，发现光驱的连线有松动迹象，重新安装连线后故障排除。

（2）光驱读光盘时提示错误信息

故障现象：当使用光驱时提示出错信息且不能使用。

故障分析与处理：对于这样的故障现象，原因有很多，主要有以下几种。未安装驱动程序或驱动程序安装不正确，光驱的夹盘装置夹盘不紧，光盘没有就位，光驱部件故障，主机电源负载能力差，光驱缓存溢出，环境温度影响光驱读盘，光驱激光头染上了灰尘以及光盘质量问题。针对不同的原因采取相应的处理方法，就可以排除故障。

8）鼠标与键盘故障

（1）鼠标指针死锁

故障现象：一台计算机开机自检后，鼠标指针出现停滞不动的现象。

故障分析处理：鼠标指针死锁是一种常见故障，其可能原因如下。插头接触不良，模式设置开关有误，存在设置冲突，驱动程序不兼容，鼠标类型不相符。

（2）机械鼠标移动不灵敏

故障现象：机械鼠标在使用中发现移动鼠标时屏幕上光标不动或不灵活。

故障分析与处理：此故障是因鼠标内部跟小球相接触的两根滚轴及一个滚轮脏污所致，鼠标由于长时间使用，使鼠标小球、光栅计数器 X、Y 轴粘上脏物，从而出现鼠标移动不灵敏、跳动等现象。此时只需打开鼠标背面的小盖并取出小球，对鼠标小球、光栅计数器 X、Y 轴进行清理即可恢复正常。如果是不带小球的光电式鼠标，一般是鼠标里面光电管的参数热稳定性差所致，可考虑更换光电管，或者可考虑换质量好的新鼠标。

（3）开机时提示"Keyboard error"

故障现象：一台计算机开机自检时屏幕提示"Keyboard error"。

故障分析与处理：键盘自检出错是一种很常见的故障，可能的原因有，键盘接口接触不良、键盘硬件故障、键盘软件故障、病毒破坏和主板故障等。

当出现自检错误时可关机后拔插键盘与主机接口的插头，检查是否接触良好后再重新启动系统。如果故障仍然存在,可用替换法换用一个正常的键盘与主机相连,再开机试验。如果故障消失,则说明键盘自身存在硬件问题,可对其进行检修;如果故障依旧,则说明是主板接口问题,必须检修或更换主板。

9)电源故障

(1)开机电源产生噪音

故障现象:计算机在每天第一次启动时总会发出"嗡嗡"的噪音,好像是从电源盒中发出来的,重复几次冷启动之后就变得正常。

故障分析与处理:微机电源盒中发出"嗡嗡"的声音是电源盒内的散热风扇所致,具体原因可能有以下几种。电机轴承中使用了劣质润滑油,在环境温度较低时凝结,风扇电机轴承松动,使得在旋转时发出"嗡嗡"的声音,电机轴承润滑不好,造成启动时阻力增加,发出声音。拆下散热风扇,检查发现风扇电机轴承严重变形,更换散热风扇,故障排除。

(2)电源引起不能自检

故障现象:计算机不能自检,在 BIOS 中发现 CPU 风扇转数只有 100 转,正常应该是4000 转左右。

故障分析与处理:测量系统电压,本来为+5V 的电压只有 4V 左右,−12V 电压只有−10V 左右,+12V 电压也偏低,问题一定出在电源上。换一个好的电源后开机自检,观察CPU 风扇转速稳定,系统电压恢复正常。

(3)电源输出不正常

故障现象:按下主机电源开关,有时能启动(电源工作正常),有时不能启动(电源风扇不转)。

故障分析与处理:从故障现象分析判断,应该是主机电源有故障。打开机箱,取下电源盒,直观检查发现电路板上一只电源滤波电解电容(标记为 C2)的顶部明显凸起,用手触碰感觉其底部晃动(不稳),使用电烙铁焊下测其容量已很小(属于严重变质),换用一同型号电解电容后,试机工作正常,未再出现有时开机能启动、有时开机不能启动的现象。

10)CMOS 故障

(1)主板电池失效引起 CMOS 参数错误

故障现象:开机自检显示 CMOS battery failed,提示按"F1"键继续启动,按"Del"进入BIOS 设置。系统时间错乱:每次开机回到 00:00:00。

故障分析与处理:这是主板上的电池失效,引起 CMOS 参数紊乱而产生的故障。主板电池用来为 CMOS 供电,在 CMOS 中存放了机器时钟、日期、软盘驱动器个数、类型、硬盘个数、类型,显示器方式,内存容量,扩展容量等参数。当开机上电自检时,BIOS 自动检查 CMOS 中的参数,如果不匹配,则自动锁机。纽扣电池的正常工作电压为+3V~+6V,如果电池电压低于3V 很多,则设置的参数消失,就需要更换 CMOS 电池。关掉电源后,拔掉所有的外部连线,打开主机盖,用万用表测量电池两端电压,发现不足+3V,更换一新电池即可。

(2)忘记 CMOS 中设置的口令

故障现象:一台计算机在 CMOS 中设置了启动口令,可是在启动时忘记了密码,无法进入系统。

故障分析与处理:CMOS 密码忘记之后,有很多种方法进行清除。一种是通过设置主板上的 CMOS 清除跳线。查看主板说明书,找到清除 CMOS 的跳线,按照主板说明进行清除。

11）软件故障

（1）无法启动，提示"No system disk Or disk error"

故障现象：一台计算机无法启动，提示"No system disk Or disk error"。

故障分析与处理：提示表明引导盘为非系统盘，或者原引导盘的系统文件遭到破坏。首先确保启动时软驱里的软盘为系统盘，其次应注意硬盘的系统文件是否遭到破坏，可用同版本的启动软盘启动，用命令"SYS C:/S"复制系统文件，如果还不行，只能重新安装 Windows 系统。

（2）Windows XP 不能自动关机

故障现象：在安装了 Windows XP 后，当关机出现提示"您可以关机了"后，按关机按钮不起任何作用。

故障分析与处理：如果主板不支持高级电源管理功能就会出现这样的情况，可打开"控制面板"中的"电源"选项，将"APH"项选中，Windows XP 就会自动进行电源管理。

（3）软件不能正常运行

故障现象：软件能顺利完成安装，但不能正常运行。

故障分析与处理：软件不能正常运行的原因有硬件和软件两个方面的原因，硬件方面原因主要是计算机配置不够所致，比如不支持高版本的 DirectX、OpenGL 等。软件方面的原因主要有版本冲突、内存不足、病毒破坏、文件属性受限、存放位置不当、软件冲突等，要具体分析，发现问题出在哪里，才能有针对性地解决。

5.4.2.3 任务实施

活动一　主板类故障：观察实训室计算机故障现象，填写计算机故障诊断与维修记录表，讨论并且分析故障原因，诊断计算机故障点，最后填写故障维修处理意见和结果。

活动二　CPU 故障：观察实训室计算机故障现象，填写计算机故障诊断与维修记录表，讨论并且分析故障原因，诊断计算机故障点，最后填写故障维修处理意见和结果。

活动三　内存类故障：观察实训室计算机故障现象，填写计算机故障诊断与维修记录表，讨论并且分析故障原因，诊断计算机故障点，最后填写故障维修处理意见和结果。

活动四　显示系统故障：观察实训室计算机故障现象，填写计算机故障诊断与维修记录表，讨论并且分析故障原因，诊断计算机故障点，最后填写故障维修处理意见和结果。

活动五　外存储系统故障：观察实训室计算机故障现象，填写计算机故障诊断与维修记录表，讨论并且分析故障原因，诊断计算机故障点，最后填写故障维修处理意见和结果。

活动六　多媒体设备类故障：观察实训室计算机故障现象，填写计算机故障诊断与维修记录表，讨论并且分析故障原因，诊断计算机故障点，最后填写故障维修处理意见和结果。

活动七　软件类故障：观察实训室计算机故障现象，填写计算机故障诊断与维修记录表，讨论并且分析故障原因，诊断计算机故障点，最后填写故障维修处理意见和结果。

5.4.3 归纳总结

本模块首先给出了要完成的任务。学校机房有几台计算机坏了，有的开机不显示、有的工作一段时间死机、蓝屏，请你诊断并修复它们。然后围绕这一模块任务，讲解了相关理论知识和实践知识：包括计算机故障类型及原因，故障维修原则和步骤，常用维修方法和维修工具，计算机常见故障分析处理方法和实例，以及计算机的日常维护注意事项，最后就是组织学生进行具体实践活动。通过这一系列的任务实现，让学生比较全面的了解计算机故障维修相关的理论知识和实践知识,并且使学生能够熟练掌握计算机常见故障的诊断与维修技能。

5.4.4 思考与训练

①开机长鸣,请检查故障并排除。

②知道了计算机主要部件可能出现哪些故障,以及故障的诊断与分析方法,请问,如果计算机不正常重启,故障原因可能会是哪些设备引起?

③了解具体的故障现象对于诊断故障很重要,可以从哪几个方面来获得故障现象?

项目六 常用外设安装与维护

项目描述

打印机和扫描仪是现代办公时经常要使用的设备,因此会熟练使用和维护这两种设备是必须掌握的一项技能,而且通过学习这两种设备可以帮助大家掌握安装和使用其他外部设备的方法。本项目通过打印机安装与维护、扫描仪安装与使用这两个模块,使学生掌握这两种设备的使用和维护方法,并掌握计算机外部设备的安装和使用方法。

模块一 打印机安装与维护

技能训练目标:会安装不同接口的打印机,并能简单维护。

知识教学目标:熟悉打印机连接方法与安装配置,熟悉打印机使用方法,掌握打印机一般维护方法,熟悉打印机功能。

6.1.1 任务布置

①安装打印机。

②维护打印机。

6.1.2 任务实现

6.1.2.1 相关理论知识

1. 打印机分类

(1)按用途分类

可以把打印机分为两类,一类是通用型打印机,它可以广泛地应用于学校、机关、家庭等对打印无特殊要求的场合。另一类是专用型打印机,它的用途比较专一,比如专用于票据打印的打印机。

(2)按打印幅面分类

按打印幅面的不同可以把打印机分为窄幅打印机(只能打印 A3 以下的幅面)和宽幅打印机(可以打印 A3 及以上的幅面)两大类。

(3)按打印原理分类

按打印原理可以把打印机分为针式打印机、喷墨打印机、激光打印机和热升华式打印机等几种,这也是最常见的分类方法,如图 6.1.1 所示。

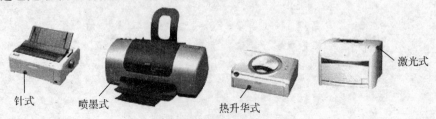

针式　　喷墨式　　热升华式　　激光式

图 6.1.1 打印机的种类

2. 打印机的工作原理

(1)针式打印机的工作原理

针式打印机是一种击打式打印机,它利用机械和电路驱动原理,使打印针撞击色带和打印介质,进而打印出点阵,再由点阵组成字符或图形来完成打印任务。针式打印机结构简单、技术成熟、性价比高、消耗费用低,但噪声很大、分辨率较低、打印针易损坏,故已从主流位置上退下来,逐渐向专用化、专业化方向发展。

(2)喷墨打印机的工作原理

喷墨打印机是打印机家族中的后起之秀,是一种经济型非击打式的高品质彩色打印机。喷墨打印机具有打印质量好、无噪声、可以用较低成本实现彩色打印等优点,但它的打印速度较慢,而且配套使用的墨水非常贵,故较适合于打印量小、对打印速度没有过高要求的场合使用。目前此类打印机在家庭中较为常见。喷墨打印机按喷墨形式又可分为液态喷墨和固态喷墨两种。液态喷墨打印机是让墨水通过细喷嘴,在强电场作用下高速喷出墨水束,在纸上形成文字和图像。固态喷墨打印机是由泰克(Tekronix)公司在 1991 年推出的专利技术。它使用的墨水在室温下是固态的,打印时墨被加热液化,之后喷射到纸上,并渗透其中,附着性相当好,色彩也极为鲜亮。

(3)激光打印机的工作原理

激光打印机是近年来打印机家族的一种新产品,它以打印速度快、打印质量高、打印成本低和无任何噪声等特点逐渐成为人们购买打印机时的首选。它也是最终全面取代喷墨打印机的产品。激光打印机分为黑白和彩色两种,它的打印原理是利用光栅图像处理器产生要打印页面的位图,然后将其转为电信号,发出一系列的脉冲送往激光发射器。在这一系列脉冲的控制下,激光被有规律地放出。与此同时,反射光束被接收的感光鼓所感光。激光发射时就产生一个点,激光不发射时就是空白,这样就在接收器上印出一行点来。然后,接收器转动一小段固定的距离继续重复上面的操作。当纸张经过一对加热辊后,着色剂被加热熔化,固定在纸上,就完成打印的全过程。整个过程准确而且高效,如图 6.1.2 所示。

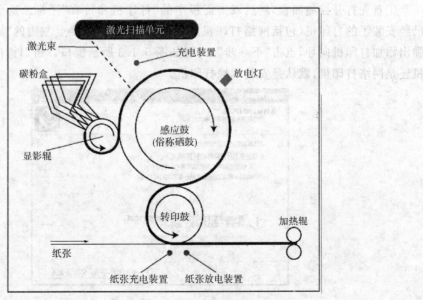

图 6.1.2 激光打印机的工作原理

3. 打印机的性能指标

衡量一台打印机性能好坏的指标有以下几种：

①分辨率(dpi)。打印机的分辨率即每平方英寸多少个点。分辨率越高，图像就越清晰，打印质量也就是越好。一般分辨率在 360dpi 以上的打印效果才能令人满意。

②打印速度。打印机的打印速度是以每分钟打印多少页纸(PPM)来衡量的。打印速度在打印图像和文字时是有区别的，而且还和打印时的分辨率有关，分辨率越高，打印速度就越慢。所以衡量打印机的打印速度要进行综合评定。

③打印幅面。一般家用和办公用的打印机，多选择 A4 幅面的打印机，它基本上可以满足绝大部分的使用要求。

④色彩数目。即彩色墨盒数。色彩数目越多色彩就越丰富。

⑤技术支持、售后服务。即厂家对产品的承诺，包括保修期、驱动程序的更新下载网址等方面。

6.1.2.2 相关实践知识

1. 打印机的安装

打印机的安装分两个步骤：硬件安装和驱动程序安装。这两个步骤的顺序不定，视打印机不同而不同。如果是串口打印机一般先接打印机，然后再装驱动程序，如果是 USB 口的打印机一般先装驱动程序再接打印机，具体产品请参考产品说明书。

(1)打印机硬件安装

现在计算机硬件接口做得非常规范，打印机的数据线只有一端在计算机上连接，所以不会接错。

(2)驱动程序安装

如果驱动程序安装盘是以可执行文件方式提供，则最简单直接运行 Setup.exe 就可以按照其安装向导提示一步一步完成。

如果只提供了驱动程序文件，则安装相对麻烦。这里以 Windows XP 系统为例介绍。

①首先打开控制面板，然后双击面板中的"打印机和传真"图标。这个窗口将显示所有已经安装了的打印机(包括网络打印机)。安装新打印机直接点左边的"添加打印机"，接着弹出添加打印机向导，点击"下一步"，出现如图 6.1.3 所示窗口。窗口询问是安装本地打印机还是网络打印机，默认是安装本地打印机。

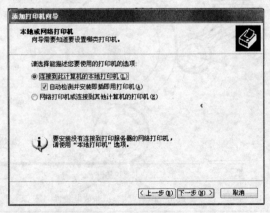

图 6.1.3 安装本地打印机

②如果安装本地打印机直接点击"下一步",系统将自动检测打印机类型,如果系统里有该打印机的驱动程序,系统将自动安装。如果没有自动安装则会报错,点"下一步"出现如图6.1.4所示窗口。

这里一般应使用默认值,点击"下一步",弹出询问打印机类型的窗口,如图6.1.5所示。

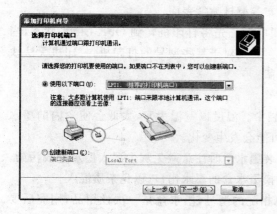

图 6.1.4　安装本地打印机

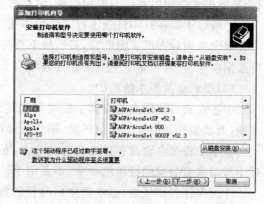

图 6.1.5　安装本地打印机

如果能在左右列表中找到对应厂家和型号,则直接选中然后点"下一步";如果没有则需要提供驱动程序位置,点"从磁盘安装",然后在弹出的对话框中选择驱动程序所在位置,比如软驱,光盘等,找到正确位置后点打开(如果提供位置不正确,打开后将没有反应),系统将开始安装,然后根据提示操作,完成打印机安装。

2. 打印机的维护

1)针式打印机维护

①打印机必须在干净、无尘的环境中使用,用后盖好罩布。工作台平稳,不要有震动。

②不要用手指触摸打印针表面。在打印机使用了一段时间后,用无水酒精将打印头擦洗一下,以保证导向孔畅通无阻。

③定期用小刷和吸尘器清理机内的灰尘和纸屑,再用酒精棉擦洗干净。

④打印头的位置要根据纸张的厚薄进行调整,不要离得太近。

⑤如果发现色带有破损,一定要立即更换新的色带。不要使用破旧色带,否则有可能将打印针挂断。

⑥若发现走纸和针头小车运行困难时,不要用手强行移动,要及时查出原因并处理,否则易损坏机械部件和电路。

2)喷墨打印机维护

喷墨打印机的内部结构复杂,所以出现故障的可能性和操作时的注意事项也较多。喷墨打印机的维护主要是喷墨头,墨水和墨水盒的维护。

(1)喷头的维护

喷墨打印机的喷头由很多细小的喷嘴组成。喷嘴的尺寸与灰尘颗粒差不多。如果灰尘、细小杂物等掉进喷嘴中,喷嘴就会被阻塞而喷不出墨水,同时也容易使喷嘴面板被墨水沾污。此外,若喷嘴内有气泡残存,也会发生墨水喷射不良的现象。各品牌不同系列的打印机喷头略有差别,就一般的情况而言,应该做到:

①不要将喷头从主机上拆下并单独放置,尤其是在高温低湿状态下。如果长时间另置,

墨水中所含的水分会逐渐蒸发,干涸的墨水将导致喷嘴阻塞。如果喷嘴已出现阻塞,应进行清洗操作。若清洗达不到目的,则需更换新的喷头。

②避免用手指和工具碰撞喷嘴面,以防止喷嘴面损伤或杂物、油质等阻塞喷嘴。不要向喷嘴部位吹气、不要将汗、油、药品(酒精)等沾污到喷嘴上,否则墨水的成分、黏度将发生变化,造成墨水凝固阻塞。不要用面纸、镜片纸、布等擦拭喷嘴表面。

③最好不要在打印机处于打印过程中关闭电源。先将打印机转到 OFF LINE 状态,当喷头被覆盖帽后方可关闭电源,最后拔下插头。否则对于某些型号的打印机,打印机无法执行盖帽操作,喷嘴暴露于空气中会导致墨水干涸。

(2)墨水盒及墨水的维护

①墨水盒在使用之前应储于密闭的包装袋中。温度以室温为宜,太低会使盒内的墨水冻结,而如果长时间置于高温环境,墨水成分可能会发生变化。

②不能将墨水盒放在日光直射的地方,安装墨水盒时注意避免灰尘混入墨水造成污染。对于与墨水盒分离的打印机喷头,不要用手触摸墨水盒的墨水出口,以免杂质混入。

③为保证打印质量,墨水请使用与打印机相配的型号,墨水盒是一次性用品,用完后要更换,不能向墨水盒中注入墨水。

④墨水具有导电性,因此应防止废弃的墨水溅到打印机的印刷电路板上,以免出现短路。如果印刷电路板上有墨水沾污,请用含酒精的纸巾擦掉。

⑤不要拆开墨水盒,以免造成打印机故障。墨盒安装好后,不要再用手移动它。

3)激光打印机的维护

激光打印机是现代办公不可缺少的办公设备,它的普及为广大的办公用户带来了很大便利,同时也大大提高了办公效率。用户在使用激光打印机时,除了要知道简单的操作步骤外,还要对打印机的维护、正确的使用及常见故障有所了解,这样才会更好的利用激光打印机为日常办公工作服务。

激光打印机自身吸附灰尘的能力很强,在打印工作时不可避免地会有一些粉尘残留在机内的一些部件上。由于激光打印机热量会将这些粉尘变成坚硬的固体,从而影响到激光打印机的正常使用,甚至使激光打印机发生故障。激光打印机需要维护的部件包括电极丝、激光扫描系统、定影器部分、分离爪及硒鼓等。

(1)电板丝的维护

电极丝沾染了废粉、纸灰等,会使打印出来的印件墨色不够、纸样背面脏污或输出的打印件底灰严重。维护电极丝时应小心地取出电极丝组件,有些型号的打印机不必取出电极丝,可直接在机子上进行清洁,可以先用毛刷刷掉其上附着的异物,然后再用脱脂棉花将其轻轻地仔细擦拭干净。

(2)扫描系统的维护

激光扫描系统中的激光器及各种镜片被粉尘等污染后,会造成打印件底灰增加,图像不清。可用脱脂棉将它们擦拭干净,如不行可用脱脂棉蘸少许酒精擦拭干净,擦拭时一定要注意不能改变它们的原有位置且不要碰坏。

(3)定影辊的维护

定影加热辊在长期使用后可能粘上一层墨粉等脏物,会影响打印效果,如出现黑块、黑条等。与加热辊相配对的橡皮辊,长期使用后也会粘上废粉,一般较轻微时不会影响输出效果,但严重时,会使输出的样稿背面变脏。这时就需要清洁加热辊和橡皮辊,可用脱脂棉蘸无水酒精小心地将其擦拭干净。但不可太用力擦拭加热辊,橡皮辊的擦拭可简单一些,只需将其表面擦干净即可。

(4)分离爪的维护

分离爪是紧靠加热辊的小爪,主要作用是分离纸张,避免纸与热辊相粘而卡纸,其爪尖长期与加热辊和纸张摩擦,可能会粘上废粉结块,从而使纸张输出时变成弯曲褶皱状,甚至引起卡纸。因此,如发现输出纸张有褶皱时应注意清洁分离爪。方法是小心地将分离爪取下,仔细擦掉粘在上面的废粉结块,并保持其背部光滑。

(5)硒鼓的维护

激光打印机的硒鼓是非常重要的部件,它的好坏直接影响打印质量。由于硒鼓存在工作疲劳问题,因此,连续工作时间不宜过长,如果输出量过大时,可在工作一段时间后停机休息一段时间,再继续工作。硒鼓的清洁维护也很重要,一般步骤如下:首先关闭打印机电源,小心拆下硒鼓组件,用脱脂棉将硒鼓表面擦拭干净,但不能用力,以防将硒鼓表层划坏。然后用脱脂棉蘸硒鼓专用清洁剂擦拭硒鼓表面。擦拭时应采取螺旋划圈式的方法,擦亮后立即用脱脂棉花把清洁剂擦干净。最后用装有滑石粉的纱布在鼓表面上轻轻地拍一层滑石粉,即可装回使用。

6.1.2.3 任务实施

活动一 将打印机与计算机相连,成功打印一页文档。然后共享打印机,并通过网络打印一份文档。

活动二 为激光打印机更换硒鼓。

6.1.3 归纳总结

本模块主要学习打印机的安装和日常维护。打印机是最常见的办公自动化设备,现在一般办公使用的打印机以黑白激光打印机为主,因此学会安装和维护黑白激光打印机是一项基本要求。

6.1.4 思考与训练

①一个办公室有 5 个员工,5 台计算机,只有 1 台打印机,如何实现打印机共享?

②黑白激光打印机打印一段时间后,发现打印出来的文档有部分内容看不见,是什么原因?如何解决?

模块二　扫描仪安装与使用

技能训练目标：会安装不同接口的扫描仪，并能利用扫描仪为工作服务。

知识教学目标：熟悉扫描仪连接方法与安装配置，熟悉扫描仪使用方法，熟悉扫描仪功能。

6.2.1 任务布置

①安装扫描仪。

②利用扫描仪扫描文档和图片。

6.2.2 任务实现

6.2.2.1 相关理论知识

扫描仪是计算机中除键盘和鼠标以外的另一种输入设备，通常用它来进行各种图片资料的输入。扫描仪也是一种光、机、电一体化的外围设备。用户经常用它来扫描照片、图片、文稿等，并把扫描仪的结果输入到计算机中进行处理。

1. 扫描仪的分类

扫描仪的种类很多，根据扫描原理的不同，可以将它分为三种类型：

(1)以 CCD(电荷耦合器件)为核心的平板式扫描仪、手持式扫描仪和以光电倍增管为核心的滚筒式扫描仪。手持式扫描仪的体积较小、重量轻、携带很方便，但扫描仪精度较低。

(2)滚筒式扫描仪采用光电倍增管(PMT)作为光电转换元件。在各种感光器中，光电倍增管是性能最好的一种，无论是在灵敏度、噪声系数上还是动态范围都要领先于其他感光器件。

(3)平板式扫描仪又称为平台式扫描仪、台式扫描仪，它诞生于 1984 年，是现在办公用扫描仪的主流产品。平板式扫描仪主要应用在 A4 幅面和 A3 幅面扫描领域中，它是扫描仪家族的代表性产品，也是用途最广的一种扫描仪，如图 6.2.1 所示。

图 6.2.1　平板式扫描仪

除了上述三种类型的扫描仪外，还可以按扫描图像幅面的大小把扫描仪分为小幅面、中等幅面和大幅面扫描仪；按用途将扫描仪分为通用型扫描仪和专用于特殊图像输入的专用型扫描仪(如条码读入器、卡片阅读机等)；按接口可以分为 USB 接口、并行接口、SCSI 接口和专用接口的扫描仪；按使用场合可以分为笔式扫描仪、条形码扫描仪和实物扫描仪等。

2. 扫描仪的性能指标

扫描仪的性能指标主要有分辨率、灰度、色深、感光器件、接口方式、扫描速度等几项。

(1)分辨率:光学分辨率是指扫描仪物理器件所具有的真实分辨率,它是扫描仪的重要性能指标之一,直接决定了扫描仪扫描图像的清晰程度。一般光学分辨率用两个数字相乘来表示,例如 600×1200dpi,其中 600 代表扫描仪的横向分辨率,它是扫描仪真正意义上的光学分辨率,1200 代表扫描仪的纵向分辨率或机械分辨率,是扫描仪所用步进电机的分辨率,一般为横向分辨率的两倍甚至四倍。

(2)色深与灰度值:色深又叫色彩位数,是指扫描仪对图像进行采样的数据位数,也是指扫描仪所能解析的颜色范围。目前有 24 位、30 位、32 位、36 位、42 位和 48 位等多种。灰度值是指进行灰度扫描时对图像由纯黑到纯白整个色彩区域进行划分的级数。

(3)感光器件:扫描仪最重要的部分就是其感光部分。目前市场上扫描仪使用的感光器件有四种:电荷耦合元件 CCD(包括硅氧化物隔离 CCD 和半导体隔离 CCD)、接触式感光器件 CIS(或 LIDE)、光电倍增管 PMT 和金属氧化物导体 CMOS。四种感光器件中,光电倍增管的成本最高,且扫描速度慢,一般用于专业扫描仪上。

(4)扫描速度:扫描速度也是扫描仪的一个重要指标。扫描仪的扫描速度可以分为预扫速度和扫描速度。预扫速度是指扫描仪对所有扫描面积进行一次快速扫描的速度。它直接影响实际的扫描效率,也是用户在选购扫描仪时应重要关注的一个速度指标。相反,因扫描仪受接口(大多为 USB 接口)带宽的影响,故扫描速度差别并不太大。因此扫描仪的扫描速度主要看它的预扫速度。

(5)接口方式:扫描仪常见的接口方式有 EPP(并口)方式、USB 接口方式、SCSI 接口方式和 IEEE1394 接口方式等几种。其中 USB 接口的扫描仪为目前最主流的产品。

6.2.2.2 相关实践知识

1. 扫描仪的安装

要想用好扫描仪,必须正确安装好扫描仪,不同的扫描仪其安装方法也是不一样的,下面就是几种典型扫描仪的安装方法。

(1)安装 USB 扫描仪

从现在的使用情况来看,USB 扫描仪绝对是市场上的主流,因为这种扫描仪的安装非常简便,几乎没有任何使用经验的用户也能在很短的时间内迅速安装好 USB 扫描仪。无论是什么型号、什么品牌的扫描仪,其具体的安装方法几乎都是一样的,一般都会遵循下面的几个步骤:首先进行硬件连接,将方形的 USB 接头先插入到扫描仪中,然后使用 USB 数据线把扫描仪与计算机的 USB 接口连接好;接着检查一下扫描仪是否将 CCD 扫描元件用锁固定住,如果固定应该将扫描仪开锁,并接通扫描仪和计算机的电源,随后计算机会自动检测到当前系统中的 USB 扫描仪,再根据屏幕的安装提示来完成扫描仪驱动程序和配置软件的安装。安装结束后,可以利用扫描仪随机附带的编辑软件,来调出扫描软件的应用界面后,就能开始使用扫描仪了。此外,安装这种类型的扫描仪时,还必须注意,在对扫描仪进行物理连接时,最好先打开与扫描仪相连的计算机系统,进入到 CMOS 设置界面中,打开 BI-OS 系统,确保打开通用序列总线设置;同时在扫描仪安装结束后,最好让计算机重新启动一下,以确保扫描仪的各项功能使用正常。

(2)安装普通扫描仪

普通扫描仪的安装是大家最为常见的一种情形,在安装这类扫描仪时,也应该先连接硬件,将扫描仪连接线的一端连接到扫描仪背部标有"Port A"标志的端口上,再将扫描仪连接线的另一端连接到计算机中的 LPT 打印端口上。连接好硬件后,先接通扫描仪的电源并打开扫描仪,扫描仪启动几秒钟后,在接通计算机电源来启动计算机系统,随后计算机也会检测到已经连接到系统中的扫描仪了。接着可以安装扫描仪驱动程序,将扫描仪驱动程序的光盘放入到光驱中,来安装屏幕提示完成驱动程序的安装。安装结束后,驱动程序会提醒大家测试一下当前扫描仪的连接情况,如果扫描仪安装好了,计算机屏幕上就会显示出一个提示画面告诉用户已经发现安装在系统中的扫描仪了,随后只要单击该提示画面中的确定按钮,就能完成扫描仪驱动程序的安装工作了。这时可以将需要安装的扫描应用软件安装到计算机中,扫描应用软件安装并运行后,首先需要做的工作就是选择合适的影像来源,然后从需要的选择对话框中,选中刚刚安装好的扫描仪作为该应用软件的影像来源,这样就能通过该扫描仪向该软件输入图像了。

(3)安装 SCSI 扫描仪

SCSI 扫描仪也是目前很典型的一种扫描仪,该扫描仪的安装相对来说要比前面两种类型的扫描仪的安装要复杂一些。在安装使用 SCSI 接口的扫描仪时,首先需要打开与扫描仪相连的计算机的机箱,并在其中选择一个空闲的 PCI 插槽,然后将扫描仪随机附带的 SCSI 接口卡插入到 PCI 插槽中,再用螺丝钉将 SCSI 卡固定在计算机的机箱中;接着再用扫描仪随机附带的 SCSI 数据线,将扫描仪与对应电脑机箱中的 SCSI 卡上的接口相连;随后按照先扫描仪、后计算机的顺序来接通电源,计算机中的 Windows 系统中会自动将安装在系统的 SCSI 接口卡检测到,根据 Windows 系统版本高低的不同,计算机会自动识别 SCSI 接口卡并设置好与该卡对应的驱动程序。如果系统不能识别 SCSI 接口卡的话,就会打开一个设备安装向导对话框,可以根据提示说明来完成扫描仪的安装工作。如果在安装扫描仪 SCSI 接口卡时,系统提示遇到硬件冲突时,特别是当有几个 SCSI 设备串接到同一个 SCSI 接口上时,就需要对每一台 SCSI 设备的 ID 标识进行设置,同时要将 SCSI 终结器设置合适,这样才能保证扫描仪被正确使用。最后,再按照上面介绍的方法,来完成扫描仪应用软件和其他辅助软件的安装工作。

2. 扫描仪的维护

作为普通用户来说,购买一台质量过关、方便耐用的扫描仪产品非常重要,学会正确使用和进行简单的保养也是非常重要的。

(1)一旦扫描仪通电后,千万不要热插拔 SCSI、EPP 接口的电缆,这样会损坏扫描仪或计算机,当然 USB 接口除外,因为它本身就支持热插拔。

(2)扫描仪在工作时不要中途切断电源,一般要等到扫描仪的镜组完全归位后,再切断电源,这对扫描仪电路芯片的正常工作是非常有意义的。

(3)由于一些 CCD 的扫描仪可以扫小型立体物品,所以在扫描时应当注意:放置锋利物品时不要随便移动以免划伤玻璃,包括反射稿上的钉书针。放下上盖时不要用力过猛,以免打碎玻璃。

(4)一些扫描仪在设计上并没有完全切断电源的开关,当用户不用时,扫描仪的灯管依然是亮着的,由于扫描仪灯管也是消耗品(可以类比于日光灯,但是持续使用时间要长很多),所以建议用户在不用时切断电源。

(5)扫描仪应该摆放在远离窗户的地方,因为窗户附近的灰尘比较多,而且会受到阳光的直射。

（6）由于扫描仪在工作中会产生静电，从而吸附大量灰尘进入机体影响镜组的工作。因此，不要用容易掉渣儿的织物来覆盖（绒制品，棉织品等），可以用丝绸或蜡染布等进行覆盖，房间内适当的湿度可以避免灰尘对扫描仪的影响。

3. 扫描仪的 OCR 功能

扫描仪的一个重要功能就是通过 OCR 软件（即文字识别软件）将扫描后的文字图像转换成文本格式的文件，使文字处理软件能够调用处理。这样可以大大提高文字录入速度，极大地提高工作效率。目前，文字识别软件主要有"尚书 OCR"、"汉王 OCR"和"紫光 OCR"等几种。不过，在进行文字识别时经常会遇到识别率低的问题，其原因除了被识别稿件有问题外，主要还是没有掌握好扫描及 OCR 识别软件的使用技巧。

（1）根据识别稿的质量进行处理

进行扫描识别时，在可能的情况下应尽量选择清晰度与洁净度都很高的识别稿，识别稿的清晰度与洁净度的不同会使扫描后的识别率有很大差距。对一般的印刷稿、打印稿等质量较好的文稿进行识别，只要掌握好方法与技巧，其识别率一般可达到 98% 以上。而对报纸、杂志等清晰度不佳的原稿进行识别，无论使用何种识别软件都难以达到很高的识别率。

①对一些带有下划线、分隔线等符号的文本原稿，有些 OCR 软件是识别不出的，一般会出现乱码。如果必须扫描带有这些符号的原稿，一是要确保使用的识别软件能够识别这些符号。二是使用工具擦掉这些特殊符号，使识别软件能正确识别这些文字。

如果扫描后的文档中含有 OCR 软件不能识别的图像、图形和一些特殊符号，可以考虑使用"擦拭"工具将文档中的图像、图形和一些特殊符号擦除，同时将图像上一些杂点也一并去除。使图像中除了文字没有多余的东西，这可以大大提高识别率并减少识别后的修改工作。

②在扫描识别报纸或纸张较薄的文稿时，扫描时稿件背面的文字通常会透过纸张造成错字或乱码，使识别率大大降低。在对这类原稿扫描时，可以在原稿的背面覆盖一张黑纸，在进行正式扫描时，适当增加扫描对比度或亮度，即可有效提高识别率。

③对于一些图文混排的原稿，扫描成一幅图像进行全区识别会严重影响 OCR 软件的识别率。可以根据实际情况将扫描后的版面切分成多个区域后再识别，切分区域的原则是：将图形、图像排除在区域之外，尽量把文字字体、字号一致的划在一个区域内，不要怕这个过程繁琐而选用自动切分区域，手动选取扫描区域会有更好识别效果，还应注意各识别区域不能有交叉情况。

（2）扫描识别稿的操作技巧

①首先要保持工作环境的清洁，扫描仪的玻璃板以及若干个反光镜片及镜头，其中任何一部分脏污都会影响扫描文字图像的效果。因此，保持扫描仪的清洁是确保文字图像扫描质量及识别率较高的重要前提。

②扫描仪在刚开启时，光源的稳定性较差，而且光源的色温也没有达到正常工作所需的色温，所以开始扫描以前最好先让扫描仪预热一段时间。

③在放置扫描原稿时，把扫描的文字材料摆放在扫描起始线正中，可以最大限度地避免由于光学透镜导致的失真而影响识别率。

④扫描后的文字图像经常会有一定角度的倾斜，出现这种情况必须在扫描后使用自动或手动旋转工具进行纠正，OCR 软件一般都设有自动纠偏和手动纠偏工具。否则 OCR 识别软件会将水平笔画当作斜笔画处理，识别率会下降很多。如果扫描后的文字图像倾斜角

度超过 15°, 倾斜校正会产生较大的失真和误差, 从而严重影响识别率, 建议摆正原稿重新扫描。

6.2.2.3 任务实施

活动一 将扫描仪与计算机相连, 利用扫描仪将教材的某页内容扫描进计算机中。

活动二 利用扫描仪的文字识别软件, 将教材某页文字内容扫描到计算机中。

6.2.3 归纳总结

本模块主要学习扫描仪的安装和日常维护方法。扫描仪可以将纸质文档转换成电子文档, 实现传统资料的数字化存储和处理。扫描仪在日常办公中有大量应用, 因此学会安装和维护扫描仪是一项基本要求。

6.2.4 思考与训练

小王在将资料输入计算机的过程中, 发现资料中的许多图片是无法绘制的, 但如果没有这些图片, 电子资料无法使用。小王该如何解决这个问题?

参 考 文 献

[1] 仇伟明．计算机组装与维护基础教程．北京：中国科学技术出版社，2007.

[2] 李恬．计算机组装与维护技术实训教程．北京：清华大学出版社，2009.

[3] 电脑报．硬件选购、组装与设置大全．重庆：《电脑报》电子音像出版社，2008.

[4] 陈庆昌，张洋，谷宝磊．计算机组装与维护．南京：南京大学出版社，2008.

[5] 褚建立，张小志．计算机组装与维护情景实训．北京：中国科学技术出版社，2007.

[6] 李智伟．计算机组装与维护．北京：北京大学出版社，2006.

[7] 李锦伟．微机组装与维护实训教程．2d．北京：科学出版社，2007.

[8] 蔡泽光，廖乔其．计算机组装与维护．北京：清华大学出版社，2004.

[9] 唐秋宇．微机组装与维护实训教程．北京：中国铁道出版社，2007.

[10] 电脑报社．电脑报2008合订本．汕头：汕头大学出版社，2009.